高分子の表面改質・解析の新展開
New Development of Surface Treatments for Polymers

《普及版／Popular Edition》

監修 小川俊夫

シーエムシー出版

発刊にあたって

　高分子は金属やセラミックスに比べれば極く新しい材料で，わが国では1960年代から本格的に生産が開始され急速に普及した。今日では米国に次いで世界第二の生産国であり，また消費国になっている。多種多様な樹脂が開発され，学会で新しく発表される新しい高分子も枚挙に暇がない。しかし，現実の産業において使用される高分子は決して多くなく，5大汎用樹脂，すなわち，低密度ポリエチレン，高密度ポリエチレン，ポリプロピレン，ポリ塩化ビニル，およびポリスチレンに生産が集中しつつある。これはこれら高分子が生産量拡大とともに廉価となり，また物性的にもかなりの領域をカバーできるからに他ならないからである。他の高分子では機能は満足できても経済的に不都合が生ずると，上記5大汎用樹脂を共重合体やポリマーアロイといった方法で改質し，要求特性を満足させる方策が取られてきている。表面改質もその一環といえるもので，バルクの性質は満足できても，表面の接着性，撥水性，電気伝導性などが満足できない場合に表面を改質して目的を達成する。表面改質法の種類については過去10年ほど基本的に大きな変化はない。すなわち，化学的処理に代わってほとんどが物理的処理であり，コロナ放電処理，プラズマ放電処理，グラフト化などである。これらの最近の進歩について第1章で各分野の専門家に執筆して頂いた。

　表面改質を行うに当たっていろいろな手法が考えられるが，改質状況を把握しなければ，改質が適切かどうか判断するのは難しい。接着性，バリアー性，撥水性などの性質を知ることは無論であるが，それら性質の改善策や最終製品の信頼性を評価するには，改質された表面の解析が不可欠である。従来から，あるいは最近盛んに利用されているX線光電子分光法，原子間力顕微鏡法などに加えて，飛行時間型二次イオン質量分析法（TOF-SIMS）などの発展著しい方法や赤外反射吸収分光法のような今後一般の表面・界面問題に使用できそうな方法も第2章で専門の方々に執筆して頂いている。

　表面改質の本来の目的は，学問として表面を調べることではなくて，あくまでも産業のニーズに答えるためである。その意味では表面改質がどのような分野で利用され発展しているかを知ることが極めて重要である。表面改質に伴う応用分野はかなり広いものと思われ，なかなか部外者には想像がつかない。特に生体材料などの，わが国が米国に比べれば遅れている分野や，超撥水性などいろいろな進展が見られる分野について第3章で専門家に執筆して頂いている。

　本書は高分子の表面改質に関して専門の研究者によって最新の情報を提供して頂いているものと信ずる。高分子に新しい機能を加えようとする方々，既存製品の新たな改良を行おうとする技術者にとって本書が大いに役立つことを期待する。

2006年12月

小川俊夫

普及版の刊行にあたって

本書は2007年に『高分子の表面改質・解析の新展開』として刊行されました。普及版の刊行にあたり，内容は当時のままであり加筆・訂正などの手は加えておりませんので，ご了承ください。

2012年11月

シーエムシー出版　編集部

執筆者一覧（執筆順）

小川　俊夫	金沢工業大学　環境・建築学部　バイオ化学科　教授
柳原　榮一	神奈川県技術アドバイザー
稲垣　訓宏	静岡大学　工学部　物質工学科　教授
坪川　紀夫	新潟大学　工学部　教授
木下　忍	岩崎電気㈱　光応用開発部　部長
上原　徹	島根大学　総合理工学部　教授
坪井　昭彦	㈱レーザックス　第1事業部　事業部長
高橋　久美子	㈱東レリサーチセンター　表面科学研究部　表面解析研究室
中山　陽一	㈱東レリサーチセンター　先端技術調査研究部　部長
篠原　健一	北陸先端科学技術大学院大学　マテリアルサイエンス研究科　准教授
萬　尚樹	㈱東レリサーチセンター　表面科学研究部　表面解析研究室　研究員
寺前　紀夫	東北大学　大学院理学研究科　化学専攻　教授
木嶋　芳雄	ダイプラ・ウィンテス㈱　代表取締役社長
西山　逸雄	ダイプラ・ウィンテス㈱　サイカス営業本部　西日本営業部　部長
佐藤　春実	関西学院大学大学院　理工学研究科　博士研究員
小寺　賢	神戸大学　工学部　応用化学科　助手
鈴木　嘉昭	㈳理化学研究所　先端技術開発支援センター　先任研究員
辻井　薫	北海道大学　電子科学研究所附属ナノテクノロジー研究センター　教授
後藤　伸也	花王㈱　化学品研究所　主任研究員
大谷　寿幸	東洋紡績㈱　総合研究所　化成品開発研究所　堅田フィルム開発部　第4グループリーダー
指田　和幸	理研ビタミン㈱　化成品改良剤開発部　部長

執筆者の所属表記は，2007年当時のものを使用しております。

目　次

高分子の表面改質序論　　小川俊夫

1　表面改質の必要性…………………1
2　表面処理……………………………2
2.1　化学的処理……………………2
2.2　物理的処理……………………4
3　表面解析技術………………………4
4　おわりに……………………………5

第1章　表面処理

1　化学的処理とプライマー処理
　………………柳原榮一……7
1.1　はじめに………………………7
1.2　化学的処理の手法と概要……8
1.3　化学的処理の具体的な手法とその効果………………………9
　1.3.1　ポリオレフィン（PO：PE, PP など）……………………9
　1.3.2　ポリアミド（PA）………9
　1.3.3　フッ素樹脂（PTFE, PFA など）……………………11
　1.3.4　ポリフェニレンエーテル（PPE）……………………12
　1.3.5　ポリアセタール（POM）………13
　1.3.6　ポリエーテルエーテルケトン（PEEK）……………14
　1.3.7　ゴム・エラストマー……14
1.4　プライマー処理………………15
　1.4.1　ポリアミド（PA）………15
　1.4.2　ポリオレフィン（PO：PE, PP など）……………………17
1.5　JIS の手法……………………18
1.6　おわりに………………………18
2　プラズマ放電処理…………稲垣訓宏…21
2.1　はじめに………………………21
2.2　プラズマによる表面改質の原理……21
2.3　プラズマを照射すると，高分子表面で何が起こるか？……………22
　2.3.1　化学組成の変化…………22
　2.3.2　表面形態の変化…………24
2.4　プラズマ処理にはプラズマの何が寄与しているのか………………26
2.5　機能性プラズマ処理（その1）
　―リモートプラズマ処理―…27
2.6　機能性プラズマ処理（その2）
　―選択的なインプランテーション―
　………………………………………28
2.7　まとめ…………………………30

3 コロナ処理………………小川俊夫…32	4.6.2 Grafting onto 系 ……………56
3.1 まえがき ………………………32	4.7 リビングラジカル重合法によるグラフト ……………………………57
3.2 装置 …………………………32	4.7.1 Grafting from 系 ……………57
3.3 コロナ処理条件と表面官能基 …36	4.7.2 Grafting onto 系 ……………58
3.4 コロナ放電による表面処理例 …39	4.8 生理活性物質をグラフトしたナノ粒子の特性 ……………………59
3.4.1 ポリプロピレン ……………39	4.9 表面グラフト化の新展開 ………60
3.4.2 ポリエチレンテレフタレート（PET）……………………40	5 電子線処理………………木下 忍…63
3.4.3 芳香族ポリイミド ……………43	5.1 はじめに ………………………63
3.5 おわりに ………………………45	5.2 EB 処理装置 ……………………64
4 グラフト化技術…………坪川紀夫…47	5.2.1 EB の特性 …………………64
4.1 はじめに ………………………47	5.2.2 EB の特長と物質への作用 …66
4.2 表面グラフト化の方法論 ………47	5.2.3 小型 EB 処理装置紹介 ……66
4.3 多分岐ポリマーのグラフト化 …48	5.3 高分子の EB 処理 ………………69
4.3.1 多分岐ポリアミドアミン（PAMAM）のグラフト ………48	5.3.1 重合処理 ……………………69
4.3.2 多分岐ポリフォスファゼンのグラフト ……………………49	5.3.2 グラフト重合処理 …………70
	5.3.3 架橋処理 …………………72
4.4 ナノカーボンの縮合芳香族環を用いるグラフト化 …………………51	5.4 おわりに ………………………74
4.4.1 ラジカル捕捉性 ……………51	6 大気圧プラズマ処理………上原 徹…76
4.4.2 配位子交換反応 ……………52	6.1 はじめに ………………………76
4.5 溶媒を用いない乾式系におけるグラフト ……………………………52	6.2 エチレンのセロハン上での重合 …77
4.5.1 多分岐ポリアミドアミンのグラフト ……………………53	6.2.1 試料，大気圧プラズマ処理および接触角測定 ……………77
4.5.2 ビニルポリマーのラジカルグラフト ……………………54	6.2.2 セロハンの表面自由エネルギー ……………………………77
4.5.3 カチオングラフト重合 ……55	6.2.3 赤外吸収スペクトル ………78
4.6 イオン液体中におけるグラフト反応 ………………………………55	6.2.4 X線光電子分光分析 ………78
	6.3 紙のプラズマ処理 ………………80
4.6.1 Grafting from 系 ……………55	6.3.1 試料，プラズマ処理および物性評価 ……………………80
	6.3.2 ステキヒト・サイズ度試験 ……81

6.4 木材表面のはっ水性化 …………82
　6.4.1 実験方法 …………………82
　6.4.2 木材のはっ水性 …………82
　6.4.3 耐水試験 …………………82
　6.4.4 色差 ………………………84
　6.4.5 木材処理の特殊性 ………85
6.5 大気圧プラズマによる綿布帛への透湿防水性付与 ………………85
　6.5.1 試料および処理 …………86
　6.5.2 綿布帛のはっ水性 ………86
　6.5.3 綿布帛の透湿性 …………86
6.6 ガラス表面の処理 ………………87
6.7 ポリエチレンの親水性化 ………88
　6.7.1 実験方法 …………………88
　6.7.2 ポリエチレンの表面自由エネルギー ……………………89
6.8 ポリエチレン上でのメタクリル酸メチルの重合 …………………89
　6.8.1 実験方法 …………………89
　6.8.2 赤外吸収スペクトル ……90
6.9 おわりに ……………………91

7 レーザービーム法（溶着）…坪井昭彦…93
7.1 緒言 ………………………………93
7.2 プラスチックの接合方法 ………93
　7.2.1 超音波溶着（Ultrasonic Welding）………………………93
　7.2.2 摩擦溶着（Friction Welding, Spin Welding）………………94
　7.2.3 振動溶着（Vibration Welding, Linear friction welding）……94
　7.2.4 熱板溶着（Hot Plate Welding）………………………94
7.3 レーザーによるプラスチック溶着の特徴 …………………………94
　7.3.1 非接触レーザー溶着（Non-contact Laser Welding）………94
　7.3.2 透過レーザー溶着（Through-transmission Laser Welding）……95
　7.3.3 溶着プラスチック材料の特性 …96
　7.3.4 接合形態 ……………………97
　7.3.5 加圧 …………………………97
　7.3.6 TTLW法の特徴 ……………98
7.4 利用されるレーザー装置 ………98
　7.4.1 光源 …………………………98
　7.4.2 照射方法 ……………………99
7.5 レーザー樹脂溶着の実施例 ……99
　7.5.1 自動車産業 …………………99
　7.5.2 その他産業 ………………101
7.6 まとめ …………………………101

第2章　表面解析技術

1 X線光電子分光法（XPS, ESCA）による高分子表面・界面の解析
　…………高橋久美子, 中山陽一…104
1.1 はじめに …………………………104
1.2 X線光電子分光法 ………………104
1.3 解析例……………………………105
　1.3.1 理論計算を用いたスペクトルの解析 ……………………105
　1.3.2 表面・界面分析 …………105
　1.3.3 深さ方向分析 ……………110

1.4　おわりに……………………112
　1.5　付記………………………112
2　走査プローブ顕微鏡法による高分子鎖の構造解析……………**篠原健一**…115
　2.1　はじめに……………………115
　2.2　走査トンネル顕微鏡（STM）によるキラルらせんπ共役高分子鎖1本のイメージング……………115
　2.3　原子間力顕微鏡（AFM）によるキラルらせんπ共役高分子鎖1本のイメージング……………119
3　TOF-SIMS法………**萬　尚樹**…125
　3.1　はじめに……………………125
　3.2　TOF-SIMSの原理と特徴……125
　3.3　TOF-SIMSで得られる高分子の情報…………………………125
　3.4　TOF-SIMSによる高分子の分析……126
　　3.4.1　高分子表面の劣化解析………126
　　3.4.2　気相化学修飾法を用いた官能基の分布観察……………128
　　3.4.3　精密斜め切削法による有機物の深さ方向分析……………129
　3.5　多原子イオンによる有機物の高感度化…………………………131
　3.6　おわりに……………………132
4　赤外反射吸収分光法………**寺前紀夫**…133
　4.1　概要…………………………133
　4.2　原理…………………………133
　4.3　応用…………………………137
5　微小切削法による表面・界面の解析
　　………**木嶋芳雄，西山逸雄**…142
　5.1　はじめに……………………142

　5.2　微小切削法とは……………142
　5.3　SAICASの原理……………143
　5.4　切刃について………………145
　5.5　切削…………………………146
　　5.5.1　ベクトル……………………146
　　5.5.2　せん断強度…………………147
　　5.5.3　せん断角（φ）について……148
　5.6　剥離について………………148
　　5.6.1　マイクロギャップ…………149
　　5.6.2　剥離における水平力成分…149
　　5.6.3　剥離強度（P）………………149
　　5.6.4　F_Hパターンと切削・剥離現象……………………149
　5.7　各種測定例…………………150
　　5.7.1　多層膜の剥離（非定常型剥離）………………150
　　5.7.2　磁気カードの磁気層の剥離（定常型剥離）……………151
　　5.7.3　薄いフィルムの測定例……151
　　5.7.4　温度可変測定………………151
　　5.7.5　表層分析の前処理（長距離斜め切削）………………152
　5.8　おわりに……………………155
6　赤外・ラマン分光法による高分子の表面解析………**佐藤春実**…156
　6.1　はじめに……………………156
　6.2　赤外・ラマン分光法を用いる利点…156
　6.3　薄膜化した生分解性ポリマーの結晶配向の観察……………157
　6.4　ラマンマッピング法を用いた高分子の表面解析……………160
　6.5　最後に………………………164

7 表面・界面解析のための X 線回折法
　　　　　　　　　　　　　　小寺　賢…166
　7.1　はじめに……………………………166
7.2　視斜角入射 X 線回折法 ……………167
7.3　マイクロビーム X 線回折法 ………172
7.4　おわりに……………………………175

第3章　表面改質応用技術

1　生体適合性付与 …………鈴木嘉昭…178
　1.1　はじめに……………………………178
　1.2　生体適合性…………………………178
　　1.2.1　生体適合性とは………………178
　　1.2.2　血液適合性……………………179
　　1.2.3　組織適合性……………………179
　　1.2.4　その他医療材料に必要とされ
　　　　　る条件……………………………179
　1.3　イオンビーム照射による生体適合
　　　　性の制御………………………………179
　　1.3.1　イオンビーム照射（イオン注
　　　　　入法）……………………………179
　　1.3.2　イオンビームによる材料改質…180
　　1.3.3　細胞・血小板接着制御…………180
　1.4　人工臓器への応用……………………184
　　1.4.1　人工硬膜への応用………………185
　　1.4.2　脳動脈瘤治療用材料への応用…187
　1.5　医用材料の表面改質の今後の展望…188
2　接着性の改良 ……………小川俊夫…190
　2.1　まえがき………………………………190
　2.2　表面処理………………………………191
　2.3　表面処理による接着力の改善………191
　　2.3.1　ポリエチレン（LDPE）とポ
　　　　　リエチレンテレフタレート
　　　　　（PET）の接着……………………191
　　2.3.2　LDPE とその他ポリマーとの接着
　　　　　……………………………………196
　　2.3.3　銅箔と芳香族ポリイミドの接着
　　　　　……………………………………196
　　2.3.4　ポリプロピレン（PP）の塗料
　　　　　接着性の改良……………………199
　2.4　グラフト重合による接着性の改善…200
　2.5　シランカップリング剤による接着
　　　　性の改善……………………………200
　2.6　おわりに………………………………202
3　超撥水／撥油性の付与 ……辻井　薫…203
　3.1　はじめに………………………………203
　3.2　濡れを決める二つの因子……………204
　3.3　粗い（凹凸）表面の濡れ……………204
　　3.3.1　Wenzel の取り扱い ……………204
　　3.3.2　Cassie-Baxter の取り扱い ……205
　　3.3.3　濡れのピン止め効果……………205
　3.4　フラクタル表面の濡れ………………206
　　3.4.1　フラクタル表面の濡れの理論…206
　　3.4.2　超撥水表面の実現………………207
　　3.4.3　超（高）撥油表面の実現………211
　3.5　おわりに………………………………212
4　帯電防止 …………………後藤伸也…214
　4.1　はじめに………………………………214
　4.2　界面活性剤を応用した帯電防止剤…214
　4.3　ブリード挙動…………………………216
　　4.3.1　環境温度とブリード……………218
　　4.3.2　樹脂との相溶性…………………218
　4.4　薄膜の重要性とその解析……………220

4.4.1　帯電防止剤複合の例……220
　　4.4.2　フレーム処理（コロナ放電処理）の効果……223
　　4.4.3　凝集の防止……223
　4.5　即効性を得るために……224
　　4.5.1　押出成形……225
　　4.5.2　射出成形……225
　4.6　おわりに……226
5　バリア性向上　……**大谷寿幸**…227
　5.1　ガスバリアフィルム……227
　5.2　アルミニウム蒸着フィルム……227
　　5.2.1　真空蒸着装置……228
　　5.2.2　蒸着源……228
　　5.2.3　バリア性能……230
　5.3　透明蒸着フィルム……231
　　5.3.1　酸化ケイ素蒸着フィルム……231
　　5.3.2　酸化アルミニウム蒸着フィルム……233
　　5.3.3　酸化ケイ素-酸化アルミニウム混合蒸着フィルム……233
　　5.3.4　CVD法による酸化ケイ素蒸着フィルム……237
　5.4　まとめ……237
6　防曇性付与　……**指田和幸**…238
　6.1　はじめに……238
　6.2　防曇性付与方法……238
　6.3　プラスチック表面の親水化方法……239
　6.4　界面活性剤について—防曇剤としての利用—……239
　6.5　防曇剤の構造及び性能……242
　　6.5.1　食品包装材……242
　　6.5.2　農業用フィルム……243
　6.6　防曇剤の性能……244
　6.7　おわりに……245

高分子の表面改質序論

小川俊夫*

1　表面改質の必要性

　高分子の大半は成形物として使用されている。従って，基本的には高分子全体の性質，すなわち引張強度，弾性率，破断伸び，衝撃強度といった力学的性質がまず問題になる。それに加えて高分子の特徴は軽量であり，電気絶縁性や断熱性が優れている点である。ところが，成形物がそのままの形で使われることは段々と少なくなり，他の材料と複合化する用途が拡大してきた。こうなると，他の材料との親和性があるように改良する必要が生まれてくる。医用材料として用いられる場合，たとえば人工血管では血液と接触したとき，血液が凝固しないような表面を作ることが必要になってくる。また，表面はぬれ易くなればよいというものではなく，他の材料をはじく撥水性が要求されることも多い。たとえば，レインコートやスキーウエアは水をはじくことが要求される。フライパンや鍋，釜では焦げ付かないことが要求され，これらの場合撥水という発想が適用され，フッ素系樹脂やシリコン系ポリマーでコーティングされた表面改質が行われている。医用材料ではまた，逆に人工骨のように人体のタンパク質との親和性が要求される場合は撥水性と全く異なった性質が要求される。食品の包装材料はほとんどが積層フィルムである。湿気を持たせないための水分透過を防ぐとか，酸素の透過や紫外線の透過を防ぐなどの手だてが取られている。たとえば，図1に示されるように，接着剤を含めれば6層から成り立っているフィルムがレトルト食品等の包装用に用いられている。紫外線透過や水分透過を防いで，しかも最外表面は損傷を防ぐためにポリエチレンテレフタレート（PET）のような硬い材料を用いねばならない。PETにインキやアルミニウムと十分な接着力を持たせるには表面改質が必要である。また，内側のポリプロピレン（PP）は接着剤があってもそのままの状態ではまったく接着性を有しない。当然のことながらPPには表面処理が必要である。プラスチックや繊維は乾燥しているときには帯電するので，実用上大変わずらわしい状態を作り出している。これも表面改質によって改善が行われている。このように，表面改質は高分子材料の用途の広がりとともに，必然的に重要になってきた技術である。

＊　Toshio Ogawa　金沢工業大学　環境・建築学部　バイオ化学科　教授

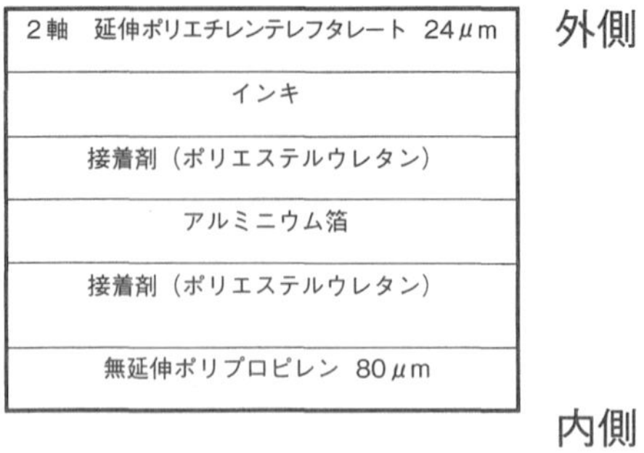

```
          2軸 延伸ポリエチレンテレフタレート 24μm      外側
                   インキ
          接着剤 （ポリエステルウレタン）
                 アルミニウム箔
          接着剤 （ポリエステルウレタン）
          無延伸ポリプロピレン 80μm             内側
```

図1　カレールー用包装容器の積層構造
他のレトルト食品，コーヒー，医薬品，フレキシブルチューブ等の包装用フィルムも類似の構造を有する。

2　表面処理

2.1　化学的処理

　表面改質は主に表面活性化ではあるが，表面不活性化の場合もある。あるいは，摩擦係数の低下や帯電防止のような新しい機能を付与する例もある。表面改質には化学的な処理と物理的な処理法があるが，今日では後者が圧倒的に多く使われている。しかし，どうしても化学的処理法でなければならない場合もある。たとえば，ポリエチレン等のスルフォン化である。これは硫酸で85℃以上の高温で処理すると，スルフォン化して表面が活性化[1]する。

　シランカップリング剤による方法も化学的処理の一種と言えよう。シランカップリング剤はR-Si(OCH$_3$)$_3$が主な基本構造であり，多種多様な化合物が市販されている。特にRに反応性を持たせた構造が有効であり，たとえば以下のような構造が考えられる。

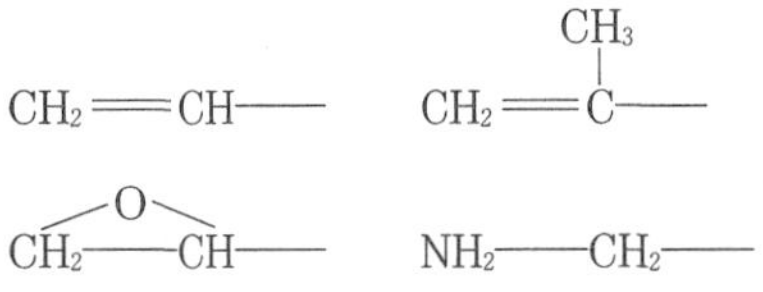

$$CH_2=CH- \qquad CH_2=\underset{|}{\overset{CH_3}{C}}-$$

$$\underset{CH_2-CH}{\overset{O}{\frown}}- \qquad NH_2-CH_2-$$

　シランカップリング剤は良く知られているように，以下の反応で水酸基などと結合して，上記末端基Rがまた別の材料と結合することによって接着性などが著しく改善される。

$$R-Si(OCH_3)_3 + HO-R' \longrightarrow R-Si(OCH_3)_2-O-R'$$

　シランカップリング剤に似たタイプにRCOClの構造を持った化合物も同じような反応をする。末端官能基Rを上記の官能基ではなく炭化水素の水素をFで置換した化合物を使えば表面張力を著しく小さくすることができ，撥水性[2,3]（図2）の向上や摩擦係数[3]（図3）を低下させるこ

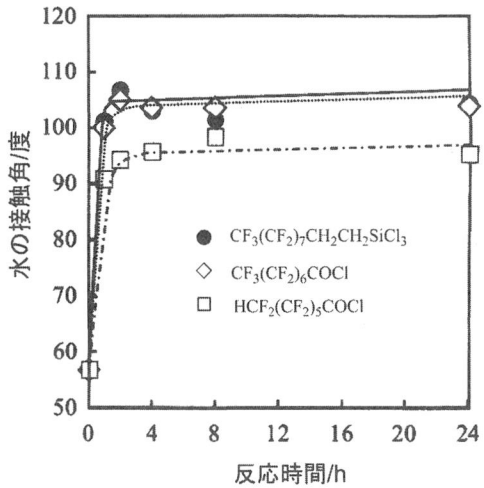

図2　ふっ素含有化合物の置換による撥水化[3]
（試料はコロナ処理したポリエチレン）

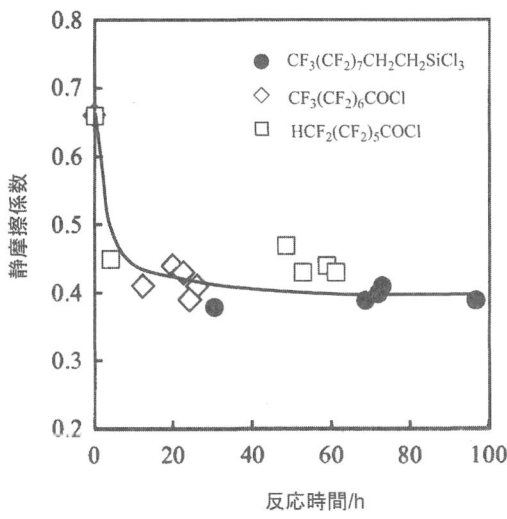

図3　ふっ素含有化合物の置換による摩擦係数の低下[3]
（試料はコロナ処理されたポリエチレン）

とができる。これらについては「化学的処理」の項目で詳しく記述されている。グラフト化技術もまた重要な方法である。多くの場合グラフト化はラジカル形成がまず必要であるが，二重結合を有する多くのモノマーに適用できて接着性の向上に大いに寄与している。これらについては「グラフト化技術」の項において詳述されている。また，フッ素樹脂のように本来接着性の極めて良くない樹脂にプラズマ処理やコロナ処理の他にアルカリ金属で処理する方法[4]が従来から採

られている。

2.2 物理的処理

多くの表面処理は物理的方法で行われている。物理的方法は処理速度が速い上，薬品や溶剤を使用しないため，廃液処理などの副次的な事に費用がかからない点が優れている。最もよく行われている方法はコロナ放電処理である。多くの場合フィルムのような薄い材料に限られているが，100 m/min 以上の速度で処理できて極めて効率的である。プラズマ放電処理も効果はコロナ放電処理に似ているが減圧下で処理するものである。表面処理研究に関する報告例が最も多いのがプラズマ放電処理法である。プラズマ放電処理装置は大学の研究室などで比較的組み立て易いという点がかなりあるのが報告数の多いことに繋がっている可能性がある。またコロナ放電処理法に比べて実験条件の変数因子が多いことも研究対象になり易い。大気圧プラズマ処理はコロナ放電処理に似ているが雰囲気ガス中にモノマーなどを混入させて，処理表面に新しい重合膜を形成させることが良く行われている。また，コロナ放電状態より放電が均一になり，分子鎖切断が起こりにくい可能性がある。特に He や Ar ガス雰囲気中では良好なプラズマ状態[5~8]になると言われているが，工業的にはまだあまり進展していない。電子線処理は材料に電子線を照射するものであるが，多くの場合滅菌等の目的で使用されている。しかし，電子線照射によってラジカルが生成するので，ポリエチレンなどの材料では架橋硬化が起こる。ラジカルが発生することは同時にグラフト重合を起こさせることができることを意味するので，表面処理の一ステップとしても重要な意味を持つ。レーザービーム法は表面処理と言う点では若干違和感があるが，接着という面から考えれば，一種の表面処理とも考えることができる。すなわち，レーザ光を透過する樹脂と吸収する樹脂を接触させ，ある程度の圧力で密着させる。透過樹脂側からレーザ光を照射すると，吸収材側で発熱溶融が開始される。熱が透過材側にも伝わり両者の樹脂が溶着される。これは接着剤を使わないで，しかも厚手の試料を接着することができるので，接着剤による汚染が心配になるような，医用分野では有益な接着方法である。これについては「レーザービーム法（溶着）」の項目で詳述されている。

3 表面解析技術

表面を改質した場合どの程度表面が変化したかについては，接触角測定と言う方法が古くから採用され，今日でも頻繁に利用されている。ただし，これだけでは得られる情報に限りがある。また，帯電性や導電性といった問題になると接触角は一つの指標にはなるにしても，かなり間接的情報に過ぎない。表面の官能基などの分子に関する情報を得る最も有力な方法は X 線光電子

分光法（XPS）である。これは表面にX線を照射して材料から放出される電子の運動エネルギーを計測すると，電子を放出する元素の種類やその結合状態がわかるというもので，表面改質関係ではなくてはならない計測法である。X線は材料内部まで透過するが，材料表面から飛び出して来る電子は極表面の電子に限られるので表面分析が可能である，という原理に基づいている。少なくとも表面に存在する元素の種類とその量は確実に計測可能である。また，官能基の種類も赤外分光法までの解像度はないが，かなり検出できるので頻繁に用いられている。官能基ということではないが，表面の結晶状態についてはX線回折法，アンカーリング効果を含めた凹凸問題には原子間力顕微鏡法（AFM）が有効な働きをする。本方法は大気中や水中でも計測できるので，表面状態を考察するときは有力な武器となる。代表的な表面処理法であるプラズマ放電処理やコロナ放電処理ではかならず表面の粗さが変化する。表面粗さは液体の接触角にもまた接着強度にも影響を与える。このため表面問題には必須の方法のひとつと言える。従来からの赤外分光法はXPSより深い部分までを分析領域にしてはいるが有効な表面分析の手段である。また，最近基板表面に堆積した物質の赤外スペクトルを高感度に測定する赤外反射吸収分光法（IRAS）と言う方法が開発された。これによれば堆積膜とその下に存在する材料の状態を観察することができる。未だ接着界面の研究には利用されるに至っていないようであるが，今後の展開に期待が持たれる。飛行時間型二次イオン質量分析法（TOF-SIMS）は接着界面や分子内の結合状態を解明するのに威力を発揮する。接着は普通分子間力が主体と考えられているが，共有結合や金属結合のような形で強度が形成されている場合もある。これらの結合状態を検証するにはTOF-SIMS以外にはない。TOF-SIMSでは高価な装置がなければならないが，本方法は界面問題に直接的な情報を与えてくれる。微小切削法による表面・界面解析法は切削理論を基礎としていて，分子・原子の概念で考えるTOF-SIMSに比べればかなりマクロな計測法であるが，金属と塗膜の界面の強度などを明確に反映したデータを提供してくれる有難い手法といえる。切削する界面が真の界面かなど議論のあるところではあるが，実用上は界面力計測の有力な手段となっている。

4 おわりに

以上本書に取り上げられている項目を概観したが，表面の粘弾性など，改質に関係して考えてゆかなければならない問題もあるように思われる。表面処理法では火炎処理なども最近新しい動きが見られるようであるが，執筆者が見つからず取り上げられなかった。また，表面改質や解析にとっては接触角法のように古い方法は不要になったということでなく，従来からある方法に加えて本書で挙げた方法や考察法もまた考えてみる必要がある，と言う意味で本書を考慮していただければ幸いである。

文　　献

1) 角田光雄, 高分子の表面改質と応用, シーエムシー出版, p.14 (2001)
2) 西野孝, 中原茂樹, 中前勝彦, 日本接着学会誌, **35**, 138 (1999)
3) 小川俊夫, 園頭貴雄, 大澤敏, 日本接着学会誌, **36**, 486 (2000)
4) B. M. Brewis and R. H. Dahm, *RAPRA Rev. Rep.*, **16** (3), 1 (2006)
5) S. Kanazawa, M. Kogoma, T. Moriwaki and S. Okazaki, *J. Phys. D: Appl. Phys.*, **21**, 838 (1988)
6) 清川和利, 杉山和夫, 表面技術, **51**(2), 29 (2000)
7) 野崎智洋, 岡崎　健, 高温学会誌, **28**(3), 113 (2003)
8) S. F. Mirali, F. Monette, R. Bartnikas, G. Gzeremuszkin, M. Latreche and M. R. Wertheimer, *Plasmas and Polym.*, **5** (2), 66 (2000)

第1章　表面処理

1　化学的処理とプライマー処理

柳原榮一*

1.1　はじめに

　高分子材料を接合する手法には，熱融着と溶剤接合が同じ材料の組み合わせで採用されているが，異種の材料との組み合わせでは接着剤を用いた接着接合が広く実用されている。しかし，高分子材料の中には接着性が十分でないものもあり，接着性を向上するために種々の表面改質の手法が検討されている。

　一般に素材の接着性を向上するために行われている手法を表1に示した[1]。洗浄と研磨は表面に付着している酸化物や水酸化物，離型剤などを除去する手法であり，化学的や物理的な処理は表面の接着性を積極的に改善する手法である。プライマーを使用する方法もいくつかの材料で行われている。

　これらの表面処理を実施することで初期接着強さの改善やばらつき幅の低減が可能であり，接着部の信頼性の向上が図られている。

　ここでは，化学的処理とプライマー処理についてその手法と有効性について述べるが，接着に必要な表面処理の手法については多くの解説があるので参考とされたい[1～5]。

表1　表面処理の工法

工　　法	操　　作
洗　　浄	水，有機溶剤を使用し表面に付着している異物を除去する。
研　　磨	研磨紙などを使用して表面に付着している異物を機械的に除去する。
薬　品　処　理 （化学的処理）	酸，アルカリ，酸化剤などの薬品を使用して表面を酸化，エッチングして接着剤との親和性を向上させる。
活性ガス処理 （物理的処理）	オゾン，プラズマ，紫外線などにより表面を酸化，エッチングして接着剤との親和性を向上させる。
プライマー処理	接着剤と被着材の両者に親和性のある化合物を塗付し，接着性の改善を図る。（シラン，チタネートなど）

---

*　Eiichi Yanagihara　神奈川県技術アドバイザー

1.2 化学的処理の手法と概要

　洗浄と研磨を実施した高分子材料の接着性を向上させるために以前から行われている手法のいくつかを表2に示した[5]。PEやPPなどの処理に行われているクロム硫酸の処理は表面の酸化であり，PTFEなどのフッ素樹脂に行われているのは金属ナトリウムを用いて表面からフッ素原子を引き抜くものである。PAの成形品には木工用接着剤の一つであるレゾルシール樹脂がプライマーとして用いられている。

　一方，処理液から対象となる高分子材料を区分した結果を表3に示した[1]。処理液中の薬品濃度は処理量の増加とともに低減するので，適正な範囲内に管理することが必要である。また，クロムなどの重金属の廃棄には十分な注意が必要である。

表2　高分子材料への表面処理の手法

プラスチック	処理方法
ポリオレフィン（PE，PP）	a）重クロム酸カリ/濃硫酸/水を75/1,500/120（重量比）で混合した液に70℃/1～10分間浸漬，水洗，中和，水洗，乾燥する。
ポリアセタール（POM）	a）ポリオレフィンと同じ液に室温/5～30秒間浸漬，水洗，中和，水洗，乾燥する。 b）けい藻土/パラトルエンスルフォン酸/ジオキサン/パークロルエチレンを0.5/0.3/3/96（重量比）で混合した液に80℃/10～30秒間浸漬，100℃/1分間加熱，水洗，乾燥する。
フッ素樹脂（PTFE）	a）金属ナトリウム/ナフタリン/THF系の処理液に室温で5～10分間浸漬，アセトン，水で洗浄乾燥する。 b）テトラエッチ液（潤工社）で処理する。
ポリエステル（PET）	a）20％か性ソーダ液に80℃/5分間浸漬，水洗したのち，塩化第1錫液（10g/ℓ）に室温/5～10秒間浸漬，水洗，乾燥する。
ポリアミド（PA）	a）レゾルシノール樹脂接着剤（木工用）をプライマーとして塗布，焼付ける。

表3　高分子材料の表面処理に使用される処理液

処理液の組成	プラスチック
重クロム酸カリ（ソーダ）/濃硫酸/水	PO POM PPE ABS PEEK
次亜塩素酸ソーダ/濃塩酸/水	PA
金属ナトリウム/ナフタリン/THF	PTFE PFA
p-トルエンスルホン酸ソーダ	POM PA
NaOH/水	PET
過マンガン酸カリ/濃硫酸/水	PE
過硫酸アンモニウム/水	PO

1.3 化学的処理の具体的な手法とその効果

いくつかの高分子材料について接着性の向上に効果のある手法について紹介するが、検討に使用されている接着剤の多くはエポキシ樹脂系である。

1.3.1 ポリオレフィン (PO：PE, PP など)

ポリエチレン (PE) やポリプロピレン (PP) など分子中に極性基のない高分子材料は、臨界表面張力 (γc) も小さく接着性の改善には特殊な表面処理が必要である[6]。

以前から行われている手法は先の表2に示したようなクロム硫酸処理である。処理液の調合は水 (120 g) に濃硫酸 (d：1.84, 1500 g) を加えて均一な溶液としたものに、重クロム酸カリ (75 g) を加えて溶液としたものである。水が少ないからとして水を硫酸に加えることは希釈熱で硫酸が飛散するので行ってはならない。

PP を処理した結果を表4に[1]、PE を種々の手法で処理した結果を表5に[7]それぞれ示した。PP の結果では処理液の温度の影響が大きい。PE ではコロナや火炎、クロム酸、プラズマなどの処理で接着剤にエポキシ樹脂を用いると母材破断となる接着強さが得られており、表面処理の手法として有効であることを示している。

クロム酸処理した PE の表面を XPS の手法で分析した結果を図1に示したが[8]、表面に酸素を含んだ原子団が形成されていることを示している。

JIS に紹介されている手法[9]は薬品の濃度が薄く (重クロム酸カリ/濃硫酸/水：1/10/30 wt 部)、温度も室温で良いとされている。

1.3.2 ポリアミド (PA)

ポリアミド樹脂はエンプラの一つとして各所に用いられている。相互の接合には熱融着の手法が自動車部品の組み立てに採用されているが、接着剤で接合するのは容易ではない。

以前から木工用接着剤の一つであるレゾルシノール樹脂がプライマーとして用いられていることは先に紹介した。

化学的処理としては、次亜塩素酸ソーダ／濃塩酸／水系の処理液を用いるのが有効である[10]。

表4　PPの表面処理と接着強さ

表面処理	接着剤	接着強さ*
水洗・研磨	Ep 828 /V-140	15
水洗・研磨・クロム酸 (70 ℃/ 10 m)	〃	35**
なし	Ep 008	4
クロム酸 (20 ℃/ 60 m)	〃	22
クロム酸 (20 ℃/ 48 h)	〃	23
脱脂・O$_2$ プラズマ (10 m)	EP 007	47**

*：PP/PP　せん断接着強さ (kg/cm^2)
**：PP の母材破断

表5 ポリエチレンの表面処理と接着強さ

表面処理	接着剤		
	エポキシ	ポリエステル	NBR
なし	5.3	6.0	3.0
火炎	33.6*	30.4*	9.7
サンドブラスト	13.7	12.3	3.9
クロム酸			
90℃乾燥	33.3**	19.4	6.7
71℃乾燥	32.0*	21.0	7.6
22℃乾燥	34.9*	25.0**	7.7
アセトン乾燥	34.8*	27.6**	7.8
プラズマ			
He (30 s)	32.5*	13.3	—
(30 m)	—	24.2**	12.5
O_2 (30 s)	32.6*	18.4	—
(30 m)	31.9*	30.1**	11.9

せん断接着強さ (kg/cm^2), n=5
*：全数母材破断
**：一部母材破断

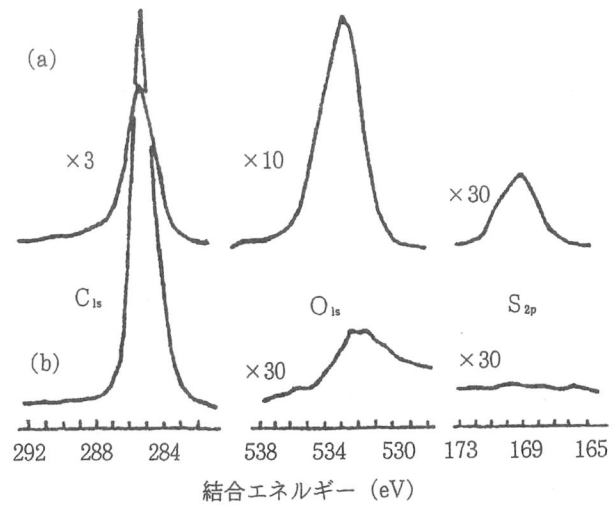

図1　LDPE の ESCA スペクトル
(a) クロム酸処理 70℃/30分, (b) 未処理

次亜塩素酸ソーダの濃度の影響を図2に，濃塩酸の濃度の影響を図3にそれぞれ示したが[10]，薬品が一定の濃度となると PA の母材破断となる接着強さが得られている。その後の一連の検討では 30 / 10 / 1000 vol部の濃度で行っている。

処理中には塩素ガスが発生するので注意が必要である。また，処理した表面には塩素原子の存

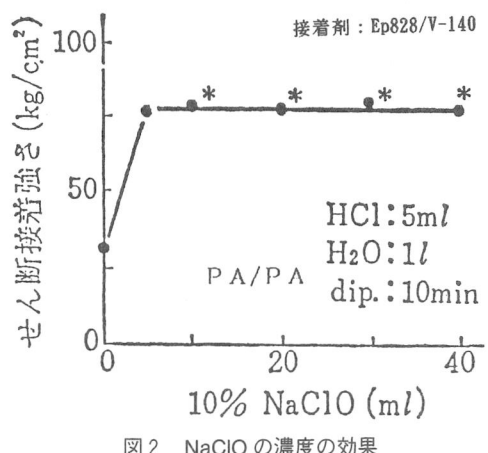

図2　NaClOの濃度の効果

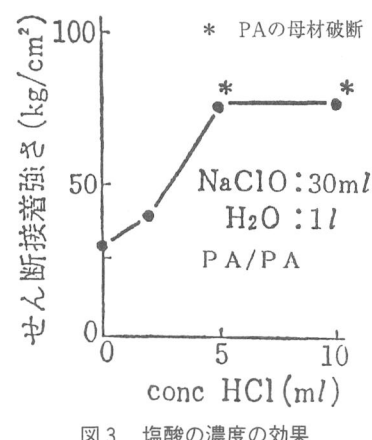

図3　塩酸の濃度の効果

在することが確認されている。

　処理により親水性の表面となることを利用して医療用のPAチューブに適用されている。

1.3.3　フッ素樹脂（PTFE，PFAなど）

　PTFEなどのフッ素樹脂は耐熱性や耐薬品性，電気特性などに優れていることから広く使用されているが，接着性の乏しいのが難点とされている。

　接着性を改善する手法として行われている方法は，金属ナトリウムを配合した処理液を用いるのが通例である[11]。

　処理液は脱水したテトラヒドロフラン（THF，1000 ml）にナフタリン（128 g）を溶解し，さらに金属ナトリウム（23 g）を撹拌しながら溶解したものである[12]。室温で数時間撹拌することで暗褐色の溶液として得られる。撹拌中は水分の影響を排除することが必要である。

　表面処理の手法は処理液に接着部を5〜10 min浸漬して表面を褐色に変色させてから，アセ

トン,水の順に洗浄することが必要である。

自作した処理液を用いてテフロン電線を処理した結果を図4に示した[5]。処理時間の増加にともない電線の破断する接着強さが得られている。市販の処理液を用いてPTFE板を処理した結果を表6に示した[1]。接着強さの大きく改善されている結果であるが,試験片の母材破断とならないのは試験機のスパン一杯に試験片が大きく伸びたためである。

処理した表面をXPSで分析した結果を図5に示したが[13],金属ナトリウムを用いた処理では表面からフッ素原子の脱離していることを示している。一方,スパッタによる処理では表面での化学的な変化は認められない。

1.3.4 ポリフェニレンエーテル (PPE)

電子機器などのハウジングとして広く使用されているのは変成PPEであるが,変成はポリスチレンを配合することで成形性を改善したものである。相互の接合には熱融着やドープセメントの適用が可能である。

接着接合ではクロム酸処理による表面処理が検討されており,結果を表7に示したが温度の影

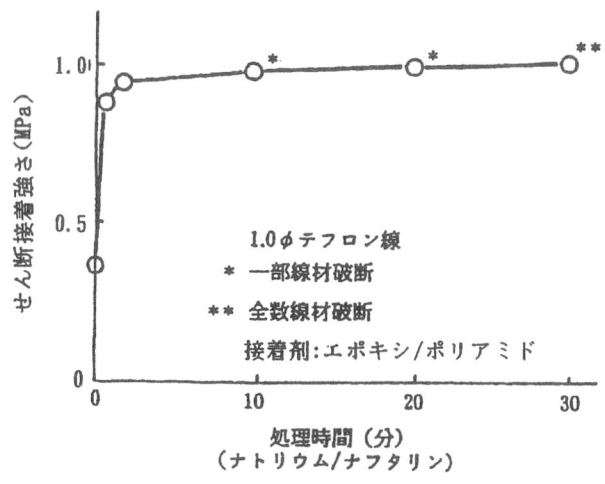

図4 PTFEの表面処理と接着強さ

表6 PTFEの表面処理と接着性

表面処理	接着剤	接着強さ*
水洗,研磨	Ep 828／V-140	0.5
水洗,ナトリウム処理	〃	2.3
〃　　〃	1液性エポキシ	2.2
〃　　〃	SGA(2液性)	0.4
〃　　〃	SGA(プライマー)	2.3

＊被着材:PTFE/Alのせん断接着強さ (MPa)
　ナトリウム処理:テトラエッチを使用

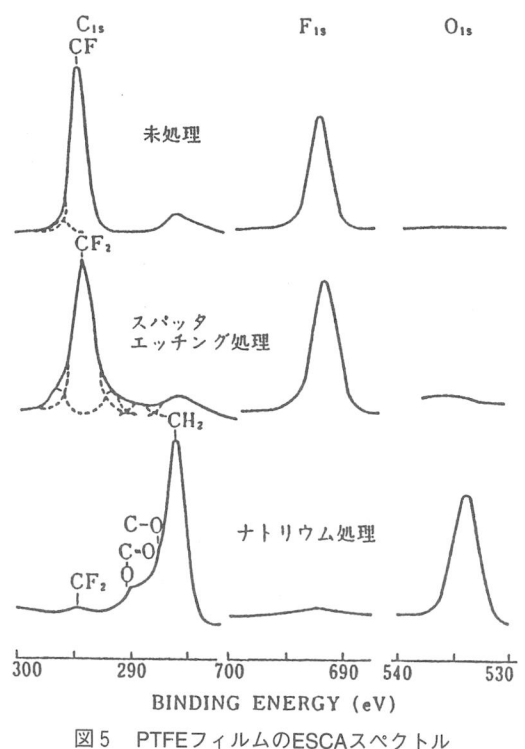

図5　PTFEフィルムのESCAスペクトル

響の大きなことを示している[14]。また，処理液の配合もPP向とは異なり重クロム酸カリの濃度が高いものとなっている。

1.3.5　ポリアセタール（POM）

エンプラの一つとして歯車や機構部品に使用されているが，接着性は十分でない材料である。表面処理には先の表2に示した手法が有効であり結果の一例を表8に示した[1]。接着部は曲げに弱いことや処理中にホルマリンガスが多発することに注意が必要である。

表7　PPEの表面処理と接着強さ

表面処理	接着強さ（MPa）
な　し	1.4
研　磨	6.4
クロム酸 40℃/1 min 60℃/1 min 80℃/1 min	8.9 17.3 21.3

処理液の組成：$K_2Cr_2O_7$；185 g
　　　　　　　H_2SO_4；375 g
　　　　　　　H_2O；30 g
接着剤：Epon 907

1.3.6 ポリエーテルエーテルケトン（PEEK）

スーパーエンプラの一つである PEEK は，耐熱性のある成形品や炭素繊維を用いた複合材として用いられているが，金属（アルミ）との接合が課題とされており，表面処理の手法と接着剤が検討されている[15〜17]。

研磨などいくつかの手法で表面処理をした結果を表9に示したが[15]，接着剤は航空機用の金属部材の接着に用いられているものである。接着強さの改善されている手法はクロム酸と酸素プラズマの二つの手法である。次いで，テトラエッチやシランの処理である。検討した二つの接着剤では FM-300 の方が良好な結果である。また，その他の接着剤についても検討されている。

1.3.7 ゴム・エラストマー

加硫したゴムを他の材料と接合するには接着剤が必要であり，使用する接着剤の種類によっては濃硫酸や次亜塩素酸などを用いる表面処理やプラズマなど活性ガスを用いる処理が行われている[18,19]。

表8　POMの表面処理と接着強さ

表面処理	接着剤	接着強さ*
水洗，研磨	Ep 828/V-140	2.0
水洗，クロム酸	〃	3.3**
〃	1液エポキシ	3.2**
水洗，p-トルエンスルフォン酸	Ep 828/V-140	4.2**
水洗，研磨	SGA	3.8***

*POM/POM のせん断接着強さ（MPa）
**POM の母材破断
***POM/Al

表9　PEEKの表面処理と接着性の変化

表面処理	接着強さ（PSI）	
	FM-300	EA-9673
洗浄（MEK）	—	737
研磨（Scotch-brite）	640	
研磨/bon ami 清浄	1,970	1,296
クロム酸/硫酸	4,390	3,088
O₂プラズマ	4,035	—
テトラエッチ	2,807	—
シラン		
Q 1-6106（5％）	2,816	1,256
X 1-6100（2％）	2,119	1,076
A-1100（5％）	1,694	—
プライマー（De-Sote）	—	1,302

1.4 プライマー処理

被着材の接着性を向上させる手法の一つにプライマーを塗布する方法がある。プライマーには被着材と接着剤との両方に親和性のあるものが用いられており，高分子材料では表10に示したようなものが実用・検討されている[20]。

以前からタイヤのナイロンコードや成形品に実用されているものにレゾルシノール樹脂がある。コードとゴムの間にはラテックス（FPL）が，成形品には樹脂がそのまま用いられている。ラテックスの処方を表11に示したが[21]，いずれも熱処理をすることが必要である。

ここでは，PAとPPについて紹介する。

1.4.1 ポリアミド（PA）

レゾルシノール樹脂を含めた一連のフェノール化合物を，プライマーとして検討した結果を表12に示した[22]。結果として芳香環に一つ以上のフェノール性水酸基を有するものと，p-トルエンスルホン酸が有効である。プライマーは20％エタノール溶液としたものを用い，融点+20℃で熱処理をした。フェノールは安全上から問題もあるので，その後の評価にはレゾルシノールを

表10 プラスチック用プライマーの種類と用途

プライマー	被着材	接着剤
RFラテックス	ナイロン繊維	（ゴム）
RF樹脂	ポリアミド	エポキシ
フェノール類	ポリアミド	エポキシ
ポリウレタン	軟質PVC	エポキシ
アクリルグラフトCR	軟質PVC	CR
ポリウレタン	FRP	ポリウレタン
金属キレート	PPなど	シアノアクリレート
シラン化合物	プラスチック	シリコーンRTV

表11 FPL処理液の配合

素材	配合量（g）
ラテックス*	4210
RF溶液**	465
水	107

* ：固形分　41％
** ：固形分　6.5％

RF溶液の処方

水	238.4 g
レゾルシン	11.0
ホルマリン（37％）	16.2
か性ソーダ	0.3

用いて行った。

　熱処理の影響を図6に示したが[22]，PAの母材破断とするには120℃以上の温度に加熱することが必要である。また，接着剤（Ep 828/V-140）の硬化条件も影響することも確かめられており，室温の条件では母材破断となる接着強さは得られていない。

　表13には先に述べた次亜塩素酸ソーダによる処理を含めて，いくつかの接着剤を用いて接着した結果を示した[22]。シアノアクリレートを除いて多くの接着剤に有効な手法である。

　JISの手法はレゾルシノールの10％酢酸エチル溶液としたものに室温で浸漬する手法で熱処理は行っていない[9]。

表12　ポリアミドのプライマー処理と接着性（PA/Al）

プライマー	融点 （℃）	焼付温度 （℃）	接着強さ （kg/cm²）
研磨（#120）	―	―	36
レゾルシノールホルムアルデヒド樹脂	―	100	60*
フェノール	41	60	72*
レゾルシノール	110	120	80*
ピロガロール	134	140	107*
安息香酸	122	130	35
サリチル酸	159	170	70*
エピコート1001	55	140	65*
p-トルエンスルフォン酸	106	120	70*

＊母材破断　　接着剤：エポキシ／ポリアミド
焼付時間：1 h

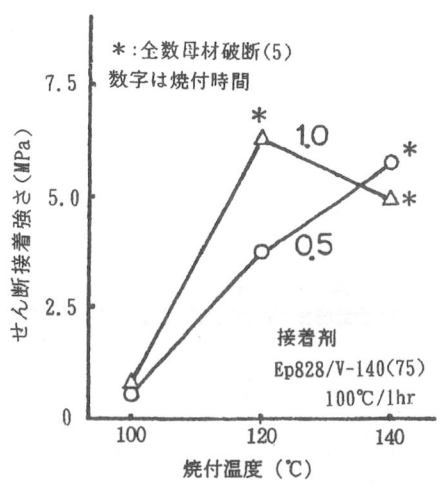

図6　レゾルシノールの焼付条件と接着強さ

表13 ポリアミド樹脂の表面処理と接着強さ（MPa）

接着剤	硬化条件 (℃/h)	表面処理			
		研磨$^+$	RF樹脂$^{+2}$	レゾルシノール$^{+3}$	NaClO
828/V-140	23/24	3.8	7.0*	3.0	7.5*
(100/75)	100/2	3.5	7.2*	8.0*	7.8*
エポキシ（2液）	60/2	5.0	7.8*	8.5*	9.7*
SGA（2液主剤）	23/24	4.8	7.1*	7.8*	9.3*
シアノアクリレート	23/24	5.1	4.9	5.0	5.0
UVA（プライマー）	23/24	4.5	6.7*	9.8*	7.5*

試験片：PA/Al，n＝5　Al：#240研磨
$^+$：#120，$^{+2}$：100℃/1h，$^{+3}$：120℃/1h
＊：PAの母材破断を含む

1.4.2　ポリオレフィン（PO：PE，PPなど）

　接着剤にシアノアクリレートを用いるときに使用するプライマーがある。アセチルアセトンの金属錯塩の効果が検討されており結果を表14に示したが[23]，その効果は図7に示した[23]ように金属が接着剤の-CN基と配位結合をしていることにあるとされている。金属ではコバルト，ニッケルなど数種でPPの母材破断となる接着強さが得られている。

　プライマーは接着剤メーカーからそれぞれ市販されているので組合わされたものを用いることが必要である。プライマーの使用時における接着強さの変化を表15に示したが[24]，シリコーンゴムやフッ素樹脂などの接着にも有用とされている。

　また，塗装時の下地処理として塩素化PPを用いたプライマーも開発されている[25]。

表14　アセチルアセトン錯塩のプライマー効果

プライマー	引張剪断接着強さ（kgf/cm^2） ポリプロピレン同士（2mm t）
Ca(acac)$_2$	18
Zn(acac)$_2$	54*
Mn(acac)$_3$	49*
Ni(acac)$_2$	44*
Co(acac)$_2$	43*
Co(acac)$_3$	2
Zr(acac)$_4$	54*
Ni(acac F$_3$)$_2$	3
Co(acac F$_3$)$_2$	3
Ni(acac F$_4$)$_2$	3
Co(acac F$_4$)$_2$	2
プライマーなし	4

（注）acac：アセチルアセトン，acac F$_3$：トリフルオロアセチルアセトン，acac F$_4$：ヘキサフルオロアセチルアセトン
　　　プライマー：錯塩0.5％のメチルクロロホルム溶液
　　　接着剤：アロンアルファ#201

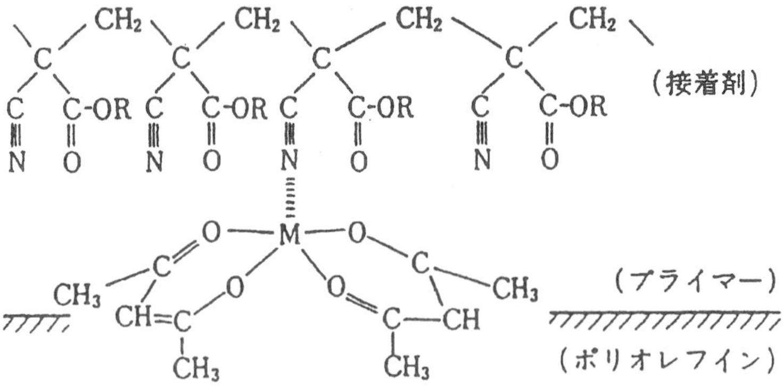

図7 プライマーを使用した場合の接着モデル

1.5 JIS の手法

1999年に改定された JIS では接着に必要な表面処理の手法が，以前よりも詳細に述べられている。プラスチックについては表16に示したような手法が記載されており[9]，対象とするプラスチックも一覧表として整理されているが疑問のある箇所もいくつかある。

1.6 おわりに

高分子材料を接着接合するときに行われている表面処理の手法には種々のものがあるが，どの手法を選択するかは得られる効果と必要なコストに配慮することが必要である。重金属を用いた手法は廃液の処理に必要とするコストを考慮すると必ずしも最良のものではなく，最近はプラズマ[26]や紫外線＋オゾン[27]など活性ガスを使用する方法が中心となりつつあるので，それぞれの項を参照されたい。

また，表面処理を必要としない接着剤も PP 用[28]などに開発されているので，接着剤の開発動向の調査も必要である。

表15 シアノアクリレート用プライマーの効果

プライマー塗布の有無	有		無	
被着材	セットタイム (sec)	接着強さ (MPa)	セットタイム (sec)	接着強さ (MPa)
PP	3	材破	>300	0.3
PE	3	3	>300	0.3
EPT ゴム	3	材破	7	0.5

プライマー：アロンポリプライマー H
接着剤：アロンアルファ＃201

表16 プラスチックの表面処理手法（JIS）

手法	内容
火炎	メタンなどの酸化性火炎で処理
シラン化	シラン被覆コランダムを用いたブラスト処理
クロム酸	$K_2CrO_7/H_2SO_4/H_2O$（1/10/30 wt 部）の処理液で RT/15 秒処理，水洗，乾燥
ナトリウム/ナフタリン	市販の処理液を指示どおりに用いて処理，水洗，乾燥
p-トルエンスルホン酸	パークロルエチレン/ジオキサン/p-トルエンスルホン酸（96/2.7/0.3 wt 部）の処理液に 94℃/10 秒浸漬，110℃ の炉で 45 秒加熱，水洗，乾燥
レゾルシノール	酢酸エチル/レゾルシノール（91/9 wt 部）の処理液に RT/10 秒浸漬，風乾

文　　献

1) 柳原榮一，日本接着学会誌，37(2), 75 (2001)
2) E. M. Petrie, *ADHESIVES AGE*, 32 (6), 6 (1989)
3) 中島常雄，日本接着協会誌，10(5), 224 (1974)
4) 若林一民，接着管理（下），p.229，高分子刊行会 (1992)
5) 柳原榮一，接着の技術，22(3), 6 (2002)
6) 井手文雄，高分子表面改質，p.16，近代編集社 (1989)
7) A. T. Vevines, *et al., ADHESIVES AGE*, 12(5), 33 (1969)
8) D. Briggs, *et al., J. Materials Sci.*, 11, 1270 (1976)
9) JIS K 6848-3
10) 柳原榮一，日本接着協会誌，21(9), 369 (1985)
11) 山崎悦男，接着の技術，10(1), 10 (1990)
12) A. A. Benderly, *J. Appl. Polymer Sci.*, 6, 221 (1962)
13) 山本　英ほか，プラスチックスエージ，28(2), 100 (1982)
14) V. Abolins, *et al., ADHESIVES AGE*, 10(7), 22 (1967)
15) Szu-I Y. We, *et al., SAMPE Tech. Conf.*, 19, 277 (1987)
16) Tae-Ho Yoon, *et al., HIGH PERFORMANCE POLYMER*, 4(4), 203 (1992)
17) D. C. Goeders, *et al., 36 th International SAMPE Sym.*, 348 (1991)
18) 柳原榮一，接着の技術，13(3), 8 (1993)
19) 飯泉信吾，日本接着学会誌，37(5), 184 (2001)
20) 柳原榮一，接着の技術，24(3), 24 (2004)
21) 松下英夫ほか，工業材料，18(13), 127 (1970)
22) 柳原榮一，接着の技術，24(3), 27 (2004)
23) 木村　馨，日本接着協会誌，23(11), 443 (1987)
24) 高橋　伸，材料科学，33(5), 206 (1996)

25) 芦原照明 ほか, 日本接着学会誌, **35**(12), 582 (1999)
26) E. M. Liston, *J. Adhesion*, **30**, 199 (1989)
27) 菊地 清, 日本接着学会誌, **36**(2), 87 (2000)
28) 山中哲造, 接着の技術, **22**(3), 14 (2002)

2 プラズマ放電処理

稲垣訓宏*

2.1 はじめに

　水に濡れる親水性，水をはじく疎水性，物がくっつく接着性，粘着性，汚れが付かない防汚性，水滴がつかない防曇性などの特性は，古くから高分子材料の表面機能加工技術として発達してきた。これらの特性は，高分子材料全体の性質（バルクの性質）とは無関係で，表面近傍のごく薄い層（数分子からなる層）の性質によって決まる。したがって，表面機能性を付与するには，高分子材料全体を加工する必要はなく，表面近傍のごく薄い層のみを加工すれば事足りる。

　新製品の情報誌（小学館発行），"DIME"の2004年，生活・健康部門で金賞を受賞したコンタクトレンズ，"O_2オプティクス"がプラズマ親水性表面処理を製品化したものとして，話題となっている。"O_2オプティクス"は，シリコンハイドロゲルを素材にしたソフトコンタクトレンズで，コンタクトレンズの基本要素である高い酸素透過性をシリコンポリマーで満足させている。疎水性のシリコンポリマー表面をプラズマで親水化し，涙との親和性と脂質，タンパク質の付着を防いでいる。プラズマ親水性加工を巧みに使いきった商品である。プラズマ改質加工の実用化研究は，今からさかのぼること約30年前からはじまっている。この30年の間に，数多くの製品が生み出されてきた。①フォーマルウエアーの深色加工，②血液バックの可塑剤ブリーディング防止，③羊毛織物の防縮加工などがその一例である。しかし，今回の"O_2オプティクス"ほど大々的な商品化は，今までなされてこなかった。"O_2オプティクス"の成功は，30年前に技術開発がはじまったプラズマ処理が未だその技術的魅力を失っておらず，今後も発展する可能性があることを示唆している。

　高分子材料の表面機能加工技術は，表面近傍の数分子からなる層を対象としていることから，まさにナノサイズの加工技術である。表面機能性を付与するにも，ナノテクノロジーから眺めた新しいアプローチがはじまっている。高分子表面を活性化する源として低温プラズマを用いたプラズマ処理は，これまでも表面改質の有力な技術であったし，今でもその重要性は少しも失われていない。

2.2 プラズマによる表面改質の原理

　高分子の表面改質は，表面機能を発揮する官能基を表面に形成させる化学反応プロセスである。この化学プロセスは，①"高分子を構成するC-H，C-C結合から，化学反応を開始できる活性サイトを作成する"と②"表面機能を発揮する官能基を①で作成した活性サイトに結合さ

---

*　Norihiro Inagaki　静岡大学　工学部　物質工学科　教授

る"の二つの反応である。この活性サイト作成には、プラズマを照射することで実現している。さらに、プラズマ照射では、エネルギー付与の範囲が表面近傍に限られ固体内部にまで及ばないことから、活性サイトの形成が表面に限られる。その結果、表面改質がなされた後でも、高分子のバルクの性質には全く変化がないことが特徴である。

プラズマの形成には、気体に電気エネルギーを与え、放電状態にさせる。この放電状態の中では、中性な気体分子に加え、負電荷を持つ電子と正電荷を持つイオン、さらに電気的に中性なラジカルが含まれている。このような活性種が混合した状態をプラズマと呼んでいる。プラズマ状態にある分子のエネルギーは、温度換算で数千から数万度に相当する高いエネルギーを持っている。したがって、通常起こるはずのない化学反応がプラズマ中では起こる可能性を秘めている。

2.3　プラズマを照射すると、高分子表面で何が起こるか？
2.3.1　化学組成の変化

表面を改質し、表面機能性の付与を必要としているポリエステルフィルムを試料としてプラズマを照射し、このポリエステル表面で何が起こるかを調べた。実験に用いたプラズマは、アルゴン、酸素プラズマ、水素プラズマ、窒素プラズマ、およびアンモニアプラズマの5種類である。アルゴンプラズマの中には、化学的に活性な種は存在しない。酸素プラズマの中には、酸素ラジカルなど酸化反応を起こす活性な種が存在する。水素プラズマの中には、水素ラジカルのように還元反応を起こす活性な種が存在する。このように5種のプラズマは、それぞれに化学的な特徴を持っているプラズマである。

5種類のプラズマをポリエステルフィルム表面に照射し、表面の変化を水の接触から評価した。図1はその一例であり、水の接触角をプラズマ照射時間とプラズマ出力を関数に図示してある[1]。酸素プラズマを10秒間照射すると、水の接触角は78°から47（RF出力25W）、41（RF出力50W）、39°（RF出力100W）へ低下する。さらにプラズマ照射時間を増すと、接触角は徐々に低下し、およそ90秒以上で一定となる。このときの接触角を表1にまとめた。表1には、酸素プラズマに加え、他の4種類のプラズマを照射したときの結果も合わせて示してある[1]。表1より、つぎのようにまとめることができる。プラズマをポリエステル表面に照射すると、プラズマの種類に関わらず表面は親水性に改質される。その改質効果は、酸素プラズマ＞窒素プラズマ＞アルゴンプラズマ＞水素プラズマ＞アンモニアプラズマの順である。

プラズマを照射し親水性表面に変化したポリエステル表面の化学組成をXPSで分析し、表1にまとめた[1]。アンモニアプラズマを除いて、プラズマを照射すると、O/C原子比が0.36から0.37－0.62に増加しており、酸素官能基が導入されたことを示している。アンモニアプラズマを照射した時には、酸素官能基の代わりに窒素官能基が生成している。ポリエステル表面に生成

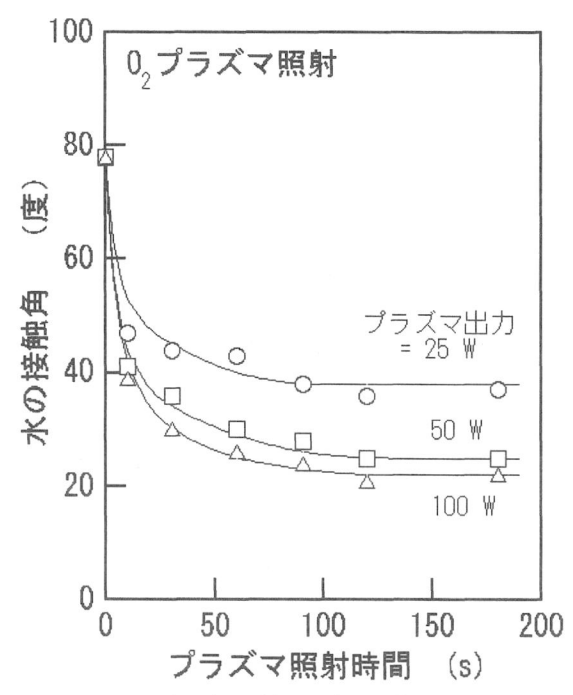

図1 O₂プラズマ照射PET表面の水接触角変化

表1 プラズマ照射PET表面の水接触角と表面元素組成

プラズマ	水の接触角(度)	表面元素組成	
		O/C原子比	N/C原子比
Arプラズマ	45	0.37	0.00
O₂プラズマ	25	0.62	0.00
H₂プラズマ	47	0.39	0.00
N₂プラズマ	28	0.58	0.10
NH₃	51	0.35	0.03
なし	78	0.36	0.00

したこれらの酸素官能基，窒素官能基は，XPS（C_{1s}，O_{1s}，N_{1s}）スペクトルから詳細な解析ができる。図2は酸素プラズマ，アンモニアプラズマを照射した表面のXPSスペクトルである[1]。ポリエステルのC_{1s}スペクトルは，CH_2とCH成分（285.0 eV）（＃C1），CH_2–O成分（286.7 eV）（＃C2），C(O)–O成分（289.1 eV）（＃C3）と$\pi-\pi^*$成分（291.5 eV）から成っている。酸素プラズマを照射すると，C_{1s}スペクトルの中の＃C2成分が19％から40％に増加し，逆に，＃C1成分が62％から47％に減少する。一方，アンモニアプラズマを照射すると，C_{1s}スペクトルの中の＃C2成分が19％から35％へ増加し，＃C3成分は19％から3％へ激減する。これらの

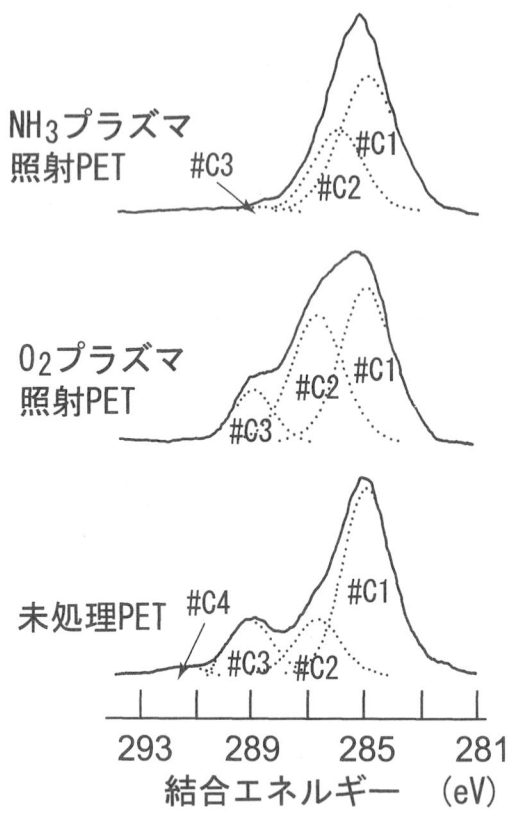

図2 O₂プラズマおよびNH₃プラズマ照射PET表面のXPS（C₁ₛ）スペクトル

変化から，つぎのような改質プロセスが推定できる。酸素プラズマを照射したときには，ポリエステル高分子鎖のCH部分に酸素官能基（C–O）が生成する。アンモニアプラズマを照射したときには，エステル（C(O)O）基を攻撃し，窒素官能基（C–N基）が生成する。

2.3.2 表面形態の変化

5種類のプラズマを照射したとき，ポリエステル表面の形態が変化するか否かを調べた。図3はその一例であり，酸素プラズマを照射したとき，ポリエステルフィルムの重量変化をプラズマ出力，プラズマ照射時間を関数にして図示したものである[1]。ポリエステル表面にプラズマを照射すると，フィルムが減量する。その減量は，プラズマ照射時間と直線関係にあり，この直線関係から減量速度を求めることができる。表2は，酸素プラズマに加え，他の4種類のプラズマを照射したときの結果も合わせて示してある[1]。この表から，減量プロセスを以下のようにまとめることができる。ポリエステル表面にプラズマを照射すると，減量プロセスが起こる。その減量速度はプラズマの種類に関係し，その速度は，酸素プラズマ＞水素プラズマ＞窒素プラズマ＞アルゴンプラズマ＞アンモニアプラズマの順である。

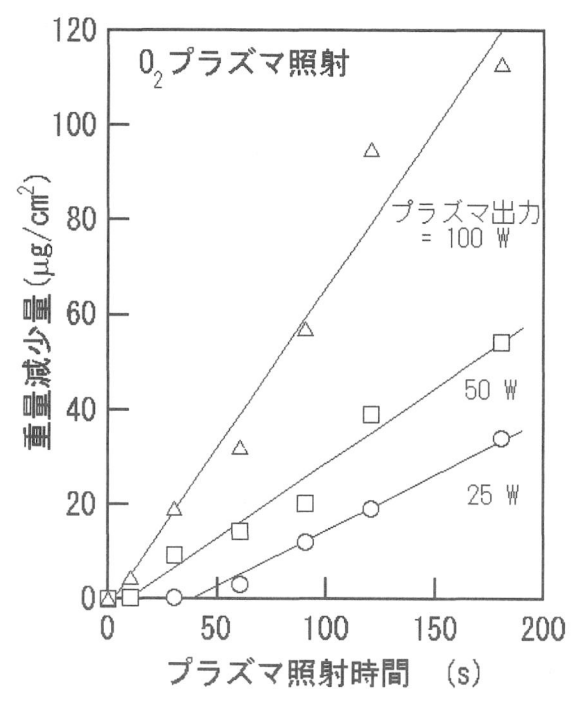

図3 O₂プラズマ照射によるPETフィルムの重量減少量

表2 プラズマ照射によるPET表面のエッチング速度およびプラズマ照射後の
　　PET表面粗さ

プラズマ	エッチング速度 (nm/s)	表面粗さ (nm)	
		Ra	Ry
Ar プラズマ	0.79	2.3	26
O₂ プラズマ	2.30	1.8	19
H₂ プラズマ	1.15	3.3	42
N₂ プラズマ	0.93	6.8	49
NH₃	0.53	7.6	69
なし		1.2	12

　プラズマ照射によって減量したポリエステル表面をプローブ顕微鏡でスキャンし，表面の粗さを求めた。表2に，表面粗さをRaとRyで評価した結果をまとめた[1]。プラズマを照射すると表面粗さが変わるものと，変わらないものと千差万別である。表面粗さの大きさは，アンモニアプラズマ＞窒素プラズマ＞水素プラズマ＞アルゴンプラズマ＞酸素プラズマの順である。減量速度の結果と比べてみると，対照的である。酸素プラズマを照射したとき，減量速度は非常に速い，しかし表面はほとんど荒れていない。これに対し，アンモニアプラズマを照射した場合，減量速

度は非常に遅い，しかし表面は大きく荒れている。酸素プラズマはポリエステル表面を満遍なく削り取り，その結果表面粗さは変わりがない。これに対し，アンモニアプラズマはポリエステル表面を削り取る量も少ないが，特定の場所を選択的に削り取る。その結果，表面粗さが増大すると推定できる。

以上，プラズマをポリエステルフィルム表面に照射したときフィルム表面で起こるプロセスを，①化学組成の変化と②表面形態の変化，の二つの観点から検討した。ポリマー表面にプラズマを照射すると，表面に官能基が導入され化学組成が変わり，それに伴って表面特性が変わる"インプランテーション"と表面が分解して削り取られる"エッチング"の二つのプロセスが起こっている。この二つのプロセスは独立して起こるのではなく，常に並行して起こることを認識する必要がある。

2.4 プラズマ処理にはプラズマの何が寄与しているのか

高分子表面に官能基が導入されるインプランテーションプロセスでは，プラズマ中のどの活性種が関与しているのであろうか。電子，イオンが電気的に活性であること，ラジカルは電気的に不活性であることの違いを利用すると，電気的に活性な電子・イオンをトラップし，ラジカルのみを照射することが出来る。この手法を用いて，ポリエチレン表面に窒素プラズマと窒素ラジカルを照射し，その表面の変化を表面エネルギーから比較すると表3となる[2]。窒素プラズマの中から窒素ラジカルのみを分け取って照射すると，ポリエチレンの表面エネルギーは $32.9\,\mathrm{mJ/m^2}$ から $59.5\,\mathrm{mJ/m^2}$ に増加し，親水性表面に改質された。一方，窒素ラジカル・窒素イオン・電子が混在する窒素プラズマをポリエチレンに照射しても，ポリエチレンの表面エネルギーは増加する。その値は $58.2\,\mathrm{mJ/m^2}$ であり，窒素ラジカルのみを照射したとき（$59.5\,\mathrm{mJ/m^2}$）と大差ない。この窒素ラジカルと窒素プラズマの照射実験より，窒素ラジカルは窒素プラズマと同じようにポリエチレンを表面改質する能力があり，その能力はほぼ等しい。したがって，インプランテーションにはラジカル種の寄与が大きいと判断する。

以上の検討から，プラズマによる高分子表面の改質反応はラジカル的に進み，そのプロセスは次のように理解することができる。高分子表面に導入する官能基（R）を有するガス分子（G–R）

表3 プラズマ照射による水酸基生成量

改質方法	OH/C原子比
O_2 プラズマ	0.10
空気プラズマスパークジェット	0.03
コロナ放電	0.015

はプラズマによって活性化し，ラジカル（R・）が生成する。このラジカルは高分子鎖から水素を引き抜き，高分子ラジカル（P・）を高分子表面に生成する。つづいて，この高分子ラジカル（P・）は他の官能基ラジカル（R・）と再結合し，官能基（R）が高分子鎖に導入される。したがって，プラズマはガス分子（G-R）がラジカルに変換することに主に寄与している。このラジカルをいかに有効に活用するかが，高分子の表面改質の鍵である。

2.5 機能性プラズマ処理（その1）—リモートプラズマ処理—

インプランテーションを促進する有効な手段は，ラジカルのみを高分子表面と作用することであろう。プラズマの中からラジカルのみを分け取り，高分子に照射できるのであろうか。

プラズマはガス分子，高分子表面との直接反応によって失われる以外に，電子-イオン，ラジカル-ラジカルの再結合によっても失われていく。この再結合反応の速度定数はそれぞれ 10^{-7} cm^3/sec，10^{-33} cm^6/sec のオーダーといわれている[3]。ラジカルは電子，イオンに比べ長寿命である。このラジカルの長寿命の特徴を利用すると，プラズマの中からラジカルを分けることが可能となる。具体的には，ラジカル濃度はプラズマの発生している位置から離れた位置では，時間が経過するため電子，イオン濃度に比べ高く，ラジカルが優先的に高分子と反応すると期待できる。これが，リモートプラズマ処理の基本的な考え方であり，ポリテトラフルオロエチレン（PTFE）は，疎水性表面をもつ高分子である。そのためコーティング，プリンティング，メタライジングには，疎水性表面から親水性表面への改質が不可欠である。この表面改質は，結合エネルギーの大きなC-F結合をいかにして切断し，脱フッ素化するかが鍵である。この脱フッ素化は，金属ナトリウムによる還元，あるいはアルゴンイオンによるエッチング法が採用されている。水素ラジカルによる脱フッ化水素によっても可能であろう。水素ラジカル源としてリモート水素プラズマを用い，PTFEの表面改質の可能性を検討した。直径45 mm，長さ1000 mmの円筒状パイレックスガラス管を用意し，このガラス管の一端から水素ガスとRF電源を供給し，水素プラズマを発生させた。このプラズマゾーンから他端の方向に750 mm離れた位置にPTFE試料を置き，リモート水素プラズマで処理し，PTFE表面をSEMによる表面形態変化，水の接触角，XPSより評価した。図4はリモート水素プラズマ処理，水素プラズマ処理したPTFE表面を未処理PTFEと比べたものである[4]。リモート水素プラズマ処理と水素プラズマ処理の違いは，表面形態にその違いがはっきりあらわれている。リモート水素プラズマ処理したPTFE表面の形態は，未処理のものとほとんど違いがない。しかし，水素プラズマ処理したPTFE表面はフィブリルが全く失われており，エッチングされた跡がはっきりあらわれている。この表面形態の比較は，リモートプラズマ処理がエッチングを抑えた表面改質法として有望であることを物語っている。さらに，リモート水素プラズマ処理したPTFE表面の元素組成（F/C, O/C原子比）

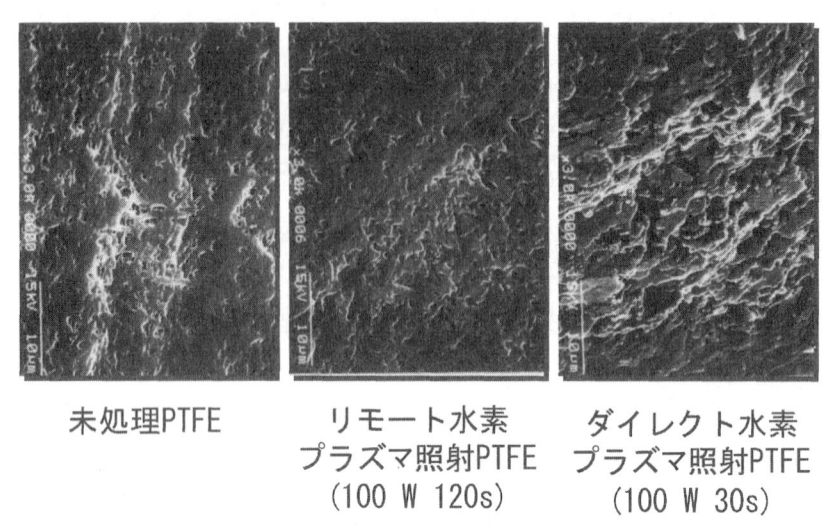

図4　リモート水素プラズマおよび水素プラズマ照射PTFE表面のSEM写真

は、水素プラズマ処理した場合と大差ない、むしろ脱フッ素化が進行している。

2.6 機能性プラズマ処理（その2）—選択的なインプランテーション—

プラズマ処理は高分子鎖の化学構造に加え、プラズマガスの種類によっても表面改質の効果が異なることを既に述べた。この表面改質は、高分子表面に新しく形成した官能基によってもたらされるわけであるが、この官能基を特定の種類に限定して形成することは可能であろうか？具体的には、水酸基（OH）、カルボキシル（COOH）基のような酸素官能基、あるいはアミノ基（NH_2）の窒素官能基のみを高分子表面に形成することはできないものであろうか？このテーマは、バイオ分子をカップリングさせ生化学的な機能をもった高分子表面の構築の際には、必須のことである。

Kühn[5]、Müller[6]、Denesら[7]のグループは、それぞれ独自に特定の官能基だけを高分子表面に形成させる手法を手がけ、"Selective surface functionalization"、"Honofunctionalized polymer surface"、"Novel plasma-enhanced way for surface-functionalization"などと名付けている。この中から二、三の例を紹介する。ポリエチレンとポリプロピレン表面にコロナ放電、空気のプラズマスパークジェット、酸素プラズマを照射し、水酸基を形成させる表面改質法を検討した。ポリプロピレン表面に生成した水酸基（OH）の濃度を炭素原子（C）に対する相対値（OH/C）で評価すると表3となり、水酸基を表面に形成するには、酸素プラズマを用いるのが得策であることがわかる[6]。酸素プラズマで生成した酸素官能基は、水酸基の他に、カルボキシル基、カルボニル基など多種にわたっているが、ジボランで後処理し水酸基に変換する手法を開発した。この後処理効果を表4にまとめた[6]。酸素プラズマ処理で表面に生成した水酸基濃度（OH/C）は4％であ

第1章　表面処理

表4　酸素プラズマ処理とジボラン還元による水酸基生成

改質方法	官能基の組成（％）				
	OH	CH	C(O)OH	C=O	C-O
O_2 プラズマ	4	71	4	9	12
O_2 プラズマ＋ジボラン還元	11	80	0	0	10

る。これをジボランで後処理すると，OH/C は11％まで増加する。これは酸素プラズマ照射によって表面に形成した酸素官能基の55％が水酸基になったことを意味している。

　アミノ基を形成させる手法については，どのようなプラズマを選択し，ポリマー表面に照射するかが検討されている。窒素と水素の混合ガス，アンモニアガス，さらにはアリルアミン，ジアミノシクロヘキサンのような有機アミンのプラズマまでを検討対象にしている。図5が検討結果である[7]。ポリマー表面に生成したアミノ基濃度は，蛍光物質であるキノリンを含んだ化合物をアミノ基とカップリングさせ，蛍光強度から評価している。ジアミノシクロヘキサン，アンモニアなどをプラズマ源とすることが有効であることがわかる。また，パルスプラズマの手法は，期待したほどの効果がないと判断できる。

　以上，水酸基とアミノ基の形成を例にして，特定の官能基をポリマー表面に形成する手法について述べた。この手法は開発の緒に就いたばかりであり，はかばかしい成果は未だ見られない。しかし，ポリマー表面の機能化の際には，必須の技術であり，今後の研究成果を期待したい。

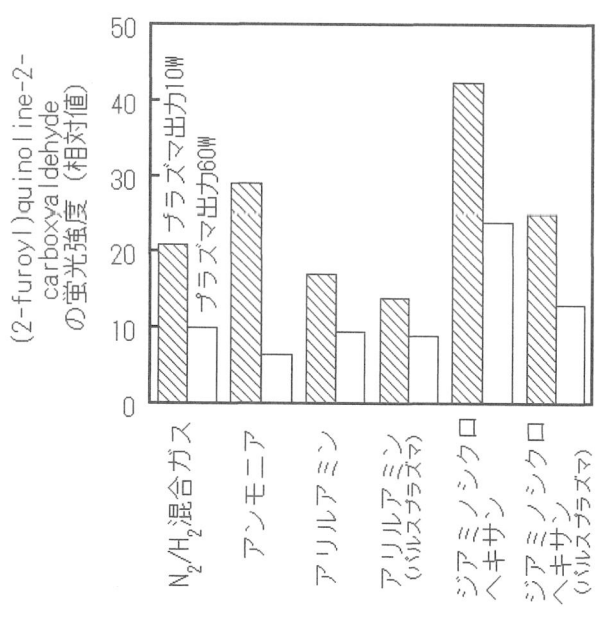

図5　プラズマ照射によるアミノ基生成量

2.7 まとめ

　高分子の表面改質処理法としてのプラズマ処理の基本的なメカニズムをまとめた。プラズマはガス分子を活性化させ，ラジカルが生じる。このラジカルは高分子からの水素を引抜き，高分子表面にラジカルを生成する。この高分子ラジカルの再結合によって新たな官能基が生成する。これが表面改質の基本的な作用機構（インプランテーション）である。プラズマ中の電子・イオンが高分子表面に作用すると，エッチングが起こる。インプランテーションとエッチングは，プラズマ処理では常に並行して起こる。いかにしてエッチングを抑制し，インプランテーションを促進させるかが，改質のポイントである。

　これまでのプラズマ処理の考え方に立つと，インプランテーションが効率よく行われるにはエッチングを抑えることが必要であり，リモートプラズマ処理が提案されている。さらに，高分子表面に形成される新しい官能基を特定のものに限定する手法（Selective Modification）の開発がはじまっている。これは，従来のプラズマ処理からより精密な改質を手がける第2ステージへと進化する動きである。この研究開発は緒に就いたばかりであり，今後の研究成果を期待したい。

文　　献

1) N. Inagaki, K. Narushima, N. Tsuchida, and K. Miyazaki, *J. Polym. Sci., Polym. Phys. Ed*., **42**, 3727 (2004)
2) 稲垣訓宏，山本　浩，日本化学会誌，**1990**, 399 (1990)
3) A. Goldman and J. Amourouz, *Electrical Breakdown and Discharge in Gases, Macroscopic Process and Discharges*, E. E. Kunhardt and L. H. Luessen, Eds., p. 293, Plenum Press, New York (1983)
4) Y. Yamada, T. Yamada, S. Tasaka, and N. Inagaki, *Macromolecules*, **29**, 4331 (1996)
5) G. Kühn, St. Weidner, R. Decker, A. Ghode, and J. Friedrich, *Surf. Coatings Technol*., **116-119**, 796 (1999) ; G. Kühn, I. Retzko, A. Lippitz, W. Unger, J. Friedrich, *Surf. Coatings Technol*., **142-144**, 494 (2001)
6) C. Oehr, M. Müller, B. Elkin, D. Hegemann, and U. Vohrer, *Surf. Coatings Technol*., **116-119**, 25 (1999); M. Müller and C. Oehr, *Surf. Coatings Technol*., **116-119**, 802 (1999)
7) S. Alvarez-Blanco, S. Manolache, and F. Denes, *Polym. Bull*., **47**, 329 (2001)

プラズマ放電処理の一般的な参考書として，下記のものがある。

8) N. Inagaki, CHAPTER 20, Polymer Films Produced by Plasma Polymerization in "*Materials Surface Processing by Directed Energy Techniques*", Yves Pauleau Ed, Elsevier (2006)

9) N. Inagaki, *Plasma Surface Modification and Plasma Polymerization*, Technomic Pub., Lancaster, PA (1996)

3 コロナ処理

小川俊夫*

3.1 まえがき

　高分子材料は非常に多くの種類のものが製造されている。しかし，多種多様な用途に適合させるには単純なホモポリマーの形では不十分である。このため，共重合体やポリマーアロイといった何種類かのポリマーの要素を兼ね備えたような形でその条件を満たすことが多い。あるいは，低分子の添加剤や可塑剤をブレンドすることによってその目的を達成する。しかし，これらの手法はいずれもかなりのコスト高になることは避けられない。特にポリエチレンやポリプロピレンに代表されるポリオレフィンは廉価で，しかもある程度の物性を有しているところに特長があるので，共重合体などにすることは工業的にはそう容易にできることではない。また，食品包装材料などでは，性質の異なったフィルムを積層することによってガス透過性や水分透過性などを防ぐ方策が取られている。現在は上記のようなポリマー同士や有機化合物のブレンドに加えて，ガラス繊維，炭素繊維，無機粉末，クレーなどとの非常に特性の異なるものをブレンドする複合材料の時代である。これには材料同士の相溶性や接着性が極めて重要になってくる。これら多種多様な用件を満たす方法の一つとして表面処理が注目されてくる。表面処理法には，硝酸や重クロム酸カリのような化合物で表面酸化する古くから行われている方法もある。しかし，現在ではコロナ放電処理，プラズマ放電処理，紫外線照射，電子線照射，火炎処理などの物理的手法が大勢である。これらのほとんどは基本的には雰囲気ガスの状態を自由電子，イオン，活性化原子・分子およびラジカルが共存して光を発生するプラズマ状態を出現させているものであるが，中でもコロナ放電処理はフィルムのような平板様の材料には極めて高速に処理することができるので，各種プラスチックフィルム，合成紙，紙など多くの材料に適用されている。ここではコロナ放電処理装置とそれを用いたいくつかの表面処理の例を紹介する。

3.2 装置

　コロナ放電処理装置は高周波発生電源，高圧トランス，および処理電極から成る。コロナ放電は直流ではなく数十kHzの交流を用いる。直流であると試料の一点だけに放電が起こり，試料を損傷する恐れがあるからである。典型的なコロナ処理装置の概略を図1に，実際の放電装置の例（実験室用）を図2に示す。上部電極は半球か楔形になっているが，下部電極はロール型が多い。これにシリコンゴム等の誘電体を被覆している。誘電体がないと火花（アーク）放電が起こり易くなり，電極間が均一なプラズマ状態とは程遠い状態になるからである。放電の例を図3に

---

* Toshio Ogawa　金沢工業大学　環境・建築学部　バイオ化学科　教授

第1章　表面処理

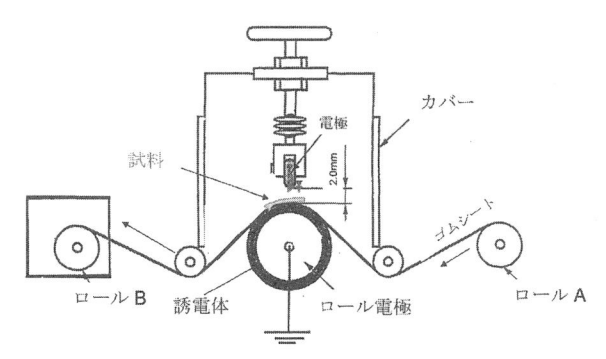

図1　コロナ放電装置の概略図

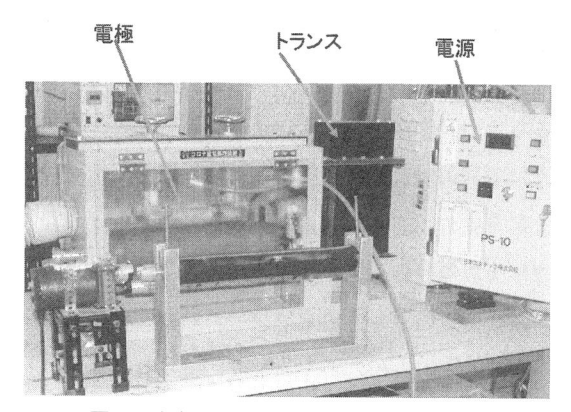

図2　実際のコロナ放電装置（実験室用）

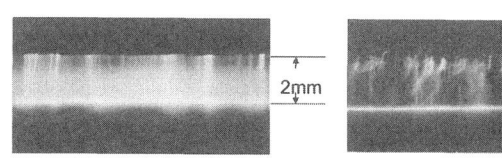

上部；アルミ半球電極　　　　上部；アルミ刃型電極
図3　コロナ放電の状況
放電エネルギー；$6 \times 10^4 J/m^2$，下部電極；3 mm のシリコンゴムで被覆

示すように全体が均一に放電することはまずない。上部電極には放電の線が直線的に接しているが，下部電極付近では電極表面全体に煙のようになった状態が見られる。これは絶縁面に沿って放電路が形成される沿面放電で，光に沿ってプラズマ状態になっていると考えられる。試料はこの部分に置かれている。電圧が上昇して電子が下部電極から上部電極に移動すると，それと衝突した主に酸素分子がイオン化，電子放出などが起こる。これが引き金となって下部から上部への電子の流れと同時にグロー放電に近い状態になった場所で試料表面が活性化される。なお，コロ

ナ (corona) とは王冠と言う意味であり，コロナ放電は線上の放電とそれを取巻くあたりに煙のような放電で成り立っているのが普通である。放電エネルギーは供給エネルギーをE，電極の長さをL，試料の送り速度をVとすると，単位面積当たりの放電エネルギーは以下の式で与えられる。

$$E\left(W \cdot \min /m^2\right) = \frac{P(W)}{L(m)xV(m/\min)} \tag{1}$$

$$E\left(J/m^2\right) = \frac{P(W)}{L(m)xV(m/s)} \tag{2}$$

実際の供給エネルギーがどの程度になるかは，かなりあいまいで，著者らの装置で測定した電圧および電流から求めた例[1]では図4に示されるように表示エネルギーよりかなり高い値が実際の放電エネルギーであった。単位面積あたりの放電エネルギーは必ずしも放電効果と比例するものではない。たとえば，計算上同じ放電エネルギーでも試料送り速度を落として，供給エネルギーを下げると，放電が起こらない状態が出現する。また，あまり電圧を上げて供給エネルギーを大きくすると，図5のように電極の放電位置が異常な状態になり，同時に，プラズマ状態も非常に不均一になる。同時に上部電極の表面の凹凸が激しくなり，ますます不均一な放電を起こさせる結果になる。このためコロナ放電効果をよくするために，供給エネルギーを単純に増やすのは問題である。また，工業的スケールのコロナ放電では試料幅が数メートルに及ぶので，幅方向での処理の均一性も重要になってくる。このため電極形状に様々な提案が行われている。まず長時間の使用に耐えられるように，図6に示されるように石英管にランダムな形状の金属片を入れた電極[2]やセラミックコーティングされた電極が提案されている。前述のように，アルミ電極では長

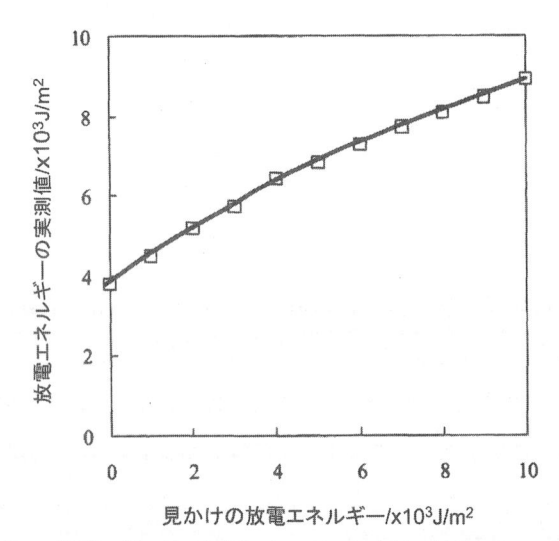

図4 装置の見かけの放電エネルギーと実測の放電エネルギー

第1章　表面処理

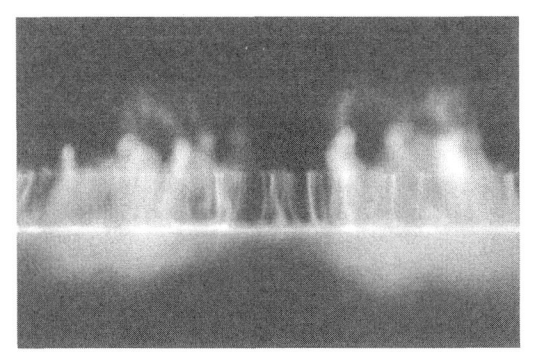

図5　コロナ放電の異常な放電の例
上部電極では先端だけでなく，かなり上部の部分でも放電している。

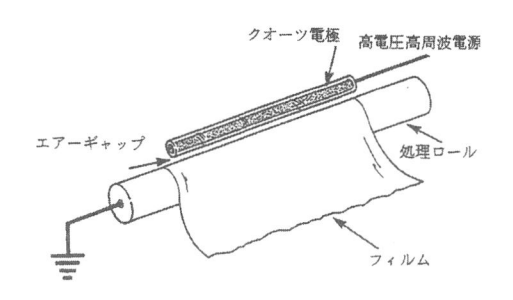

図6　クオーツ電極の例

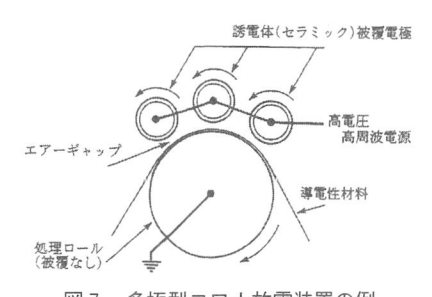

図7　多極型コロナ放電装置の例

時間使用すると，表面の凹凸が激しくなり，電界密度が突端で高まり，結果放電状態も不均一になってくるので，図6ではこれを防ぐ意味もある。図6のような電極の他に，一つの電極にはあまりエネルギーを与えずに，それを何度も繰り返すいわゆる多極方式が採用される場合もある。図7は導電材料の表面処理に使用されるものであるが，多極型電極の例[2]である。

以上述べてきたコロナ放電装置は電極間距離が数ミリメートルであるので，試料はこの間を通

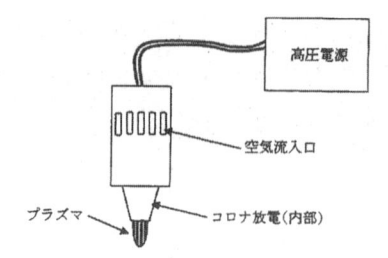

図8　吹き出し型コロナ放電装置の例
小川俊夫, 接着の技術, 22(3), 48 (2002)

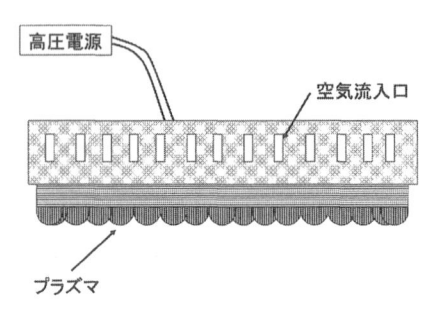

図9　一方向からプラズマ状態の空気が放出されるコロナ放電装置

過できるフィルムやシートに限られていた。厚手のボードや複雑な形状の材料にはこの方法は適用できない。これらの材料にもできるようなコロナ放電装置も開発されている。図8に示す装置はハンディータイプのものであるが，電極が内蔵されていて，一方から空気が入って電極に近い部分からプラズマ状態の空気が出る形になっている。このような装置であればロボットを使って処理箇所を前もって記憶させておけば，複雑な形状の試料も処理することができる。図8では一点だけが処理できる構造であるが，幅広く処理できるように横に広げた図9のような形の装置もあり，これで処理すれば厚手のボードなども簡単に処理することができる。

3.3　コロナ処理条件と表面官能基

ポリマーにコロナ放電処理すると活性化した気体分子がポリマー表面と反応して官能基が形成される。低密度ポリエチレン（LDPE）に処理した後，X線光電子分光法（XPS）で得られたスペクトル[3]を図10に示す。まず未処理の状態では炭素に由来するピークが285 eVに認められるのみである。ところが処理後ではまず酸素に由来するピークが532 eVに大きく認められる。さらに，窒素に由来するピークが400 eV付近にわずかに認められる。これらピークは決して付着した元素に由来するものではない。なぜならXPSの測定は10^{-6}Pa以上の高真空で測定されるので，水のような吸着分子によることはあり得ない。

第1章 表面処理

未処理LDPEのXCPSスペクトル　　コロナ放電処理したLDPEのXPSスペクトル

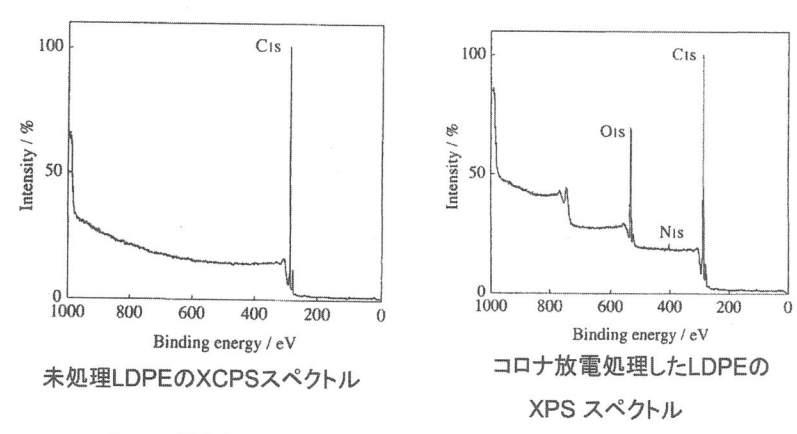

図10　低密度ポリエチレンのコロナ放電前後のXPSスペクトル

酸素結合量はいろいろな因子によって影響を受けるが，ここでは上部電極の形状の影響[4]について考えてみる。酸素や窒素の結合量は放電エネルギーを増加させれば一般に増加する。上部電極を図11のように変えて表面酸素量（O/(C+O)×100）を測定した結果が図12に示される。上部電極が半球型の場合酸素結合効果が著しく，最大25％に達している。しかし，放電エネルギーを増加させれば必ず酸素量は増加するというわけではなく，あまり過剰にエネルギーを与えると結合した酸素含有分子が低分子化して飛散して，酸素量が増加しない現象が認められる。こ

電極	形状/mm
棒状電極	
溝型電極	
刃型電極	
半球型電極	

図11　上部電極の形状

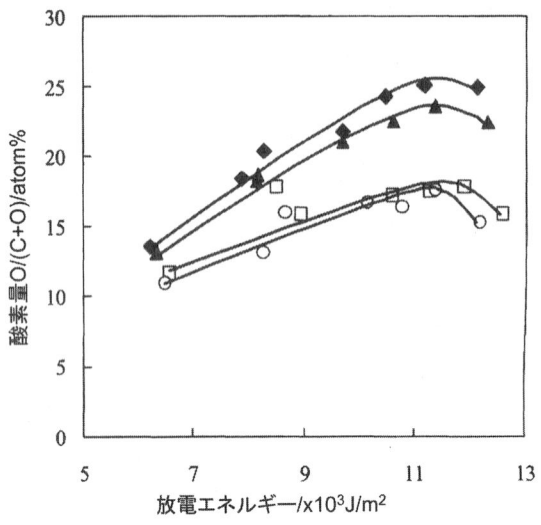

図12　LDPE のコロナ放電処理における電極形状と表面酸素量の関係
▲：刃型，◆：半球型，○：構型，□：棒状

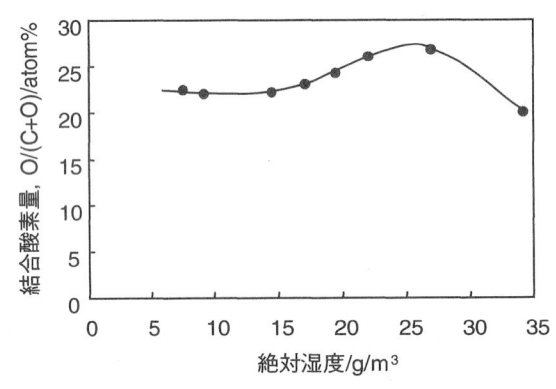

図13　コロナ放電処理における雰囲気の湿度と酸素結合量

れはプラズマ処理においても同様な傾向が認められる。

　我々が実験室や工場でコロナ放電装置を運転する場合，雰囲気としては空気中の水分の影響[1]が気になるところである。そこでコロナ放電の際湿度を変化させたときの酸素結合量を調べた結果が図13である。雰囲気内の水分が増加するとともに明らかに酸素結合量は増加するが，あまり放電エネルギーが高すぎると却って低下することが認められる。このときの官能基量は C_{1s} に由来する XPS スペクトルの波形分離法により推定すると，図14のようにカルボキシル基の変化が最も著しいことが認められる。

第1章　表面処理

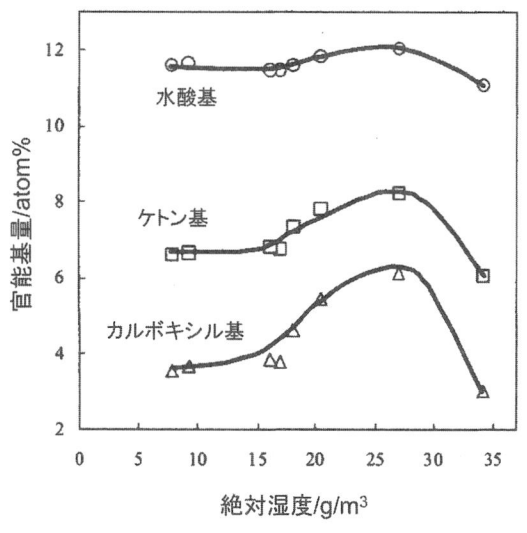

図14　官能基生成量の湿度依存性

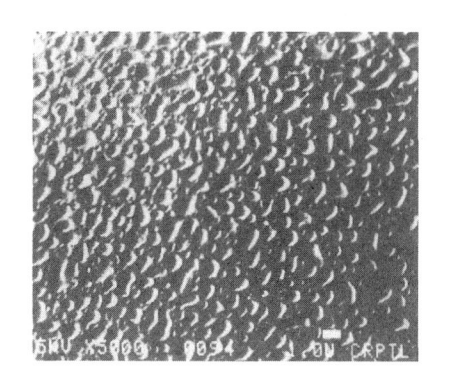

　　2μm

図15　ポリプロピレンにコロナ放電処理したときに観察される小丘（mounds）
$17\times10^4 J/m^2$，相対湿度 80 %

3.4　コロナ放電による表面処理例
3.4.1　ポリプロピレン

　ポリプロピレンについてコロナ放電処理[5)]した後，電子顕微鏡で表面観察すると，図15に示すように大きさ1～2μmの小丘が多数認められる。小丘はコロナ放電処理の時の湿度が高いほど発達する。また放電エネルギーの増加とともに多くなる。小丘は水で超音波洗浄すると消えてしまうが，n-ヘキサンのような無極性溶媒で洗浄してもなくならない。コロナ放電処理によって酸素含有官能基を伴ったかなり低分子の化合物が生成しているためである。低分子化合物は水溶性であり，一旦水溶液となった後水分が蒸発してできると推定されている。ただし，この化合

物はインクの付着性には寄与しており，水洗と同時にインクの接着性も低下する。コロナ放電処理における酸化過程は以下のように，三級炭素からの水素の引き抜きから出発すると考えられる。ただし，最終的に得られる水溶性低分子化合物がどのような物であるかについては解明されていない。

3.4.2 ポリエチレンテレフタレート（PET）

PETは最近ではボトルに大量使用されているとともに，フィルムや繊維としても使用されており，表面処理の研究は活発である。生成する官能基について調べた結果では，表1のようにいろいろな官能基が生成するが，カルボニル基の他には水酸基が多い。官能基は化学修飾法を用いたXPS分析で求められている。水酸基の生成過程については以下の酸化過程が提案[6]されている。

著者[7]らがPETについてコロナ放電処理したときのC_{1s}のスペクトルを図16に示すが，286 eVの水酸基に由来するピーク位置と289～290 eVのケトン，カルボン酸，あるいはエステルに由来する位置の強度も増加している。このことから上記の酸化反応はある程度納得できるが，後者の強度はあまり増加していない。上記のキノン構造がはたして表1に示されているほど生成するものかどうかについては疑問が残る。なお，これは製品にもよるかもしれないが，未処理の場合

表1　コロナ放電処理で生成した官能基

官能基	30分経過	338時間経過
C–O–O–H	0.18	0
エポキシ(C–C with O bridge)	0.28	0.08
C–O–H	0.50	0.49
$\underset{C-O-H}{\overset{O}{\parallel}}$	0.15	0.06
C=O	1.40	1.33
合計	2.84	2.02

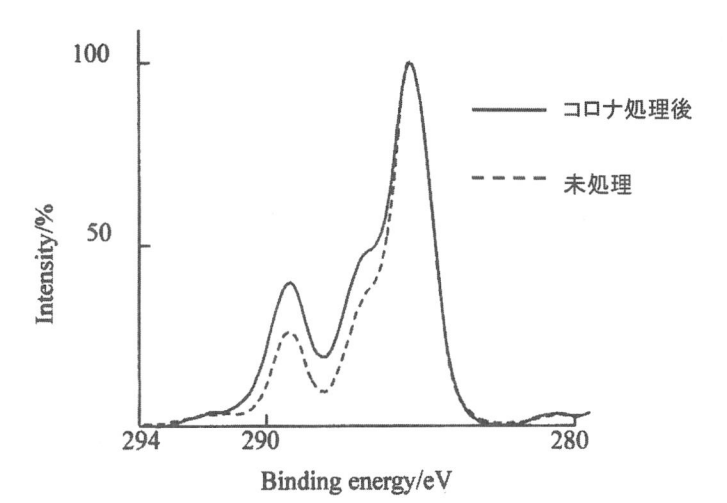

図16　PET の C_{1s} 由来の XPS ピーク

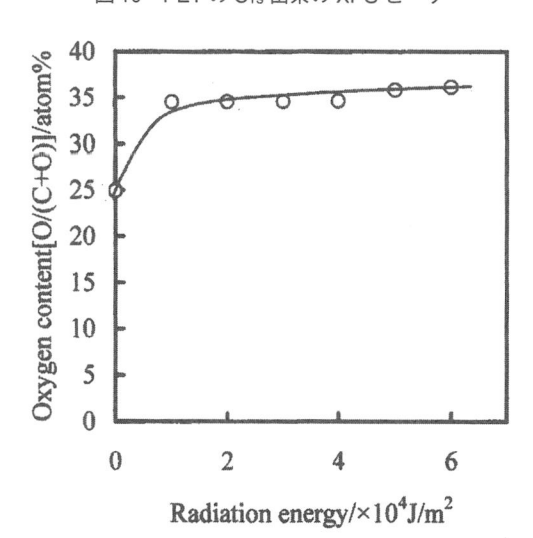

図17　PET のコロナ処理の伴う表面酸素量の変化

PETの化学構造からO/(C+O)＝0.284となるはずであるが，図17から明らかなように0.25であり，表面はかならずしも化学量論的に正しいものでなく，したがって通常のPETは何らかの汚染状態にあると思われる。ところがコロナ放電処理するとこの値は0.284よりかなり大きくなり，表面は汚染物が除かれた後，酸化されていることがわかる。なお，PETの酸化状態はかなり不安定なものと思われ，図18，19に見られるように，表面酸素量や水の接触角は時間とともに急激に変化している。したがって，PETの表面処理は次の操作の直前に実施することが好ましいことを示唆している。

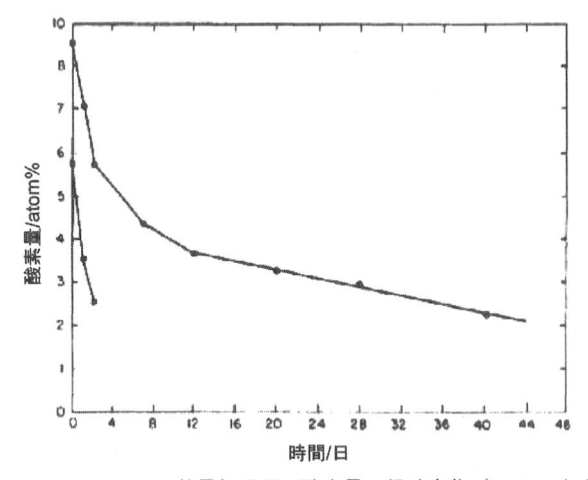

図18　PETのコロナ放電処理面の酸素量の経時変化（43000 J/m^2）
■：未洗浄面，●：洗浄面（ペンタン，クロロフォルム，エタノール）

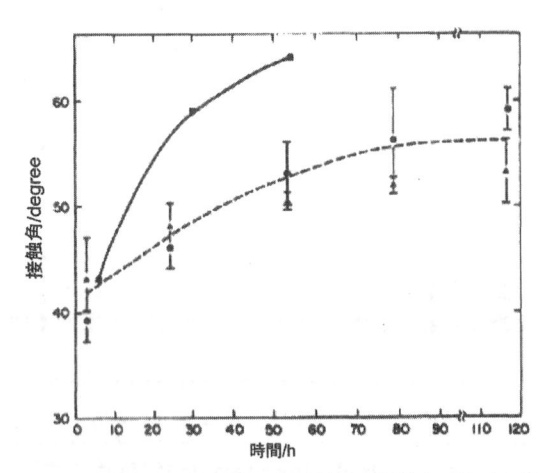

図19　PETコロナ処理面の水に対する接触角の経時変化
■：未洗浄，▲：洗浄，0% RH，●：洗浄，65% RH

3.4.3 芳香族ポリイミド

元祖的存在であるデュポン社が開発したカプトンは以下のような化学構造をしているもので、耐熱性に優れていることに特長がある。フレキシブルプリント基板として広く利用されている。その後多くの芳香族ポリイミドが開発されてきたが、耐熱性に優れている反面接着性には問題が

ある場合が多い。分子構造から考えれば、イミド基を持っているので、それほど接着性が劣るとは考えにくいが、ベンゼン核を面内に含む一つの平面構造をしている上、硬い材料であるので、接着には不利な面がある。これを改善するため、表面組成を変えるとか、ポリイミドにする手前のポリアミック酸の段階で接着するなどの試みが行われている。その一つに出来上がったフィルムの接着性を向上させるため、プラズマ放電処理やコロナ放電処理が施される。ここには、下記の分子構造の芳香族ポリイミドについて、コロナ放電処理を施した例[8]について述べる。

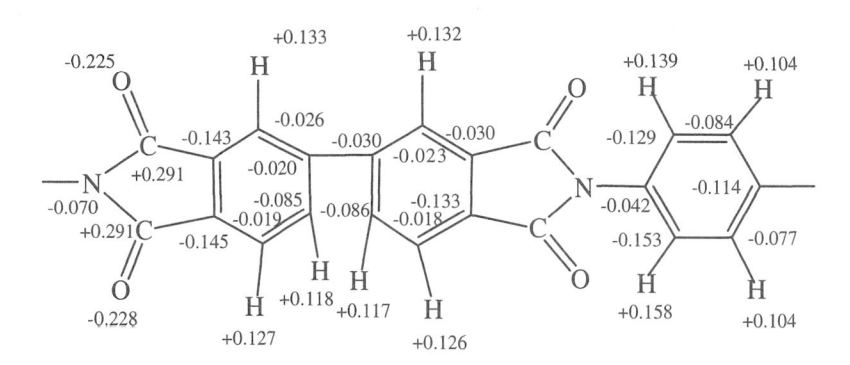

これはユーピレックスＳ（宇部興産㈱）という商品名で市販されているポリイミドで、カプトンより耐熱性に優れていると言われている。数値は分子軌道法で求められた電荷密度を表す。これにコロナ放電処理すると、XPSスペクトルは若干変化する。大きな変化はないが、C_{1s}の電子に由来する285 eVのピークの形状が図20のように変化する。これから推定すると290 eV付近の変化よりカルボキシル基の増加が予想される。しかし、この変化は明確でないので、図21に示す反応により官能基毎の化学修飾を行った後、XPSスペクトルの測定を行って官能基を定量した。その結果、官能基量は図22のようにコロナ放電エネルギーとともに増加し、ある程度の放電エネルギーになると官能基量はあまり変化しなくなった。この図では見かけ上アミノ基の増加

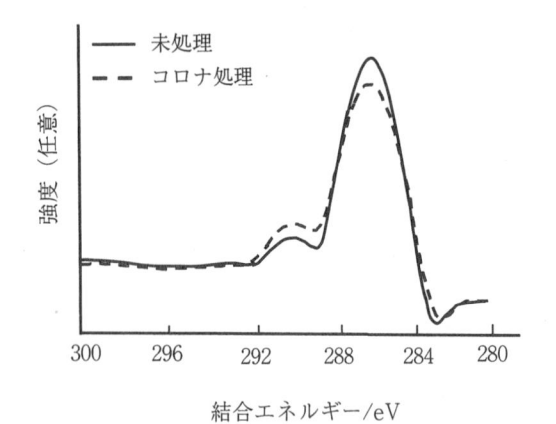

図20 芳香族ポリイミドのコロナ放電処理前後の C_{1s} ピーク

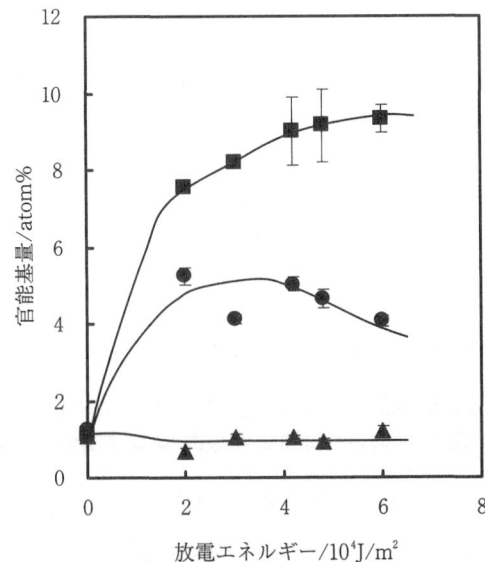

$$R-COOH + CF_3CH_2OH + C_6H_{11}-N=C=N-C_6H_{11}$$
$$\longrightarrow R-COO-CH_2CF_3 + C_6H_{11}-NH-\underset{\underset{O}{\|}}{C}-NH-C_6H_{11}$$

$$RCH_2-OH + (CF_3CO)_2O \longrightarrow RCH_2O-COCF_3 + CF_3COOH$$

$$RCH_2-NH_2 + C_6F_5-CHO \longrightarrow RCH_2-N=CH-C_6F_5$$

図21 ここで使用した官能基の化学修飾法

■:アミノ基, ●:カルボキシル基, ▲:水酸基
アミノ基は全窒素に対するアミノ基の割合, 炭素換算ではこの 1/11

図22 芳香族ポリイミドのコロナ放電処理による官能基生成

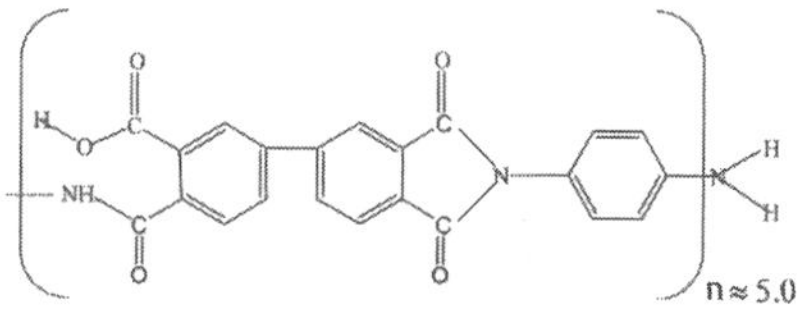

第1章　表面処理

図23　ポリイミドのコロナ放電処理後に生成した構造

が多いが，炭素量を基準にすると，カルボキシル基5個に対してアミノ基は1個存在する程度である。水酸基は未処理と処理後の状態が変化せず，処理効果を論ずるときは無視できる。状況を化学構造から模式的に描けば図23のようになる。コロナ放電によってイミド部分が活性化され，それに空気中の水分が反応してカルボン酸やアミンが形成されたものと考えることができる。同時に水の接触角を測定したところ，放電エネルギーとともに急激に低下した。芳香族ポリイミドではプラズマ放電処理の例が多いがコロナ放電処理によっても表面に十分に官能基が生成することが確認された。なお，この活性はあまり長続きせず，空気中に放置しておくと数日で水の接触角が低下することが若干難点である。

3.5　おわりに

　コロナ放電処理法は表面処理法の中では最も普及した方法であり，プラスチックにはほとんど全てに実施可能である。そして多くの工場で実用されているので，経験的には確立している。ただし，問題が発生した場合の対処法，未知ポリマーへの適用条件，他の方法との比較に関する事項などについては公表されているデータが極めて少ない。コロナ放電装置は実用機として市販されていて，大学などの研究室に設置するには規模が大きすぎる点も原因していると思われる。また，不活性ガス中で処理する通常大気圧プラズマ処理と呼ばれるものも，原理的にはコロナ放電処理装置でできるはずである。同じ放電システムを使って処理効果の安定性や不均一性の改良などに関する研究も今後必要と思われる。

文　　　献

1）小川俊夫，小林正登，菊井　憲，大澤　敏，佐藤智之，日本接着学会誌，36，334（1997）
2）P. A. Markgrof, International European Conf., 201（1993），または小川俊夫，接着の技術，22（3），449（2000）
3）小川俊夫，小林正登，菊井　憲，大澤　敏，日本接着学会誌，33，334（1997）
4）小川俊夫，友野直樹，大澤　敏，佐藤智之，日本接着学会誌，37，217（2001）

5) M. Strobel, C. Dunatov, J.M. Strobel, C.S. Lyons, S.J. Perron, M.C. Morgen, *J. Adhesion Sci. Technol.*, **3**(5), 321(1989)
6) J.M. Pochan, L.J. Gerenser, J.F. Elman, *Polymer*, **27**, 1058(1986)
7) 小川俊夫, 佐藤智之, 大澤　敏, 高分子論文集, **57**, 708 (2000)
8) T. Ogawa, S. Baba, Y. Fujii, *J. Appl. Polym. Sci.*, **100**, 3403(2006)

4 グラフト化技術

坪川紀夫*

4.1 はじめに

ポリマーのグラフト化による高分子表面の改質法は，グラフトするポリマーにより，①表面のぬれ性が制御できる，②改質を高分子表面だけに限ることができ，被処理ポリマーの物性低下を抑制できる，③多彩な機能を高分子表面へ付与できるなどの特徴があり，古くから注目されてきた[1〜5]。また，ガラス繊維や炭素繊維表面へのグラフト化技術も高性能繊維強化複合材料の開発と関連して様々な角度から検討されてきた[6]。さらに，リビングラジカル重合によりガラスやシリコーンウエハー表面へ高密度で分子量の揃ったポリマーをグラフトしたものは，「ポリマーブラシ」と呼ばれ，興味ある性質が見出されている[7]。

一方，筆者らはカーボンブラック（CB）やシリカなどのナノ粒子，さらにはカーボンナノチューブ（CNT）や気相生長炭素繊維（VGCF）表面へポリマーをグラフト化すると，ポリマーマトリックス中や溶媒中への分散性が著しく向上するばかりでなく，機能性有機・無機ナノコンポジットが得られることを報告した[8〜10]。

高分子表面へのポリマーのグラフト化処理については多くの成書があるので，ここでは，シリカナノ粒子やカーボンナノ粒子表面へのポリマーのグラフト化技術とその特性に焦点を絞り，最近の報告を中心に紹介する。

4.2 表面グラフト化の方法論

シリカナノ粒子やナノカーボン表面へのポリマーのグラフト反応は，一般的なグラフトコポリマーの合成反応と同様，以下のような方法で行なわれる。

① Grafting onto (*in-situ*) 法：シリカナノ粒子やナノカーボンの存在下で，重合開始剤（ラジカル，イオン）を用いてビニルモノマーの重合を行い，重合系内で生成する生長ポリマーラジカル（またはイオン）を粒子表面の官能基で捕捉する方法。

② Grafting from 法：ナノ粒子やナノカーボン表面へ導入した重合開始基からグラフト鎖を生長させる方法。

③ 高分子反応法：ナノ粒子やナノカーボン表面の官能基とポリマー末端の官能基との高分子反応による方法。また，リビングポリマーをナノ粒子やナノカーボン表面の官能基で停止する方法もこの分類に入る。なお，この方法は，Grafting onto 法に含めることもできる。

④ デンドリマー法：デンドリマー合成法を利用して，ナノ粒子表面の官能基から段階的にポリ

---

* Norio Tsubokawa 新潟大学 工学部 教授

マーを生長させ，多分岐のポリマーをグラフトする方法。

ここで，①の方法では，最も簡便にポリマーグラフトナノ微粒子やナノカーボンが得られるが，この様な系では非グラフトポリマーの生成が優勢に起こるため，グラフト率（粒子表面へグラフトしたポリマーの質量％）の大きなものを得ることは一般に困難である。

これに対して，②の方法では，グラフト鎖はナノ粒子やナノカーボン表面から生長するので，グラフト率の大きなものが得られるばかりでなく，非グラフトポリマーの生成を抑制することができる。また，表面開始リビングラジカル重合法によると，粒子表面へ分子量が揃ったポリマーを高密度でグラフト化できる。しかしながら，Grafting from 法ではナノ粒子表面へ開始基を導入するために，何段階もの反応を経なければならないという欠点がある。

③の方法では，汎用の末端反応性ポリマーを容易にグラフトできるという特徴がある。しかしながら，ポリマーの分子量が大きくなると，グラフト鎖の数が減少するという欠点がある。なお，リビングポリマーを表面官能基で停止する方法では分子量が明確で，しかも分子量分布が狭いポリマーをグラフトできるという特徴がある。

④のデンドリマー合成法を利用する方法では，非常に多くの末端基を持つ多分岐のポリマーをナノ粒子表面へグラフトできるが，グラフト化操作が非常に煩雑であるという欠点がある。

以上の方法によるナノ粒子表面やナノカーボン表面へのグラフト反応については，別にまとめたので，それらを参照してほしい[8～10]。本節では，ナノ粒子としてシリカナノ粒子をナノカーボンとして CB や CNT を例に，グラフト化技術の具体例を中心に紹介する。

4.3　多分岐ポリマーのグラフト化
4.3.1　多分岐ポリアミドアミン（PAMAM）のグラフト

ポリアミドアミンデンドリマー合成法を利用して，メタノール溶媒中で，シリカナノ粒子や CB 粒子表面へ導入したアミノ基へのアクリル酸メチル（MA）のマイケル付加反応（式 1）とエチレンジアミン（EDA）による末端アミノ化反応（式 2）を繰り返すことにより，粒子表面から多分岐 PAMAM を段階的に生長させることができる（図 1）[11, 12]。

実験結果の一例を表 1 に示したが，シリカナノ粒子表面への PAMAM のグラフト率は反応の繰り返し回数が増加すると共に増大し，反応回数 10 回において 575.7％ に達する。しかしながら，粒子表面から PAMAM が理想的に生長したときの理論グラフト率と比較すると，実験値は著しく小さい。これは，粒子表面の PAMAM グラフト鎖間の立体障害のためと考えられる。

したがって，理想的な構造を持つ PAMAM を粒子表面へグラフトすることは困難であるが，本手法は多くの末端アミノ基を持つ多分岐の PAMAM を粒子表面へグラフトできるので，後で述べるように生理活性物質や機能性官能基の固定支台として利用することができる。

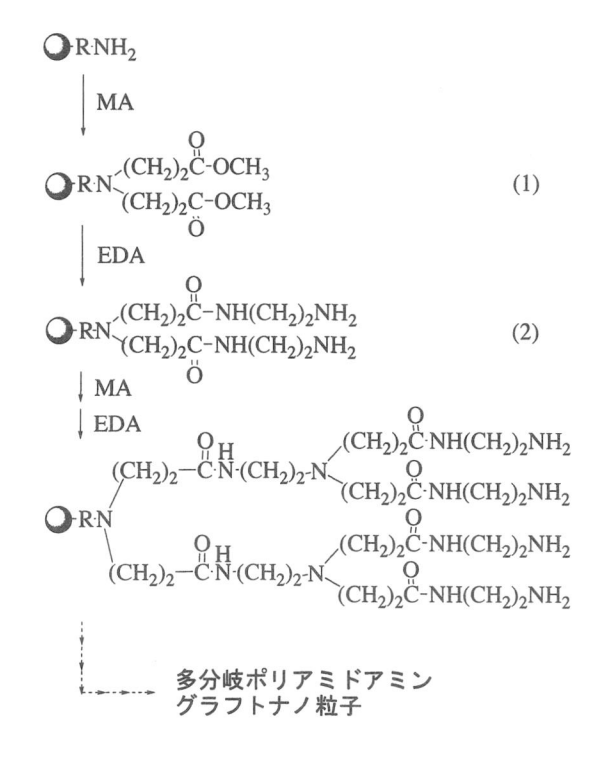

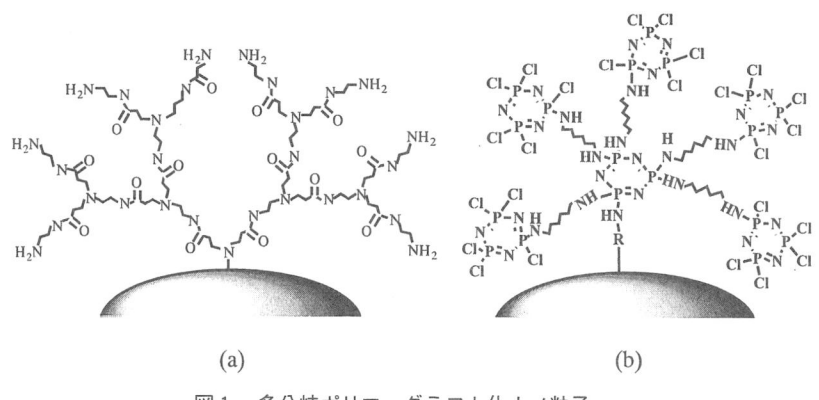

図1 多分岐ポリマーグラフト化ナノ粒子
(a) 多分岐ポリアミドアミン
(b) 多分岐ポリシクロホスファゼン

4.3.2 多分岐ポリフォスファゼンのグラフト

ヘキサクロロシクロトリホスファゼンとヘキサメチレンジアミンとの逐次縮合反応により，多分岐構造を持つポリシクロホスファゼンが合成できることが報告されている。そこで，筆者らは多分岐ポリシクロホスファゼンのシリカナノ粒子やCB表面へのグラフト反応，及び粒子表面へグラフトした多分岐ポリシクロホスファゼン末端へのスルホ基の導入について検討した[13]。

表1 溶媒系におけるシリカナノ粒子表面への
ポリアミドアミンのグラフト反応

反応繰返し回数	グラフト率（％）	
	実験値	理論値
4	62.3	139.8
6	126.2	577.5
8	223.6	2328.6
10	575.7	9332.7

開始アミノ基量：0.40 mmol/g.

$$\text{○-R-NH}_2 + N_3P_3Cl_6 \longrightarrow \text{○-R-NHP(Cl)...} \xrightarrow{\text{HMDA } H_2N\text{-}\sim\text{-}NH_2}$$

$$\text{○-R-NHP...} \xrightarrow{N_3P_3Cl_6} \text{○-R-N-P...P-N...} \xrightarrow{\text{HMDA } N_3P_3Cl_6} \text{多分岐ポリシクロフォスファゼン}$$
グラフトナノ粒子 　　(3)

　シリカナノ粒子表面への多分岐シクロホスファゼンポリマーのグラフト反応は，粒子表面へ導入したアミノ基から，ヘキサクロロシクロトリホスファゼンとヘキサメチレンジアミンとの反応を繰り返すことにより行った（式3）。その結果，反応の繰り返し回数が増えるに従って，多分岐ポリシクロホスファゼンがシリカナノ粒子表面から生長することが分かった。また，CB表面のONa基とヘキサクロロシクロトリホスファゼンとの反応により導入したシクロホスファゼン基に対して，上記の反応を繰り返すことにより，CB粒子表面からも対応する多分岐ポリシクロホスファゼンがグラフトできる。しかしながら，いずれの系においてもこれらの実験値は理論値と比較して，非常に小さかった。この様な結果は，PAMAMの系と同様，グラフト鎖同志の立体障害により，理想的なグラフト反応が阻害されることを示唆している。

　ついで，得られた多分岐ポリシクロホスファゼングラフトした粒子をスルファニル酸で処理することにより，グラフト末端へスルホ基が導入でき，この様なシリカやCBはイオン導電性を示すことも明らかとなった[14]。さらに，この様なスルホ基導入多分岐ポリシクロホスファゼングラフトシリカナノ粒子は，水中やメタノール中へきわめて安定に分散することも分かった。

4.4 ナノカーボンの縮合芳香族環を用いるグラフト化
4.4.1 ラジカル捕捉性

メチルラジカルやフェニルラジカルの多環芳香族化合物に対する反応性は，ベンゼン環の数が増加するに従って増大し，CBなどの炭素材料のラジカル反応性はベンゼンに対するそれの約1000万倍にも達する[15, 16]。したがって，カーボンブラックの存在下で，ラジカル重合開始剤を用いてビニルモノマーの重合を行うと，著しい重合遅延や重合禁止現象が観察される[17]。この様な系では，生長ポリマーラジカルの一部が縮合芳香族環で捕捉され，粒子表面へポリマーがグラフトするが，粒子表面は低分子の開始剤ラジカルを優先的に捕捉するため，グラフト率は10％以下に過ぎない。

この様な問題を解決するため，筆者らは低分子の開始剤ラジカルの存在しない系におけるポリマーラジカルとCBとの反応について検討した。すなわち，主鎖中にアゾ基を持つアゾポリマー（式4）[18]やペルオキシ基を持つポリマー（式5）[19]の熱分解で生成するポリマーラジカルをCBに反応させると，反応系には低分子のラジカルが存在しないため，ポリマーラジカルが縮合芳香族環で効率良く捕捉され，CB表面へ対応するポリマーがグラフトする。

また，この様なラジカル捕捉によるグラフト反応はCNTやC60フラーレンへのグラフト化へも適用でき，溶媒中へ安定な分散性を示すCNTが得られる[9]。

さらに，ニトロキシルラジカル（TEMPO）/過酸化ベンゾイル（BPO）開始系によるスチレンのリビングラジカル重合系へCBを添加すると，粒子表面へ分子量分布が狭く，しかも分子量の揃ったポリマーがグラフトできることも報告されている[20]。

また，筆者らはポリマーをあらかじめ吸着したCBやVGCFに，ポリマーの融点以上の温度

表2 配位子交換反応によるCNTおよびVGCF表面へのpoly(Vf-co-MMA)のグラフト反応

Nanofiber	Vf content in the copolymer(mol%)	$Mn \times 10^{-4}$	Grafting(%)	$Gn \times 10^{-18}$ (No./g)
CNT	9	1.5	19.6	7.8
CNT	24	1.3	60.9	28.2
VGCF	1	1.9	6.4	1.9
VGCF	9	1.5	24.9	10.0
VGCF	24	1.3	57.5	26.6
VGCF	47	0.6	69.3	69.5

Nanofiber, 0.20 g; poly(Vf-co-MMA), 0.20 g; 1,4-dioxane, 20.0 mL; AlCl$_3$, 1.0 mmol; Al powder, 0.25 mmol; 80 ℃; 24 h.

で，γ線を照射すると生成したポリマーラジカルがナノ粒子や繊維表面で捕捉され，これら表面へグラフトすることを見出した。この様な方法によると，非常に簡単な装置で容易にポリマーグラフトCBやVGCFが得られる[21,22]。

4.4.2 配位子交換反応

塩化アルミニウム（AlCl$_3$）触媒存在下において，炭素材料表面とフェロセンとの配位子交換反応が進行し，粒子表面へシクロペンタジエニル基が導入できることが報告されている[23]。

筆者らは，官能基の少ないCBや炭素繊維（CF）の表面改質を目的として，ビニルフェロセン含有ポリマーとの配位子交換反応による炭素材料表面へのグラフト反応について検討した（式6）。

表2には，配位子交換反応を利用したCNTやVGCFへのグラフト反応の結果を示した。AlCl$_3$触媒とAl粉末の存在下で，CNTやVGCFにビニルフェロセン（Vf）とメタクリル酸メチル（MMA）の共重合体（poly(VF-co-MMA)）を反応させることにより，CNTやVGCF表面へ対応するポリマーが効率よくグラフトすることが分かる[24~26]。

さらに，図2には配位子交換反応を利用してpoly(Vf-co-MMA)をグラフトしたカーボンマイクロコイル（CMC）のSEM写真を示した。これから，CMC表面へポリマーがグラフトしていることが確認できる。

さらに，この様な配位子交換反応を利用してナノカーボン表面へ導入したカルボキシル基を足場とするポリエチレングリコール（PEG）のグラフト反応（式7）も可能である[26]。

4.5 溶媒を用いない乾式系におけるグラフト

一般に，ナノ粒子やCB表面へのポリマーのグラフト反応は様々な有機溶媒中で行われている。したがって，反応後，反応系からナノ粒子やCBを単離精製するためには，遠心分離や，ろ過，さらにはソックスレー抽出など，複雑な操作が必要となる。さらに，多量の有機溶媒を使用

第1章　表面処理

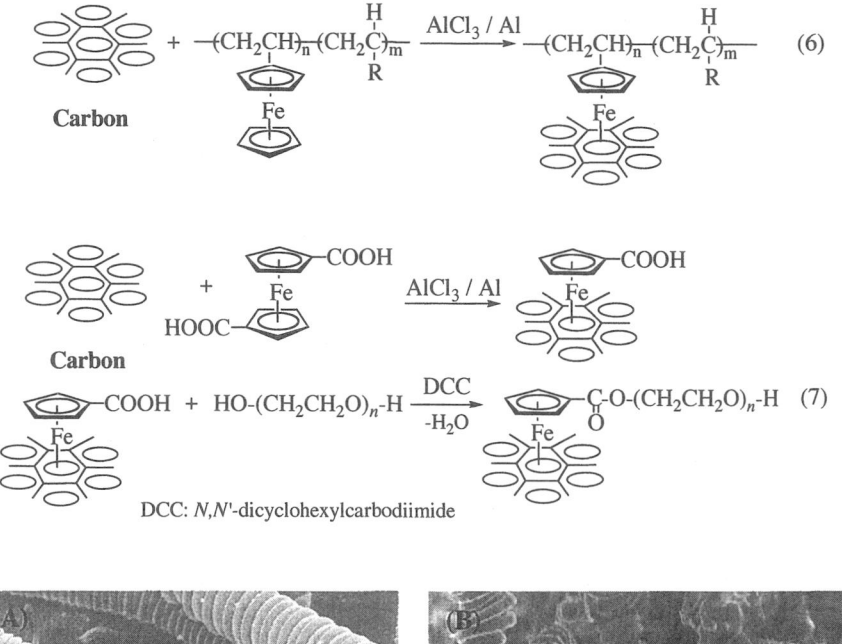

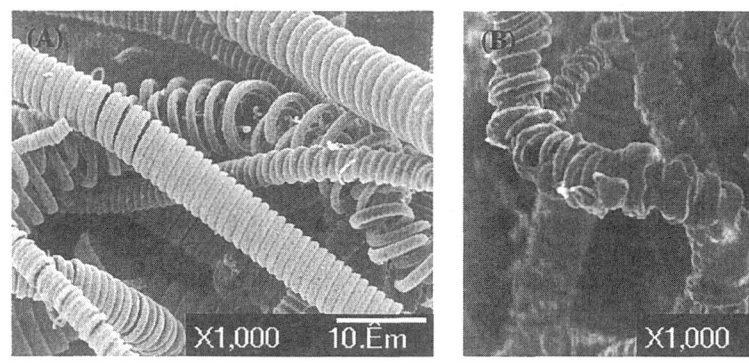

$$\text{Carbon} + -(CH_2CH)_n-(CH_2C)_m- \xrightarrow{AlCl_3/Al} -(CH_2CH)_n-(CH_2C)_m- \quad (6)$$

$$\text{Carbon} + \begin{array}{c}Fc-COOH \\ HOOC-Fc\end{array} \xrightarrow{AlCl_3/Al} \begin{array}{c}Fc-COOH\\ \\ \end{array}$$

$$Fc-COOH + HO-(CH_2CH_2O)_n-H \xrightarrow[-H_2O]{DCC} Fc-\underset{O}{\overset{\|}{C}}-O-(CH_2CH_2O)_n-H \quad (7)$$

DCC: *N,N'*-dicyclohexylcarbodiimide

図2　(A) 未処理および (B) ポリマーグラフト CMC の SEM 写真

するため環境負荷が非常に大きいという問題点が指摘されてきた。

最近，筆者らは溶媒を用いない乾式系におけるナノ粒子や CB 表面へのポリマーのグラフト反応に成功した。すなわち，乾式系におけるグラフト反応では，ナノ粒子表面へ直接モノマーを噴霧するか，反応系へモノマーを含むアルゴンガスを通気してグラフト反応を進行させる。反応後は，未反応モノマーを真空下で除去する手法がとれるので，乾式系では遠心分離やろ過などといった煩雑な操作を必要とせず，溶媒系と比較して廃溶媒の量が極めて少なく，環境負荷も非常に小さいという特徴がある。したがって，乾式系を採用することにより，ポリマーグラフト化ナノ粒子の大量合成が可能になる。

4.5.1　多分岐ポリアミドアミンのグラフト

乾式系におけるシリカナノ粒子表面への多分岐 PAMAM のグラフト化は，次のように行われ

る。すなわち，図3に示した反応装置に，アミノ基を導入したシリカナノ粒子を加え，これにMAを噴霧し，撹拌しながら，粒子表面のアミノ基へのMAのマイケル付加を行う（式1）。反応後，未反応のMAは真空下で除去する。ついで，ナノ粒子を単離することなく，EDAを噴霧し，同様に所定温度で所定時間反応を行い，シリカナノ粒子表面の，末端エステル基をアミノ基に変換する（式2）。反応後，未反応のEDAは真空下で除去する。この操作を，繰り返すことにより，シリカナノ粒子表面から多分岐PAMAMを逐次的に生長させることができる（表3）[27]。

4.5.2 ビニルポリマーのラジカルグラフト

ナノ粒子やCB表面からの乾式系におけるビニルモノマーのラジカルグラフト重合も可能である[28]。例えば，アゾ基を導入したシリカナノ粒子へアルゴン雰囲気中，ビニルモノマーを噴霧すると，アゾ基の熱分解で粒子表面に生成したラジカルからグラフト鎖の生長が起こる。この様な乾式系では，非グラフトポリマーの生成が抑制されるという特徴があり，生成物中から非グラフ

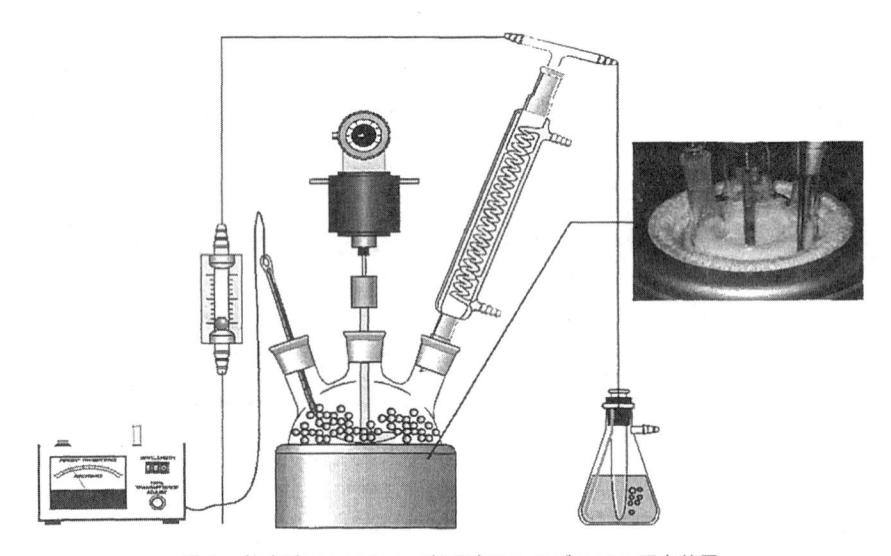

図3 乾式系におけるナノ粒子表面へのグラフト反応装置

表3 乾式系におけるシリカナノ粒子表面へのポリアミドアミンのグラフト反応

反応繰返し回数	グラフト率（％）	
	実験値	理論値
2	14.5	22.6
4	69.2	112.9
6	129.4	474.0
8	141.0	1918.6

開始アミノ基量：0.33 mmol/g.

4.5.3 カチオングラフト重合

ヨードプロピル基を導入したシリカナノ粒子へ 2-メチル-2-オキサゾリン（MeOZO）を噴霧し，所定温度で重合を行うと，シリカ表面からグラフト鎖のカチオン生長が起こる。なお，グラフト率は 10 % 程度であるが，グラフト効率は 80 % 以上である。一般に，溶媒系におけるカチオングラフト重合では連鎖移動による非グラフトポリマーの生成を制御できないが，乾式系では非グラフトポリマーの生成を抑制することが可能である[29]。

この様に，乾式系におけるラジカルグラフト重合やカチオン開環グラフト重合系において，非グラフトポリマーの生成が抑制される原因はまだ究明されていないが，今後，応用範囲は広いと考えられる。

4.6 イオン液体中におけるグラフト反応

最近，環境負荷の低減を目的に，イオン液体（IL）を反応溶媒とする合成反応や重合反応が数多く報告されている。IL は室温で液状の塩で，蒸気圧がほとんどないことから可燃性や引火性がないため取り扱いが容易であるという特徴が注目されている。さらに，IL は水や極性の低い有機溶媒に溶けにくい性質を有しており，有機溶媒を用いて生成物や副成物を抽出することができる。また，反応後 IL を反応系から回収し，再利用することも可能である。したがって，IL は環境負担の少ない溶媒として，各種合成反応への利用が可能である[30]。さらに，IL 中ではラジカル寿命が延びるため，重合速度が増大し，分子量の大きなポリマーが生成することも報告されている。

4.6.1 Grafting from 系

そこで，筆者らは IL 中におけるアゾ基を導入したシリカナノ粒子によるスチレンのラジカル

表 4　溶媒を用いない乾式系におけるアゾ基を導入したシリカ表面からのラジカルグラフト重合

Silica	Time h	Styrene		MMA	
		Grafting	Grafting efficiency	Grafting	Grafting efficiency
		%	%	%	%
Untreated	4	trace	—	trace	—
Silica–NH_2	4	trace	—	trace	—
Silica–Azo	1	8.5	36.0	6.0	92.3
Silica–Azo	2	11.5	55.0	6.8	98.6
Silica–Azo	3	11.6	48.5	6.6	93.0
Silica–Azo	4	11.5	50.2	7.0	77.8

Silica–Azo, 8.8 g; monomer, 0.025 mol; 75℃.

グラフト重合について検討した[31]。その結果，IL溶媒中では有機溶媒中と比較して，重合率，およびグラフト率が共に大きなものが得られることが分かった（図4，5）。これは，ILはポリスチレンの貧溶媒のため，停止反応が抑制され，生長ポリマーラジカルの寿命が延びるためと考えられる。

4.6.2　Grafting onto 系

先にも述べたように，CBの存在下で過酸化ベンゾイル（BPO）などの重合開始剤を用いてビニルモノマーのラジカル重合を行なうと，著しい重合遅延現象が観察されることが知られている。筆者らは，この様な重合をIL中で行なうと，有機溶媒中とは異なり，重合遅延現象が緩和されることを見出した。さらに，興味深いことに，有機溶媒系とは異なり，IL中では生長ポリマーラジカルが，粒子表面で捕捉され，高グラフト率のポリマーグラフトCBが得られる（図6）[29]。

なお，反応後，ポリマーグラフトCBは遠心分離によって分離した後，IL中の未反応モノマーは真空下で容易に除去できるので，ILは容易に回収することができる。したがって，ILをグラフト反応の溶媒に用いると，反応プロセスの簡略化ができ，しかもILを容易に回収再利用できるため，廃液の量を大幅に減らすことができるという特徴がある。

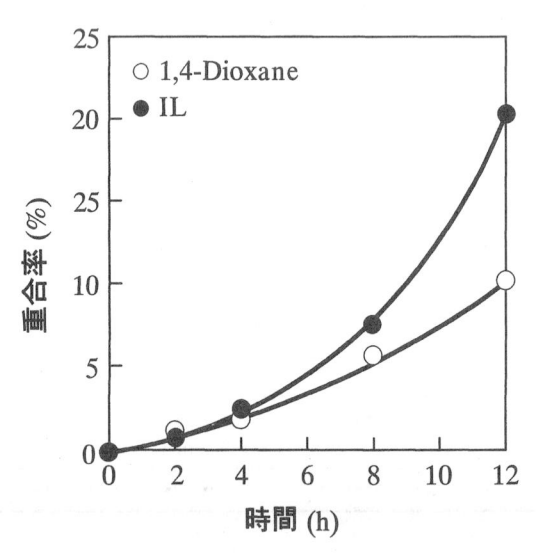

図4　アゾ基を導入したシリカ存在下におけるMMAのグラフト重合に及ぼすイオン液体の効果

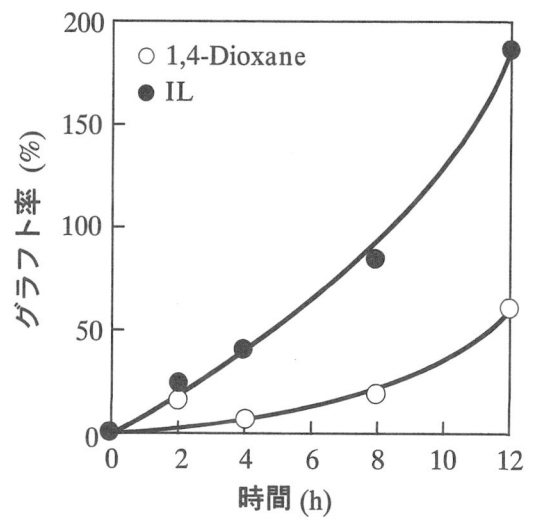

図5　アゾ基を導入したシリカ存在下におけるMMAのグラフト重合に及ぼすイオン液体の効果

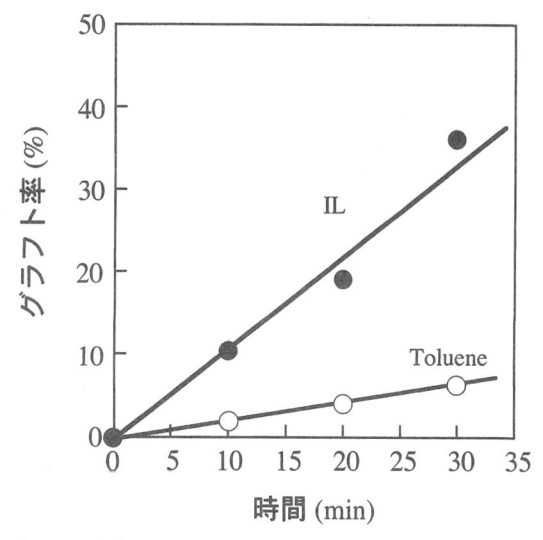

図6　カーボンブラック存在下におけるMMAのラジカル重合に及ぼすイオン液体の効果

4.7　リビングラジカル重合法によるグラフト

4.7.1　Grafting from 系

　ガラス板やポリマー表面へ導入した適当な開始基を用いると，固体表面からリビングラジカル重合が開始され，いわゆる「ポリマーブラシ」が得られることが報告されている[7, 32, 33]。

　さらに，CBやCNT表面へ導入したα-ブロモエステル基とCuCl$_2$とを組み合わせた系で，ビニルモノマーの原子移動重合が開始され，粒子表面へ分子量の揃ったポリマーが，高密度でグラ

フトすることが報告されている（式8）[34]。さらに，TEMPO/BPO系を利用した固体表面からのリビングラジカルグラフト重合も報告されている[35]。また，リビングラジカル重合を利用したカーボンナノチューブへのグラフト重合も数多く報告されている[9]。

4.7.2 Grafting onto 系

リビングポリマーアニオンをナノ粒子表面の官能基で停止すると，分子量分布が狭く，しかも分子量が明確なポリマーが粒子表面へグラフトできることが報告されている（式9）[36]。

筆者らは，リビングポリマーカチオンをナノ粒子表面のアミノ基で停止することにより，ナノ粒子表面へ分子量の揃ったポリマーをグラフトできることを見出した（式10）[37]。リビングカチオン重合はリビングアニオン重合とは異なり，高真空下での操作の必要が無いので，容易に分子

表5　リビングポリマーカチオンとカーボンブラック表面官能基とのグラフト反応[a]

Carbonblack	Polymer		Grafting	R[d]
	Poly(IBVE)[b]	Poly(MeOZO)[c]	%	%
Untreated	living		trace	—
CB–NH$_2$	quenched		trace	—
CB–NH$_2$	living		16.2	5.3
CB–ONa	living		23.5	7.2
CB–NH$_2$		living	32.9	24.5
CB–ONa		living	31.8	22.5

a) CB, 0.01 g; living Polymer, 1.2 mmol; toluene, 10.0 mL; 25℃; 1 h.
b) $Mn=5.0×10^3$, $Mw/Mn=1.10$.
c) $Mn=2.2×10^3$, $Mw/Mn=1.22$.
d) グラフト反応に利用された官能基の割合.

量の揃ったポリマーを粒子表面へグラフトできる。表5にはポリイソブチルビニルエーテルとポリMeOZOのリビングポリマーカチオンとCB表面のアミノ基とのグラフト反応の一例を示した。これから，リビングポリマーカチオンの分子量が増加すると，粒子表面へグラフトするグラフト鎖の数が低下することが分かる。

さらに，TEMPO末端のポリスチレンの熱解離で生成するポリマーラジカルをCBやCNT，さらにはC60フラーレンで捕捉することにより，それぞれの表面へ分子量が揃ったポリスチレンがグラフトできることが報告されている[20, 38]。

4.8　生理活性物質をグラフトしたナノ粒子の特性

抗菌性の高分子材料に関する研究が盛んに行われている。抗菌性物質は細菌，特に病原菌の発育や増殖を阻止し，脱臭性，防カビ性などの特性を有している。そのなかでもカチオン系抗菌性物質であるホスホニウム塩は，大腸菌や黄色ブドウ球菌などに高い抗菌性を示すことが知られている。

そこで筆者らは，シリカナノ粒子表面へのカチオン系抗菌性ポリマーのグラフト化と，抗菌性ポリマーグラフトシリカと各種高分子との複合体表面の抗菌性について検討した。シリカ表面への抗菌性ポリマーのグラフトは，シリカ表面へグラフトしたポリ（p-スチレンスルホン酸ナトリウム）（poly(St-SO$_3$Na)）をアルキルホスホニウムクロライドで処理することにより行った（式11）。なお，シリカ表面へのpoly(St-SO$_3$Na)のグラフト重合は，粒子表面へ導入したトリクロロアセチル基とMo(CO)$_6$を組み合わせた系により行った[39]。

なお，このような抗菌性ポリマーをグラフトしたシリカナノ粒子とシリコーン樹脂とから作製した複合体表面の黄色ブドウ球菌に対する抗菌性を調べた結果を図7に示した。これから，抗菌

性ポリマーグラフトシリカを1％以上添加した複合体表面は，黄色ブドウ球菌や大腸菌に対して強力な抗菌性を示すことが明らかになった[37]。

4.9 表面グラフト化の新展開

シリカナノ粒子やCB表面へのポリマーのグラフト化について，最近の報告をまとめた。なお，この様なグラフト化反応の手法は，有機顔料や各種繊維表面へのポリマーのグラフト化へもそのまま適用できる。また，ここでは紙面の都合で触れなかったが，ナノ粒子やナノ繊維表面へのプラズマ開始重合や光開始重合による表面グラフト化についても検討が進められており，興味ある機能を持つ材料が得られている。

一方，CNTやフラーレンなどのナノカーボンがナノテクノロジーを支える材料として最近注目されている。先にも述べたように，ここで述べたグラフト化手法は，いずれもこれらのナノカーボン表面のグラフト化へ適用できる。したがって，グラフト化によるナノ材料の表面改質は，今後益々発展が期待され，まだ多くの可能性を秘めている。

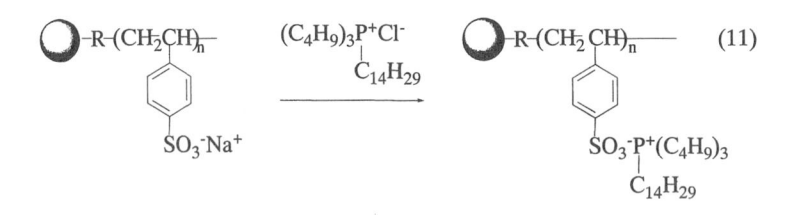

$$\text{Poly(St-SO}_3^-\text{Na}^+\text{)-grafted silica} \xrightarrow{(C_4H_9)_3P^+Cl^- / C_{14}H_{29}} \text{Poly(St-SO}_3^-\text{P}^+\text{Bu}_3\text{R)-grafted silica} \quad (11)$$

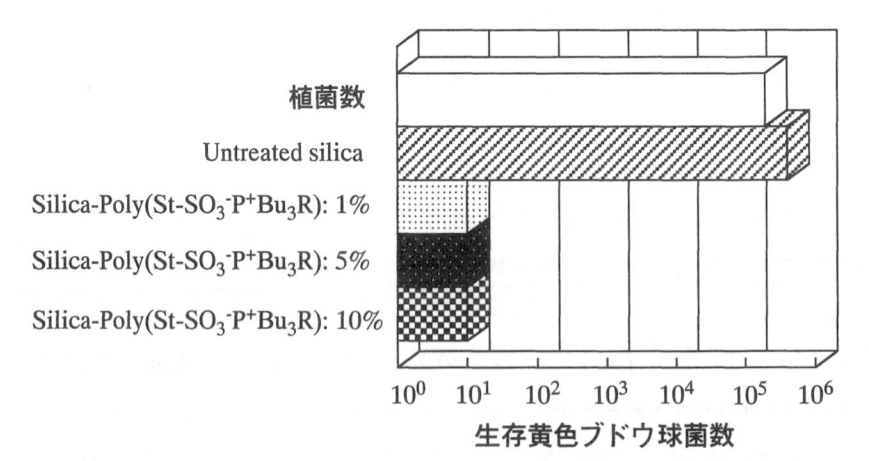

図7 抗菌性ポリマーグラフトシリカを充填したシリコーン樹脂表面の黄色ブドウ球菌に対する抗菌性

第1章　表面処理

文　献

1) 筏　義人，高分子表面の基礎と応用，化学同人 (1989)
2) 井手文雄，グラフト重合とその応用，高分子刊行会 (1977)
3) 水町　浩，鳥羽山満監修，表面処理技術ハンドブック，㈱エヌ・ティー・エス (2000)
4) 角田光雄，高分子の表面改質と応用，㈱シーエムシー出版 (2001)
5) J. P. Biltz, C. B. Little, Fundamental and Applied Aspects of Chemically Modified Surfaces, The Royal Society of Chemistry, London (1999)
6) 坪川紀夫，ポリマーのグラフト化による改質，接着学会誌，36, 428 (2000)
7) R. C. Advincula, W. J. Brittain, K. C. Caster, J. Ruhe (Eds.), Polymer Brushes, Wiley-VHC, Weinheim (2004)
8) N. Tsubokawa, *Bull. Chem. Soc. Jpn*, 75, 2115 (2002)
9) N. Tsubokawa, *Polym. J.*, 37, 637 (2005)
10) 坪川紀夫，材料の科学と工学，42, 284 (2005)
11) N. Tsubokawa, H. Ichioka, T. Satoh, S. Hayashi, K. Fujiki, *Reactive Polym.*, 37, 75 (1998)
12) N. Tsubokawa, T. Satoh, M. Murota, S. Satoh, H. Shimizu, *Polym. Adv. Technol.*, 12, 596 (2001)
13) 捧　望，有吉裕文，山内　健，坪川紀夫，最新の複合材料界面科学研究 2005, O-15-1 (2005)
14) 草彅悠輔，白井久美，山内　健，坪川紀夫，高分子学会予稿集，55, 2906 (2006)
15) M. Levy, M. Szwarc, *J. Chem. Phys.*, 22, 1621 (1954)
16) M. Levy, S. Newmn, M. Szwarc, *J. Am Chem. Soc.*, 77, 4225 (1955)
17) K. Ohkita, N. Tsubokawa, E. Saitoh, *Carbon*, 16, 41 (1978)
18) 坪川紀夫，梁取和人，高分子論文集，49, 865 (1992)
19) S. Hayashi, S. Handa, Y. Oshibe, T. Yamamoto, N. Tsubokawa, *Polym. J.*, 27, 623 (1995)
20) S. Yoshikawa, S. Machida, N. Tsubokawa, *J. Polym. Sci.: Part A: Polym. Chem.*, 36, 3165 (1998)
21) J. Chen, Y. Maekawa, M. Yoshida, N. Tsubokawa, *Polym. J.*, 34, 30 (2002)
22) J. Chen, G. Wei, Y. Maekawa, M. Yoshida, N. Tsubokawa, *Polymer*, 44, 3201 (2003)
23) M. Miyake, K. Yasuda, T. Takashima, T. Teranishi, *Chem. Lett.*, 1037 (1999)
24) N. Tsubokawa, N. Abe, Y. Seida, K. Fujiki, *Chem. Lett.*, 900 (2000)
25) N. Tsubokawa, N. Abe, G. Wei, J. Chen, S. Saitoh, K. Fujiki, *J. Polym. Sci., A: Polym. Chem.*, 40, 1868 (2002)
26) G. Wei, S. Saitoh, H. Saitoh, K. Fujiki, T. Yamauchi, N. Tsubokawa, *Polymer*, 45, 8723 (2004)
27) M. Murota, S. Sato, N. Tsubokawa, *Polym. Adv. Technol.*, 13, 144 (2002)
28) J. Ueda, S. Satoh, A. Tsunokawa, T. Yamauchi, N. Tsubokawa, *Eur. Polym. J.*, 41, 193 (2005)
29) 上田　純，白井久美，山内　健，坪川紀夫，高分子学会予稿集，55, 2949 (2006)
30) 大野弘幸監修，イオン性液体-開発の最前線と未来-，㈱シーエムシー出版 (2003)
31) J. Ueda, H. Yamaguchi, T. Yamauchi, N. Tsubokawa, *J. Polym. Sci. Part A: Polym. Chem.*, 印

刷中
32) 福田　猛, 高分子, **54**, 483 (2005)
33) R. C. Advincula, *J. Dispersion Sci. Technol*., **24**, 343 (2003)
34) T. Lui, R. Casadio-Portilla, J. Belmont, K. Matyjaszewski, *J. Polym. Sci.: Part A: Polym. Chem*.,**43**, 4695 (2005)
35) M. Husseman, E. E. Malmstrom, M. McNamara, M. Nate, O. Mecerreyes, D. G. Benoit, J. L. Hedrick, P. Maansky, E. Huang, T. P. Russel, C. J. Hawker, *Macromolecules*, **32**, 1424 (1999)
36) E. Papirer, N. Tao, J. B. Donnet, *Angw. Makromol. Chem*., **19**, 64 (1971)
37) S. Yoshikawa, N. Tsubokawa, *Polym. J*., **28**, 317 (1996)
38) H. Okamura, T. Terauchi, M. Minoda, T. Fukuda, K. Komatsu, *Macromolecules*, **30**, 5279 (1997)
39) R. Yamashita, Y. Takeuchi, H. Kikuchi, K. Shirai, T. Yamauchi, N. Tsubokawa, *Polym. J*., **38**, 844 (2006)

5 電子線処理

木下　忍*

5.1　はじめに

　今回，電子線（Electron Beam＝EB，以下 EB という）という言葉を初めて目にした方は，何だろう？怖いもの？何ができるのだろうか？との疑問を持たれたのではないだろうか。そこで，今回，その疑問の回答と本テーマである「高分子の表面改質」という点から EB の特徴を知っていただければと思う。また，この EB についてよく知っているという方もここでもう一度検討してはどうだろうか。

　この EB は放射線の仲間で図1[1]のとおり電気を持った粒子線に分類され，加速器にて作られるものである。この加速器が EB 処理装置である。我々の身近にあるテレビは約 25 kV の加速電圧で EB を加速しブラウン管に照射することで発光させ映像としている。このテレビが EB 装置であるということを知れば，読者の方の疑問も少しは解消できたと思う。EB 処理装置は電子エネルギー（電子エネルギー＜keV＞は加速電圧＜kV＞とほぼ等しく読み替え可能）で，低（300 keV 以下）・中（300 keV〜5 MeV）・高エネルギー（5 MeV〜10 MeV）タイプに分類される。後で詳細に述べるが加速電圧により，EB の物質への浸透深さが決定される。つまり，今回のテーマの高分子の表面改質には，電子エネルギーが 300 keV 以下（加速電圧が 300 kV 以下）の低エネルギータイプの EB 装置が有効である。本装置は法的規制も少なく非常に取り扱いやすく，近

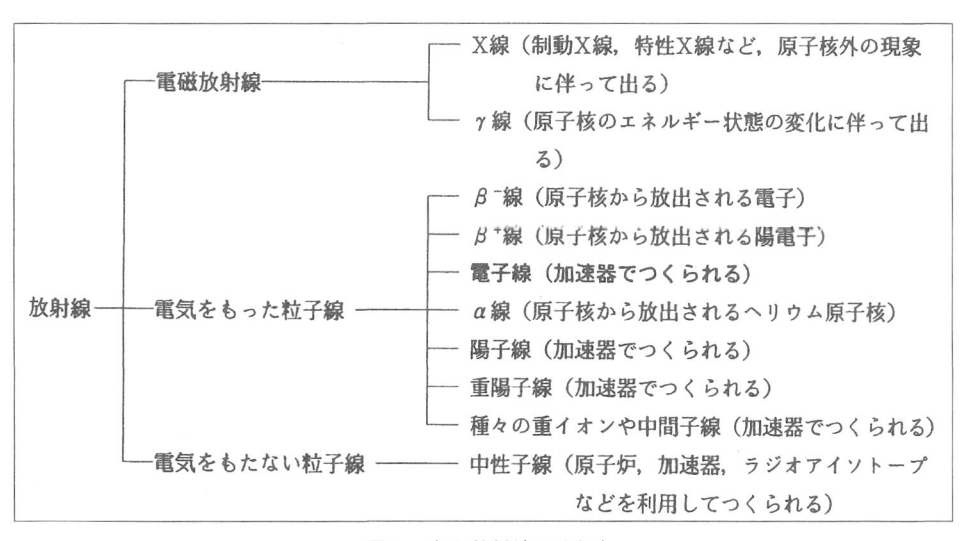

図1　主な放射線の分類[1]

* Shinobu Kinoshita　岩崎電気㈱　光応用開発部　部長

表1　EBの工業応用分野

① 重合（硬化＝液体→固体）
・印刷：食品容器，飲料容器，プラスチック製品 ・塗装：高光沢印刷物，光沢紙，リリースペーパー，印画紙，静電気除去フィルム，含浸紙，ベースコート ・接着：粘着フィルム，木工製品，植毛，サンドペーパー，各種ラミネート
② 架橋（固体→網目状固体）
タイヤ，耐熱電線，熱収縮チューブ・フィルム，発泡ポリエチレン輸液バッグ，フィルム製造，磁気テープ，フロッピーディスク
③ グラフト重合（基材への化学的結合）
イオン交換膜，フィルター，バリアフィルム，特殊加工
④ 滅菌
各種容器，包装材料，医療用器具，食品
⑤ その他
排ガス処理，汚泥処理，上下水処理

年は更に装置も小型化，低価格化が進んできているので非常に身近になっている。

また，このEBの応用技術は1952年イギリスの故チャルスビー博士がポリエチレンの架橋（電線被膜等に利用）を見出したことから始まり表1のとおり幅広く，高分子の改質には非常に有効である。それでは，EBの基礎，低エネルギーEB処理装置および応用について紹介する。

5.2 EB処理装置

EB処理装置の大きさや価格などは加速電圧により大きく異なる。加速電圧1000 kV以上のEB加速装置は，制動X線を遮蔽するためのコンクリート迷路やその建物を必要とし，これから発生するEBは原子力基本法に定められている放射線の定義の範疇に入り規制がある。しかし，今回紹介する低エネルギーEB処理装置は，その範疇から外れ，コンパクトで取り扱い易い小型EB処理装置である。更に，近年，加速電圧が100 kV以下の小型EB処理装置が開発され，今まで以上に低コスト、コンパクトとなってきている。EBの発生原理などの基礎技術については以前紹介[2]しているので参考にしていただきたいが，加速電圧と線量については装置や応用技術にとって重要な要因であるので説明をする。

5.2.1 EBの特性

EB処理装置から取り出されるEBの特性は装置の設定条件で異なる。そこで，処理物への最適処理条件が基礎実験等で決まれば，逆に装置の仕様も決まることになる。このEBの特性を決める要因として，加速電圧および電子電流があげられる。以下にその詳細を述べる。

(1) 加速電圧

　加速電圧は電子の運動エネルギーの大きさを決定し、物質内での透過能力を左右する。電圧（kV）は、電子の運動エネルギー keV とほぼ一致する。

　ここで、分かりやすく EB 処理装置をピストルに例えて説明する。ピストルの弾丸（電子）を物質に打ち込む時、火薬（加速電圧）を多くするほど、弾丸（電子）を物質の奥深くまで打ち込むことができる。また、打ち込まれる物質として鉄板と紙を例にとり、両者を比べると、その打ち込まれる深さは大きく違う。つまり、打ち込まれる物質の密度（または、比重）により到達深度も変わる。EB においても同じことが言え、加速電圧と被照射物の密度によって電子の透過深さが決まり、これらの間には図 2 に示すような関係がある。図中の縦軸は、表面の線量（dose）を 100 ％とした割合であり、横軸は電子の物質への浸透深さを示している。ただし、単位は 1 m^2 の物質の重さ（g）、つまり、面密度と呼ばれる単位で、物質の密度が決まれば厚みに変えることができる。例えば、密度 1 g/cm^3 の水の場合、数値をそのまま μm（ミクロン）と置き換えられる。また、逆に密度が半分の物質であれば、数値を 2 倍にすると μm（ミクロン）の単位で表せられる。ただし、図 2 は、ナイロンフィルムで測定されたもので、正確には EB は物質の電子との相互作用であるため、図は物質により変化するので注意が必要である。

　また、装置から見ると、この加速電圧が大きくなるほど、電源・チャンバー・X 線のシールド等は大きくなり、価格も高額になる。したがって、処理対象物に最適な加速電圧を選定する場合、できるだけ低い加速電圧の方が経済的に有利である。

(2) 電子電流

　電子電流（電子の数）は照射物への吸収線量を決めるものであり、処理能力とも関連する。EB 処理装置から得られる線量は次式で表される。

$$D = K \cdot I / V \tag{1}$$

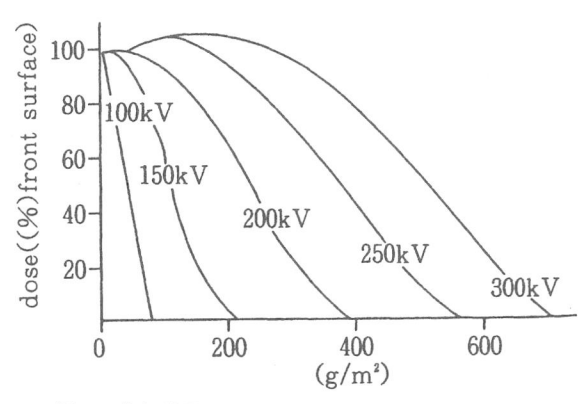

図 2　各加速電圧における透過深さと線量との関係

ただし，D：線量（kGy），I：全電子電流（mA），V：処理スピード（m/min.），K：それぞれの装置によって定まる定数，である。

ここで，線量（Gy＜グレイ＞）は吸収線量を意味し，「1 Gyは，1kgあたり1ジュールのエネルギー吸収量」に相当する。この線量測定には，フィルム線量計[3]が使用される。

5.2.2 EBの特長と物質への作用

以上のEB処理装置によるEBは次の特長を持っている。

① 不透明物質でも透過できる。（そのエネルギー付与の過程は電子密度に依存）
② 常温で処理ができる。
③ 重合の場合，無溶剤で処理ができ環境にやさしい。
④ 光重合と異なり光重合開始剤が不要である。
⑤ 低エネルギータイプのEB装置は法的規制が少なく取り扱いやすい。　他

以上のEBの特長を知るためにも，EBの特性と物質への作用について例をあげて説明しよう。

EBの浸透深さについては加速電圧の因子で決まることを分かっていただけたと思うが，実際に反応に寄与するエネルギーは別であり，今度は物質に打ち込まれる電子の数で決まってくる。EB処理装置から加速された電子は物質中に打ち込まれると，物質中に多数ある核外電子と相互作用して多量の2次電子を発生させる。この2次電子の平均的なエネルギーは100 eV程度といわれている。実際に反応に寄与するのはこの2次電子である。この核外電子の数は原子（物質）により異なり，この数の多いものほど電子との相互作用が強くなることは知っておく必要がある[2]。

そこで，前述したEB処理装置の電子の数つまり電子電流により物質への吸収線量（エネルギー）が決められ，処理能力とも関連する。

処理装置の機種選定には，まず，処理に必要な吸収線量を求め，処理スピードを(1)式に代入して必要な全電子電流（mA）を求める。EB処理装置は機種ごとに最大処理能力（線量と処理スピードで表示）が決まっているので，それに合せて適当なものを選定することになる。

5.2.3 小型EB処理装置紹介

表面の改質には図2のとおりEB処理装置の加速電圧は150 kVも必要なく，加速電圧を100 kV程度またはそれ以下でも十分である。そこで窓箔等の改良により，その電圧に対応した超低エネルギータイプのEB処理装置が登場している。本装置は，発生する制動X線の量も少なく遮蔽も容易となり，電源も含め小型化できることから低コストとなり，EB照射も表層に効率よく行えるのでエネルギーの利用効率が高く，また，基材までEBが届く量を抑えることができるので，基材に与えるEBの影響も少ない（図3）という特長がある。以上のことから本装置は，表

図3 従来 EB との比較（㈱ラボのホームページより）

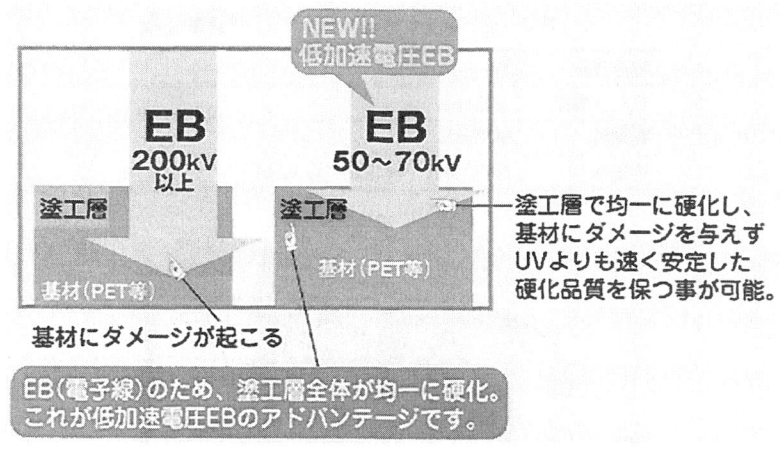

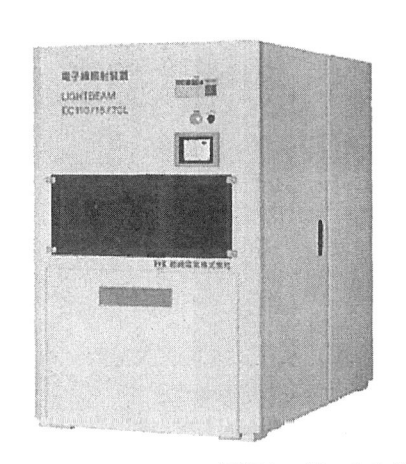

・ビームを塗工層に集中
・基材ダメージを抑制

＜装置仕様＞
型式：EC110/15/70L
加速電圧：80〜110kV
ビーム電流：1〜10mA
照射幅：150mm
照射能力：700kGy・m/min（110kV 時）
トレーサイズ：150W×200L×15H mm
本体寸法：900W×1450L×1500H mm

写真1　低エネルギー EB 加速器（実験機）

面改質用途には最適と考えられ，利用が拡大してきている。

(1) 実験用小型 EB 処理装置

従来の実験用 EB 処理装置（EC 250 / 15 / 180 L）の約 1／3 の重量となりコンパクトな実験機「アイ・ライトビーム®」（写真1）が 80 kV〜 110 kV の実験用として市販されている。薄膜の硬化処理などの表面改質の実験には有効である。

(2) EZ-V（イージーファイブ）™装置

表2　EZ-V（イージーファイブ）™装置仕様

加速電圧	:50～70 kV
ビーム電流	:100 mA
処理幅	:600 mm
処理能力	:3000 kGy・m/min（at 70 kV）

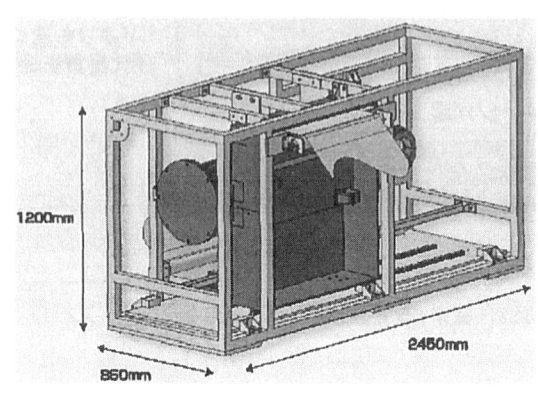

図4　EZ-V 概略図

写真2　EZ-V（イージーファイブ）™装置

　加速電圧を70 kV以下に下げることで，装置の小型化・軽量化およびコストダウンが図られた生産機が本装置である。装置はEB発生器（照射ユニット）と高電圧発生器（電源ユニット）で構成され，基本仕様は表2，図4，写真2のとおりである。通常の樹脂硬化には30 kGyの線量が必要とすると，本装置で最大100 m/min.の処理ができる。本装置の本体価格が概略3,500万円であり，過去のEB装置の価格を知っている方はビックリしたのではないだろうか。

　また，要望により照射幅は広幅も対応可能であり，実際に1650 mm幅のEZ-Vが顧客の装置に組み込まれ稼動している。

図5 電子線（EB）の作用

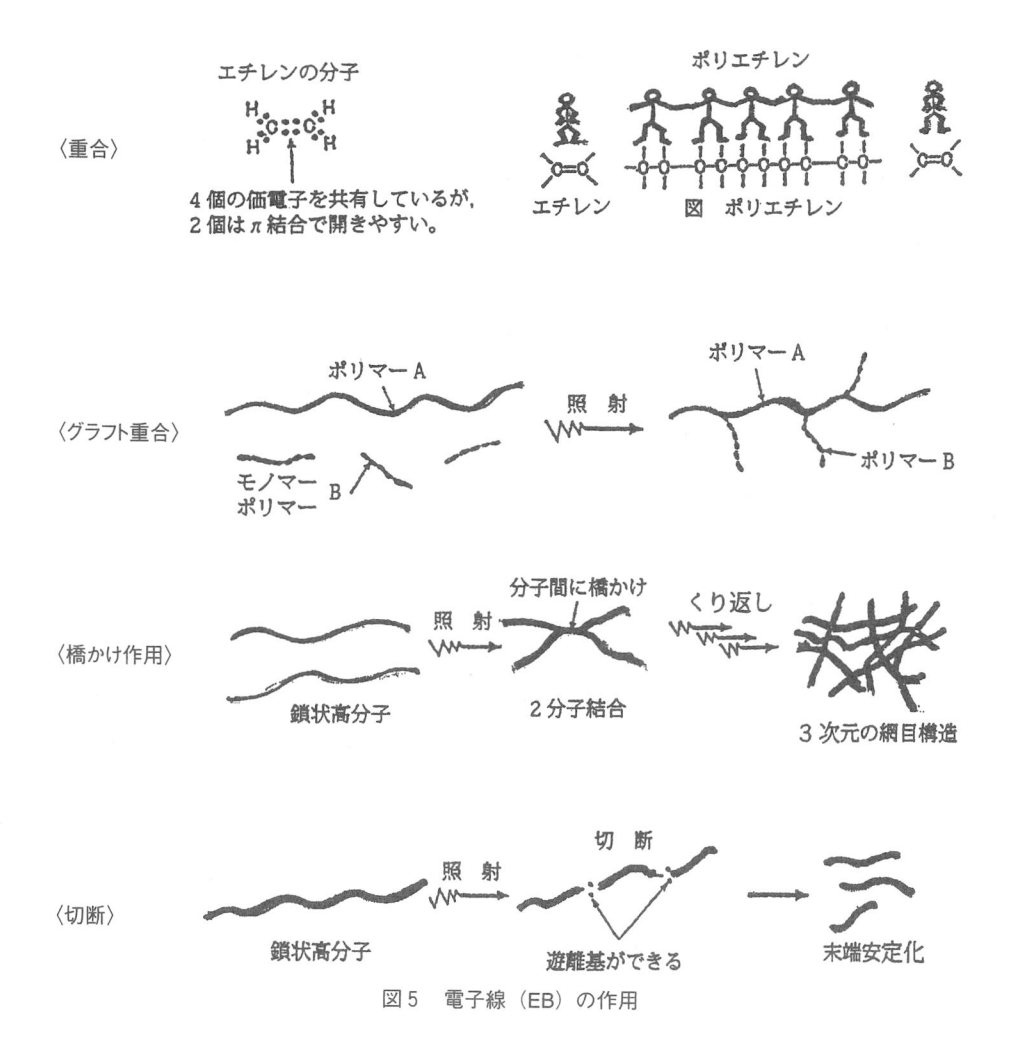

5.3 高分子のEB処理

EB処理は高分子の改質に有効であり、図5に示すような反応を起こすことができる。先に紹介した表1のとおり、表面の改質には重合、グラフト重合および架橋という処理を行うことが有効と考えられる。以下に事例を含め紹介する。

5.3.1 重合処理

この重合は、液状樹脂の塗膜をEB照射することで硬化させることを利用する。この塗料はモノマーで塗装しやすい粘度に調整できることから無溶剤対応できるので、紫外放射（UV）による硬化処理と同様に環境にやさしい処理方法である。また、UVでは光重合開始剤が必要であるが、EBではエネルギーが大きいので、それが不要であることはEB独自の特長である。

この場合の表面改質には、塗膜に特長（親水性、ハード性、光沢性など）をもたせることで対

応できる。一例として親水性付与することで帯電性の防止をおこなった技術例を紹介する。

〈事例〉

分子中に2個以上のアクリロイル基を有し，ヒドロキシ基を持たない架橋性化合物と，分子中に1個以上のアクリロイル基および1個以上のヒドロキシ基を有する相溶性化合物と，分子中に1個以上のアクリロイル基を有する4級アンモニウム塩化合物の組成物[4]の例を紹介する

この技術は岩崎電気㈱と日本油脂㈱との共同開発による技術である。一般的に親水性を持たせるために，高分子材料に界面活性剤などを練りこむ手法が採用されているが，表面への界面活性剤などのブリードアウト（析出）により，表面のふき取りや洗浄などで効果が消えてしまうことがある。そこで，この技術は，分子中に1個以上のアクリロイル基を有する4級アンモニウム塩化合物を使用したところに特長がある。

この塗料を基材に塗布し，EB照射することで架橋性化合物，相溶性化合物および反応性の4級アンモニウム塩化合物が手をつなぎあって重合（硬化）することから，永久的な親水性の効果を持たせることができる。一般的に，高分子表面は抵抗が高く（例：PET $10^{18} \sim 10^{19} \Omega\text{-cm}$）電子の移動ができないが，何らかの処理で親水性が向上すると表面抵抗が低下するので帯電防止効果があることが分かる。この技術により処理した効果例を表3に紹介する。本技術を利用してOHP用紙等として使用しているが，最終塗料の組成決定までには，親水性の能力のほか，臭気，硬さ，スリップ性など多くの特性を満足させるために，多くの組み合わせにより決定された。

5.3.2 グラフト重合処理

EB処理の中ではグラフト重合による処理が高分子材料を親水化することに対して非常に有効と思われる。このグラフト重合とは，幹となる高分子鎖にそれとは異なるモノマーを接木状に重合させるもので，幹となるポリマーに枝ポリマーの性質を付加させるポリマーの改質技術（図5）である。グラフト重合の方法として，放射線（EBも含む）法と他の方法との比較を表4[6]に紹介する。特に，EB利用の場合は，次の特長がある。

① 常温での処理が可能である。
② 照射面に反応開始点（活性点）のラジカルを形成できる。

表3　塗料の組成とその特性

	架橋成分	相溶成分	帯電防止成分	表面抵抗	表面硬度
塗料A	PE 3 A 50	HPA 30	DMAEAQ 20	$3 \times 10^{10} \Omega/\square$	2 H
塗料B	PE 3 A 50	EP 400 EA 30	DMAEAQ 20	$6 \times 10^{10} \Omega/\square$	2 H
塗料C	ADP 6 30	EP 80 MFA 50	DMAEAQ 20	$6 \times 10^{10} \Omega/\square$	4 H

＊　成分は商品名で記載
＊　表面抵抗値は相対湿度60%の時の値

第1章 表面処理

表4 各種グラフト法の比較[6]

	放射線法	UV法	プラズマ法	化学開始剤法
ラジカル発生機構	放射線分解	光開始剤の分解	プラズマ中の電子	化学開始剤の分解
幹ポリマーの種類	種類を選ばない	限定あり	種類を選ばない	限定あり
基材の形状	形状を選ばない	平膜	限定あり	限定あり
基材の表面グラフト	できる	できる	できる	できない
基材の内部グラフト	できる	できない	できない	できる
モノマーの種類	種類を選ばない	種類を選ばない	種類を選ばない	限定あり
工業的大量生産	できる	実績なし	実績なし	できる
装置の価格	大	小	中	小

③ 開始剤が不要である。
④ グラフト重合度合いの制御が線量調整で可能であり容易である。
⑤ 線量率がγ線などより非常に高いので，連続生産が可能である。

また，このグラフト重合を行うには，前照射法と同時照射法とがある。前照射法とは幹ポリマーにEB照射することで反応開始点（ラジカル）を生成させた後にモノマー液と接触させてグラフトさせる方法である。この場合，EB照射後は，酸素と接触させるとラジカルが消失するのでその保存に注意する必要がある。また，照射後，モノマーと接触させるまでに時間が長くなる場合には，温度にも注意する必要があろう。一例として図6にγ線照射であるがポリプロピレン

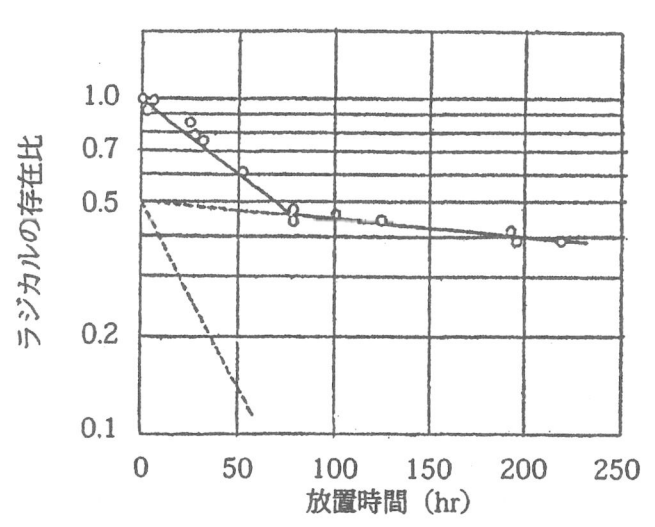

試料：ポリプロピレンフィルム
照射：1.97×10^5 r/hr にて 65hr
環境：15℃，空気中照射後，15℃の空気中に放置

図6 ラジカル量の経時変化[6]

フィルムのラジカル量の経時変化を示した。半減期の2種類のラジカルが存在していることがわかる[6]。

それに比較して同時照射法では，通常EB照射は反応阻害防止とオゾン発生の防止のために不活性ガス中で行うことから前照射法のような心配は少なく，反応の制御性にも優れているので工業化に適した方法と考えられる。しかし，この方法で問題となることは，幹ポリマーへの均一なグラフトを行わすためには，当然の話であるが照射時に幹ポリマーとモノマーは接触していなければならない。そこで前述のとおり低エネルギーEB装置によるEBの透過には限度があるので，モノマーを薄い層にするか，繊維状のものにはモノマーを含浸させた状態での照射となる。

〈事例〉

ポリエチレンやポリプロピレンなどのポリオレフィン材料の疎水性ポリマーへのグラフト重合は容易におこるので，材料の親水化（ぬれ性向上）にはアクリル酸などのモノマーを使用して，グラフト重合処理を行えば良い。

ここでは，ポリエステル繊維への処理について，近年，福井県工業技術センターにて研究が進められているので，その内容を紹介[7]する。ここでの研究は処理方法に特長があり，先に紹介したとおり同時照射法では繊維（幹ポリマー）にモノマーを内部まで含浸させる必要があり，共存酸素が反応阻害となることから，図7のとおりフィルムシール法が提案された。それは，あらかじめ溶存酸素を除去したモノマー溶液と繊維を2枚の高分子フィルムで被覆し，その高分子フィルム上からEBを照射しグラフト重合させ，更に後重合も行う方法である。その実施例としてPET繊維を基材（幹ポリマー）として，モノマーに極性の高いアクリル酸を使用して実施したところ表5のとおりの結果となり，本方法は非常に有効であるとしている。この結果から，高分子フィルムのシールをすることでの酸素遮断の効果と後処理（温度処理）にて未反応モノマーが拡散し，表層のみでなくEBが照射された深部での更なるグラフトの形成が起こることが考えられている。

5.3.3 架橋処理

高分子は架橋処理を行うと三次元網目構造となり更に，高分子化される。その結果，耐熱性

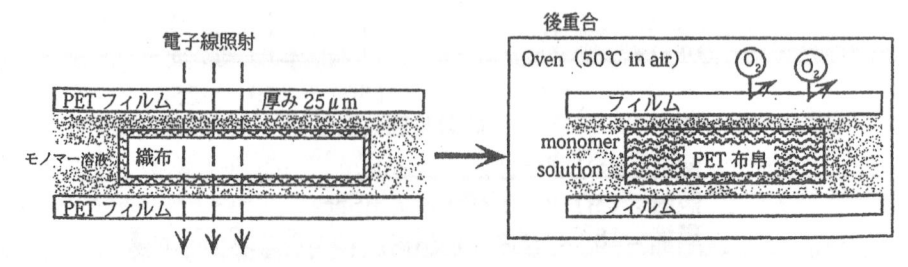

図7 フィルムシール方式電子線グラフト重合法[7]

第1章 表面処理

表5 フィルムシール方式電子線グラフト重合法[7]

No	重合法	前浸漬処理[a]後の ピックアップ率 %	EB照射後 ピックアップ率 %	後重合	グラフト率 %	染色後の色調と均一性
1	同時照射法	98	27	Non	3.2	淡色, 不均一, ゲル化
2	〃	98	27	50℃×1h	3	淡色, 不均一, ゲル化
3	フィルムシール法	84	68	Non	4.6	濃色, 均一
4	〃	84	68	50℃×1h	9	濃色, 均一

[a] 前浸漬処理温度：85℃×1h
* モノマー組成：アクリル酸／メタノール／水＝50／25／25 in $CuCl_2$ 塩
* 電子線照射後の未処理PET布に対するモノマー溶液の付着量

アップや機械的強度アップなどの特性アップが期待できる。その中でもEB処理による高分子の架橋の最大の利点は，常温で十分に架橋を起こさせることができることである。また，グラフト重合と同様であるが，架橋度合いの制御が線量調整で可能であり容易であることも利点である。高分子にEBを照射すると全てが架橋するのではなく，表6に示したとおり一般的に架橋型と崩壊型に分類される。しかし，EB照射により高分子は図5に示した架橋と崩壊を同時に起こし，どちらが優位かで分類されている。表6に示した崩壊型でも加熱した状態で照射することで架橋

表6 照射により架橋するポリマーと崩壊するポリマー

架 橋 型		崩 壊 型	
ポリエチレン	—CH_2—CH_2—	ポリイソブチレン	—CH_2—$\underset{\underset{CH_3}{\mid}}{\overset{\overset{CH_3}{\mid}}{C}}$—
ポリプロピレン	—CH_2—CH— 　　　　　CH_3		
ポリスチレン	—CH_2—CH— 　　　　　C_6H_5	ポリα-メチルスチレン	—CH_2—$\underset{\underset{C_6H_5}{\mid}}{\overset{\overset{CH_3}{\mid}}{C}}$—
ポリアクリレート	—CH_2—CH— 　　　　　$COOR$		
ポリアクリルアミド	—CH_2—CH— 　　　　　$CONH_2$	ポリメタアクリレート	—CH_2—$\underset{\underset{COOR}{\mid}}{\overset{\overset{CH_3}{\mid}}{C}}$—
ポリビニルクロライド	—CH_2—CH— 　　　　　Cl		
ポリアクリロニトリル	—CH_2—CH— 　　　　　CN	ポリメタクリルアミド	—CH_2—$\underset{\underset{CONH_2}{\mid}}{\overset{\overset{CH_3}{\mid}}{C}}$—
ポリ酢酸ビニル	—CH_2—CH— 　　　　　$OCOCH_3$	ポリメタクリロニトリル	—CH_2—$\underset{\underset{CN}{\mid}}{\overset{\overset{CH_3}{\mid}}{C}}$—
ポリジメチルシロキサン	CH_3 —Si—O— 　　CH_3	ポリビニリデンクロライド	—CH_2—$\underset{\underset{Cl}{\mid}}{\overset{\overset{Cl}{\mid}}{C}}$—
天然ゴム ポリアミド ポリビニルアルコール ポリビニルピロリドン		ポリ塩化三フッ化エチレン ポリ四フッ化エチレン セルロース	

図8 PEの電子線架橋特性[8]

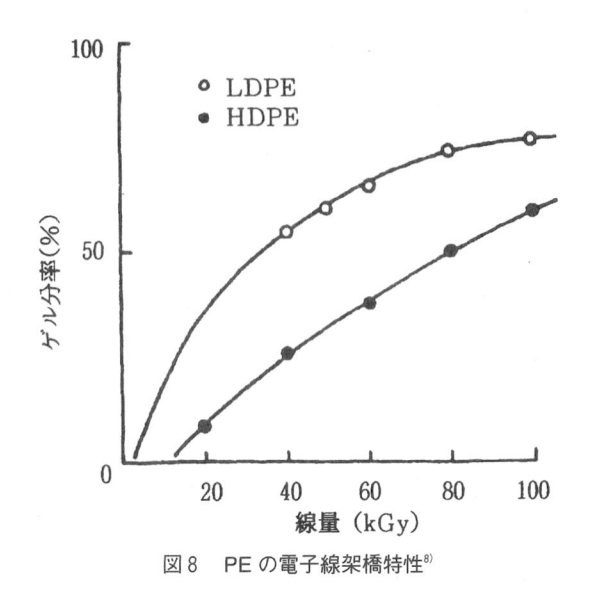

をおこさせることも可能である。

〈事例〉

EBによるポリエチレンの架橋が分かりやすいので紹介する。ポリエチレンにEB照射すると第一段階として，以下のA式のとおり，ポリエチレンの水素が引き抜かれ，炭化水素ラジカル（R・）と水素ラジカル（H・）が発生する。次にA式で発生した炭化水素ラジカル（R・）同士が結合して架橋が完成する。また，同時に水素が発生する（B式）。他方，ポリエチレンの主鎖間の結合が切れて分解する場合もある（C式）。

$$RH \rightarrow R\cdot + H\cdot \tag{A}$$
$$R\cdot + H\cdot + R\cdot + H\cdot \rightarrow R-R + H_2 \tag{B}$$
$$R_1-R_2\cdot \rightarrow R_1\cdot + R_2\cdot \tag{C}$$

低密度ポリエチレン（LDPE）と高密度ポリエチレン（HDPE）に対してEB照射することによる吸収線量とゲル分率（架橋度）との関係は図8[8]のとおりである。ここでいう，ゲル分率とは，架橋により高分子化されることで溶剤に溶解しなくなることから，処理前後のサンプルを溶剤処理し重量変化の割合を示したものである。

5.4 おわりに

以上のとおり，はじめに述べた「EBとは何だろう」という疑問に対する回答と表面改質について紹介した。また，現状のEB処理装置はコンパクト化，低コスト化，操作性のアップなど非常にめざましい進展をしていることも紹介した。読者の方に少しでも参考にしていただければ幸

第1章　表面処理

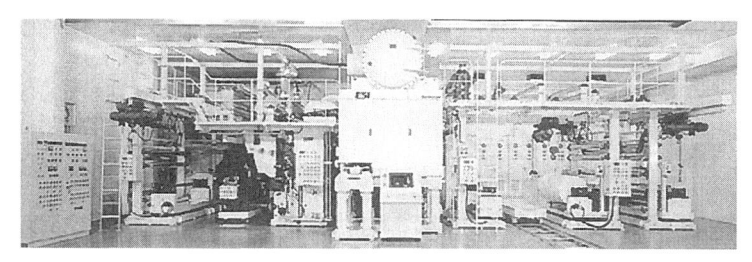

・CB 300／165／800　　・100 k～300 kV
・1650 mm

写真3　㈱アイ・エレクトロンビームのEB加工ライン

いである。また，本技術や装置に興味を持たれた読者の方がいれば，是非，実際にEB処理し，その効果を体感していただきたい。EB照射は，装置メーカや照射センター（写真3）などがあるので利用できる。

最後に，EB処理が高分子の表面改質の分野で今後も多く寄与できる技術になっていくことを期待する。

文　　献

1）　(社)日本アイソトープ協会,「やさしい放射線とアイソトープ」, 丸善（1990）
2）　鷲尾芳一,「低エネルギー電子線照射の応用技術」, シーエムシー出版（2000）
3）　須永博美,「低エネルギー電子線照射の応用技術」, シーエムシー出版, p.36（2000）
4）　特願平成 6-115283
5）　幕内恵三,「ポリマーの放射線加工」, ラバーダイジェスト社（2000）
6）　田畑米穂ほか,「放射線高分子化学」, 地人書館（1966）
7）　宮崎孝司,「ラドテック研究会年報 No.16：第75回ラドテック研究会講演会」（2001）
8）　坂本良憲,「実務者のための電子線加工」, 高分子刊行会（1989）

6 大気圧プラズマ処理

上原　徹*

6.1　はじめに

　大気圧プラズマは，従前から行われているコロナ放電の雰囲気を調整した場合の研究が最も古く，窒素，酸素，二酸化炭素，水素等で研究された[1,2]。特に，コロナ放電での空気中酸素の影響を検討する比較実験として窒素が使われた[3]。この当時は，「大気圧プラズマ」と呼ばれることはなく，コロナ放電の一種とされていたが，学術上の分類では，当時からプラズマの一種とされている。

　一方，近年LSI等の薄膜の形成に利用されている技術としてプラズマCVD（chemical vapor deposition）がある。この技術によれば，プラズマの作用により気体モノマーを容易に重合させ，基質上に膜として堆積させることができる。それ故，基質の外観を損ねずに，また有機溶媒等を用いることなく，表面処理が可能である。透明薄膜を形成させれば，肉眼では認別不可能なコーティング，塗装が可能となる。

　一般的な気体モノマーであるエチレンを放電雰囲気とし，プラズマ処理を行うとエチレン重合膜が堆積することは既に知られている[4]。

　プラズマCVDは通常100 Pa程度以下の高真空下で行われることが多い[5]。これは生成ラジカルの寿命および活性種の平均自由行程の関係から，CVDの効率を上げるためである。しかしながら減圧CVDでは，高価な真空シール装置を必要とする設備的な問題がある。

　大気圧CVDはアーク放電への移行の頻度が高く，あまり研究はされていなかったが，電極板の改良などによるアーク放電への移行回避法が発表され，安定したグロー放電下での処理が可能になった[6]。

　プラズマCVDの電源周波数は数kHzから数百MHzのラジオ波がほとんどである。周波数の増加により処理気体温度が上昇するため[7]，高温で劣化する有機材料では低い周波数が望ましいと考えられる。

　ここでは，商用交流周波数である60 Hzを用いて，エチレンその他の気体雰囲気下大気圧プラズマ処理により重合膜を生成させ，セロハン，紙，木材，繊維等天然材料およびガラス，ポリエチレン等の表面へのコーティングを試みた。この処理により，材料表面が生成した堆積膜に被覆され，はっ水性表面あるいは親水性表面へと変化することを期待した。

---

*　Tohru Uehara　島根大学　総合理工学部　教授

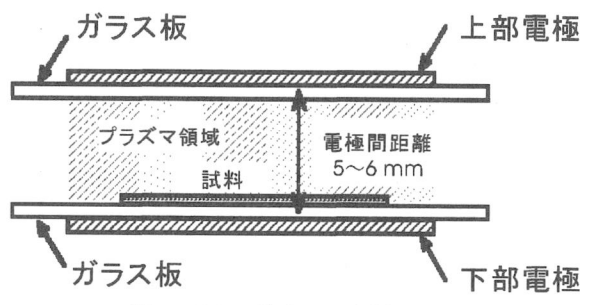

図1　電極の構成および試料の位置

6.2　エチレンのセロハン上での重合[8]

セロハンは，透明フィルムであるため，分光分析や接触角測定が容易である。それ故，紙，木材および綿織物の先行試験として，各種処理条件について検討した。

6.2.1　試料，大気圧プラズマ処理および接触角測定

セロハン（二村化学 PF-3）は，柔軟剤として含まれるグリセリンを前もって蒸留水で溶脱除去した。

放電処理は従前のコロナ放電処理と同様の図1に示した平行平板型バッチ式放電セルを使用して行った[8]。電極は SUS 304 製平板型電極（130×70 mm）を使用し，電極間距離は 5.0～6.0 mm に設定した。火花放電への移行を防ぐために，上下電極板をそれぞれ1 mm 厚ガラス板（170×110 mm）で覆った。試料を下部ガラス板上に設置し放電処理を行った。電源には商用電源（100 V，60 Hz）を使用し，ネオントランスで 10.5～15 kV に昇圧した。反応ガスには 99.9％の高純度エチレン（日本酸素）を使用し，流速は 4 L/min までとした。

接触角測定装置（エルマ光学株式会社製，ゴニオメーター式接触角測定器 G-Ⅲ）を用い，処理後 24 時間を経過した試料の接触角を液滴法により 20 ℃で測定した。滴下から 10 秒後の液滴形状から接触角を求めた。

6.2.2　セロハンの表面自由エネルギー

プラズマによる熱に対して，有機高分子フィルムの中で比較的安定であるセロハンを被処理試料として選定した。セロハンは水によって膨潤するため，接触角測定用液体として蒸留水は使用できず，グリセリン，1-ブロモナフタレンおよびジヨードメタンを用いた。表面自由エネルギーの算出方法および数値は拡張 Fowkes 式[9]を参照した。

プラズマ処理電圧は，短時間で処理効率を上げるために，なるべく高い電圧で処理したかったが，高電圧ほど処理時間の経過とともに火花放電に移行した。そのため，60 分まで処理可能な最高電圧を試験した結果，本装置では 12.75 kV が可能な最高電圧であった。

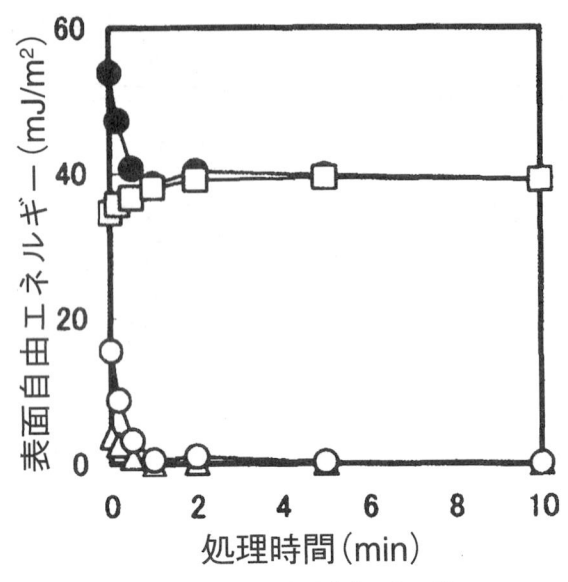

図2 セロハンの表面自由エネルギー
● ：表面自由エネルギー（γ_{sv}）
□ ：分散力成分（γ_s^d）
○ ：極性力成分（γ_s^p）
△ ：水素結合成分（γ_s^h）

接触角測定の結果，処理時間とともにグリセリンによる湿潤性は大きく減少した。この接触角から算出した表面自由エネルギーを図2に示した。セロハンの表面自由エネルギー（γ_{sv}）は処理時間に伴い減少した。この変化は水素結合成分（γ_s^h）と極性力成分（γ_s^p）の減少に起因している。親水性要因であるγ_s^hの大きな減少は，セロハン表面が処理により疎水性表面に変化していることを示している。

6.2.3 赤外吸収スペクトル

セロハン表面のATR赤外吸収スペクトルを求め，図3にその結果を示した。未処理の場合では，セルロースの化学構造に由来する吸収が現れたのに対し，12.75 kV，60 min，1.0 L/minでプラズマ処理後では，2940，1480 cm^{-1}付近に新たな吸収の生成が見られた。これらの吸収はポリエチレンに代表されるポリオレフィンのスペクトルに顕著に見られるものである[10]。以上から，プラズマ処理によりメチレン鎖構造を持つ物質がセロハン表面上に生成していることが赤外吸収スペクトルで確認された。

6.2.4 X線光電子分光分析

未処理セロハンのX線光電子分光分析（XPS）ワイドスキャンスペクトルを図4に示した。未処理セロハンでは炭素，酸素，窒素およびケイ素のピークが確認され，酸素のピークが最も強

図3 セロハンの赤外吸収スペクトル
処理：12.75 kV, 60分, 1.0 L/min

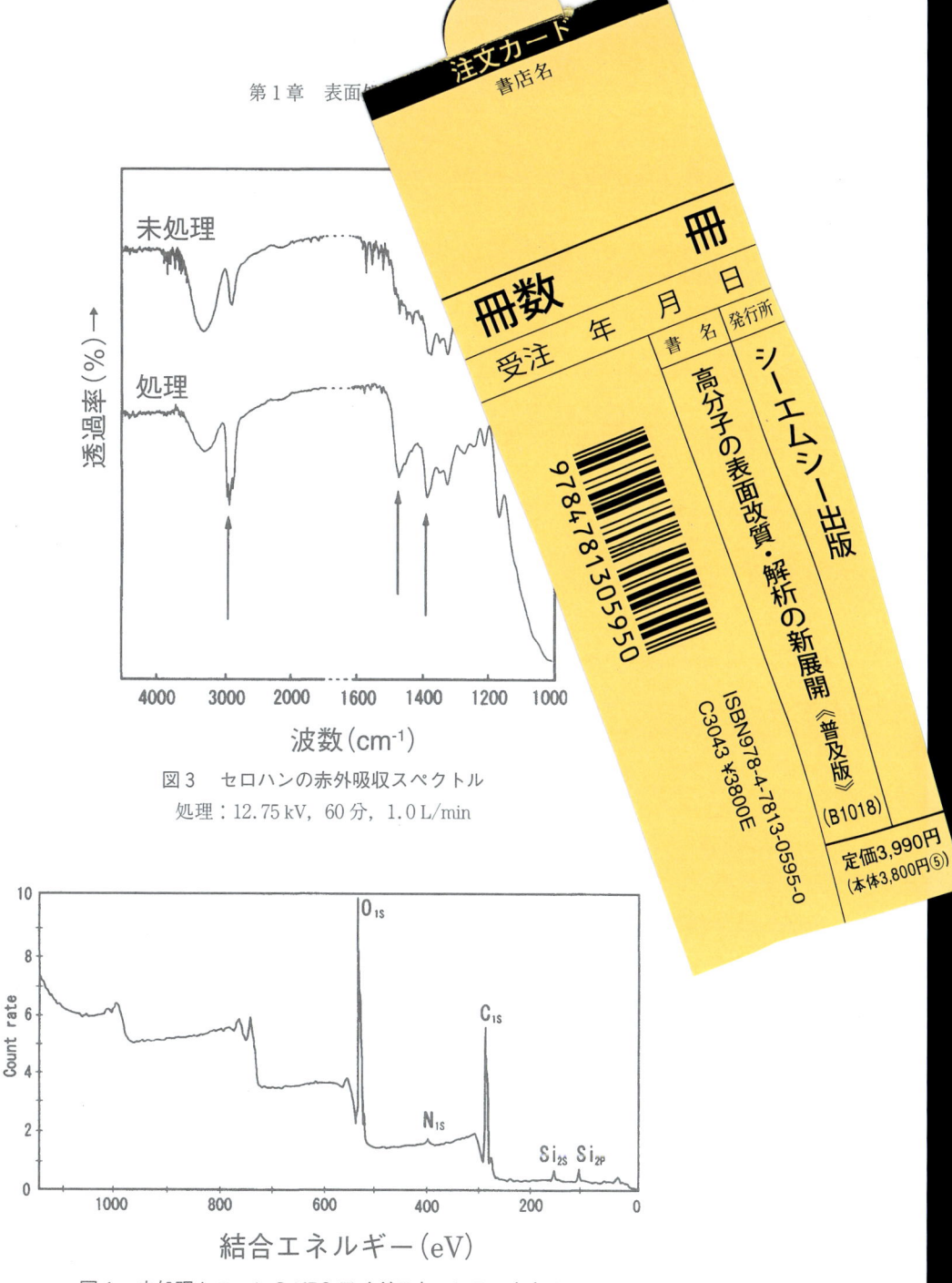

図4 未処理セロハンのXPSワイドスキャンスペクトル

く，次に炭素が強く出現したが，窒素，ケイ素のピークは小さかった。窒素とケイ素は，セロハンの化学構造からは考えられないため，これらは添加物に起因すると思われる。一方，プラズマ処理（12.75 kV, 5 min, ガス流量 1.0 L/min）したセロハンのワイドスキャンスペクトルを図5に示した。処理セロハンでは，処理時間の増加とともに C_{1s} 軌道のピークが増加し，同時に O_{1s} 軌道のピークは減少する傾向を示した。また，窒素やケイ素のピークは消失していることが確認

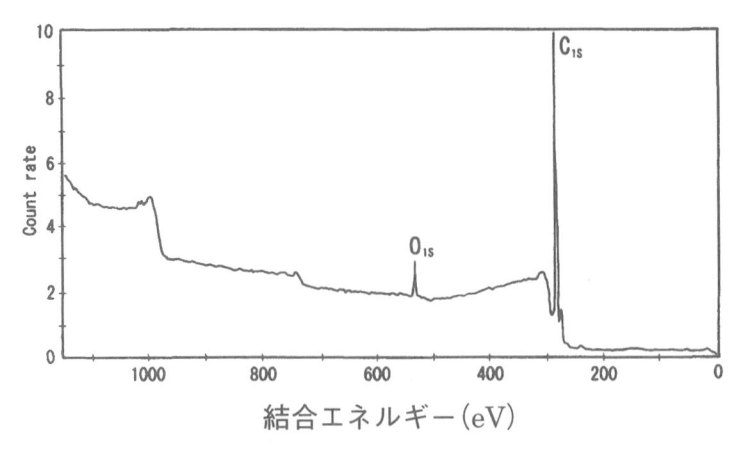

図5　処理セロハンのXPSワイドスキャンスペクトル
処理：12.75 kV，5分，1.0 L/min

された。

これらの得られた結果から，本大気圧プラズマ処理によりエチレンの重合が生じ，セロハン表面上にポリエチレン重合膜が堆積していることが，表面自由エネルギー，赤外吸収スペクトルおよびXPSの3方法で確証でき，大気圧下においてエチレンCVDの可能であることが明らかとなった。

6.3　紙のプラズマ処理[11]

再生セルロースであるセロハンで大気圧プラズマ処理が可能であったため，セルロース材料で多孔質である紙のプラズマ処理について検討した。

紙に対して，印刷や筆記などにおける水系液体の浸透性を制御する目的で，その製造工程においてロジンなどをパルプスラリー中に添加（内添サイズ処理），またはパルプシート表面に塗布（表面サイズ処理）することが行われる。現在，紙へのサイズ性付与は湿式法により行われている。そのため，廃水処理のみならず乾燥によるエネルギー損失が大きいという問題を抱えている。

そこで本研究では，表面サイジングを乾式法で行うために，大気圧エチレンガス雰囲気下で紙にプラズマ重合処理を施すことを目的とした。

6.3.1　試料，プラズマ処理および物性評価

濾紙（ADVANTEC 51 B）を20℃，相対湿度76％で調湿し，試料とした。エチレンを使用し，二酸化炭素または窒素ガスを混合使用した。

ステキヒト・サイズ度試験はJIS P 8112に準拠して行った。また，液体がその両面から浸透する測定方法の特性上の理由からプラズマ処理を同一条件で両面に行った。

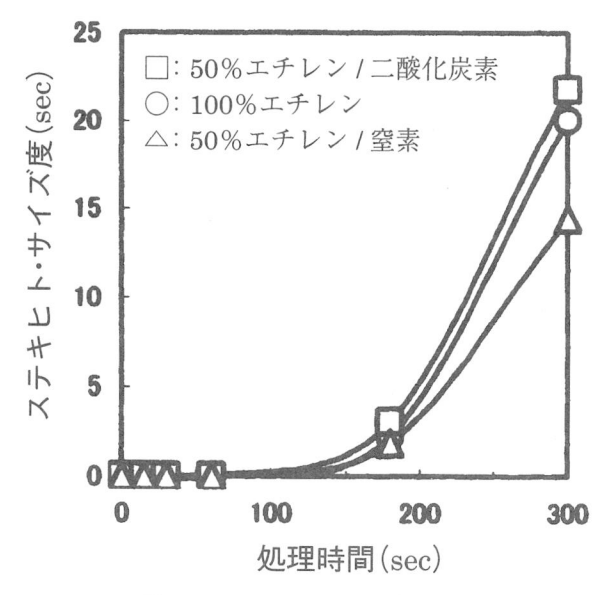

図6　ステキヒト・サイズ度の変化
処理：13.5 kV，0.1 L/min

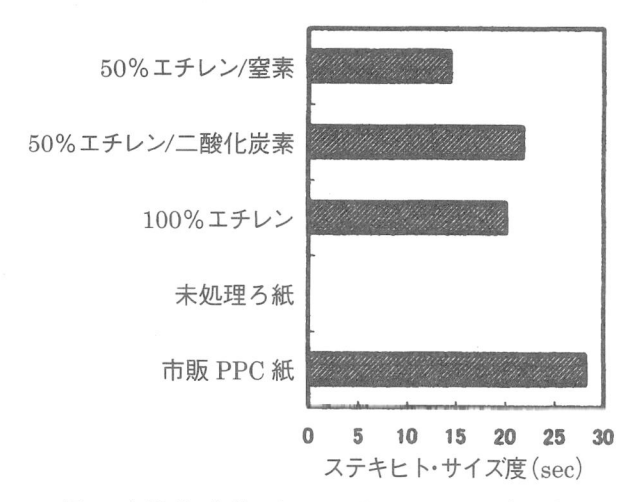

図7　処理ガス条件によるステキヒト・サイズ度の違い
処理：13.5 kV，300秒，0.1 L/min

6.3.2　ステキヒト・サイズ度試験

　各条件で処理を行ったときのステキヒト・サイズ度の変化を図6に示した。また，処理前後におけるステキヒト・サイズ度を比較するために，未処理の濾紙，汎用の紙（PPC用紙）の測定も併せて行い，図7に示した。二酸化炭素混合においてサイズ度は21.8 secと最大値となり，濾紙にサイズ性を付与することが可能となった。これらは，処理によって紙繊維の表面にポリエ

チレンが堆積し繊維が覆われることで紙への液体の浸透が抑制されたことを裏付ける結果である。

この研究においては，試料として液体の浸透速度が大きく，サイズ性が付与されていない濾紙を使用したため，ステキヒト・サイズ度は最大でも22 sec 程度ではあったが，このことは内添サイズ処理がなされることで充分解決できる問題であるとともに，汎用の紙と同等かそれ以上のサイズ性を与えることができると考えられる。

また，エチレンと非重合性ガスを混合することにより，混合ガスのペニング効果によって気相中でのエチレン分子の重合反応を促進させ，より短時間，低濃度でエチレン重合膜の堆積が進行することが明らかとなった。

製造工程において可燃性ガスの不活性ガス（高圧ガス法）による希釈であり，操業時の安全性および経済性に寄与することが期待できる。

6.4 木材表面のはっ水性化[12]

6.4.1 実験方法

セロハンの堆積膜の厚さとはっ水性の結果が共に最も良かった放電条件（0.1 L/min，12.75 kV）を用いて，コナラおよびダグラスファーのスライス単板（厚さ1 mm）のはっ水化を試みた。プラズマ処理条件および接触角測定はセロハンの場合と同様である。

6.4.2 木材のはっ水性

放電処理した試料の接触角測定を行ったところ，コナラ，ダグラスファーともにはっ水性を示さず，むしろ親水性になった（図8）。木材表面は切削加工に由来する凹凸が大きく，とくに細かい繊維の毛羽立ちが多い。それ故，材表面のコーティングが均一に行われていないか，表面に点在する樹脂成分のために堆積が阻害されているのではないかと考えた。

そこで，これらの影響を軽減するために試験片をサンドペーパーで研削し，さらに表面の樹脂成分を溶脱するためにアセトン中へ30分程度浸漬させた。この前処理の後，プラズマ処理した。

この結果，図9に示したように木材表面ははっ水化され，セロハンと同様の傾向を示した。処理後の接触角の値は，セロハンのそれに比べてかなり大きな値を示した。これは，表面の粗いはっ水性物質の接触角が鈍角になるという報告[13]があり，この結果もその現象の影響を受けていると考えられる。

さらに，図10に示したように，試料表面に滴下した水の接触角は，接触後24時間が経過しても高い値を維持していた。

6.4.3 耐水試験

プラズマ処理木材を水に浸漬し，乾燥後グリセリンの接触角を測定した。測定結果を表1に示

第 1 章　表面処理

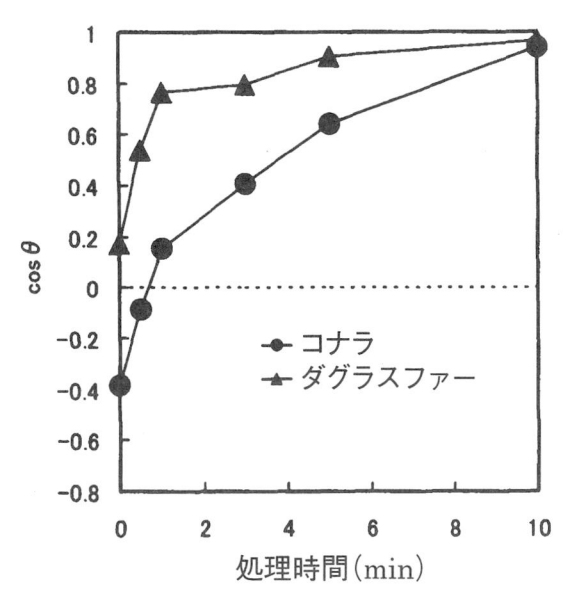

図 8　処理木材の湿潤性の変化
処理：12.75 kV, 0.1 L/min, 未研削

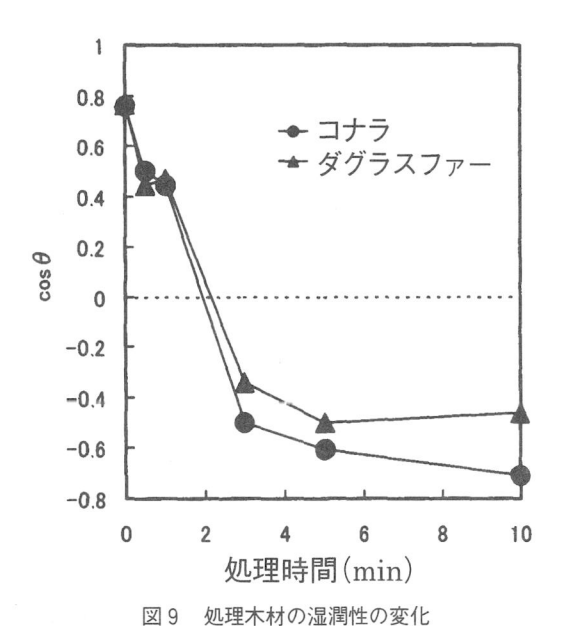

図 9　処理木材の湿潤性の変化
処理：12.75 kV, 0.1 L/min, 研削およびアセトン抽出

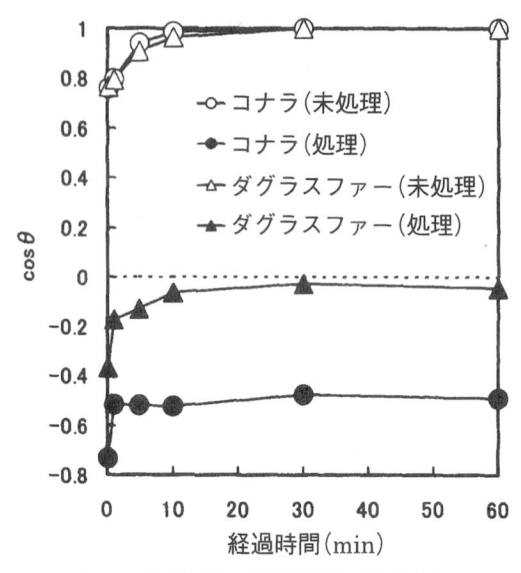

図10 水接触角の滴下後経過時間依存性
12.75 kV, 0.1 L/min, 5分処理

表1 プラズマ処理木材の水浸漬後の接触角

(度)

試料	コナラ	ダグラスファー
未処理	40.5	40
処理*	127	120
1日後	120	113
5日後	103	98
10日後	98	95

* 処理条件：12.75 kV, 0.1 L/min, 5 min.

した。コナラ，ダグラスファーともに浸漬前の値よりも低下しているが，接触角は10日後においても依然高い値を示した。

6.4.4 色差

木材表面を処理する場合，その特徴的な材観をそのままに保つことは重要である。そこで，放電処理前後の木材表面の色差（$\triangle E^*$）測定を行った。

色差とは，二色の色座標（UCS：Uniform Color Space）間の座標空間距離を数量的に表したものである。測定は，UCSとしてL*a*b*表色系を用いて行った。

処理時間とコナラの$\triangle E^*$の関係を図11に示した。処理時間の増加に伴い$\triangle E^*$はわずかに高くなるが，処理前と処理後の$\triangle E^*$の値は2程度になった。処理時間に伴う$\triangle E^*$のわずかな増加は，処理中の系内の温度増加によるものと考えられる[14]。この程度の変化では処理前後の色変化を肉

第1章　表面処理

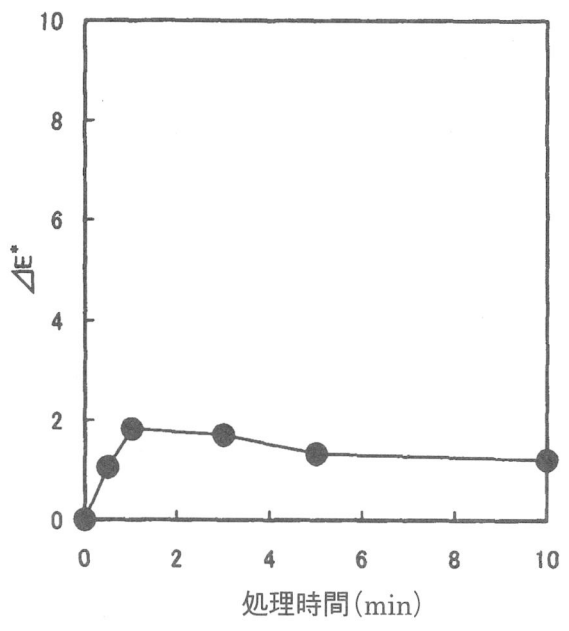

図11　プラズマ処理による色差の変化
コナラ，12.75 kV，0.1 L/min

眼で認めることはできない。

6.4.5　木材処理の特殊性

　木材の処理に通常のプラズマ重合処理は揮発性成分の置の関係から困難である事が多い。さらに木材が多孔質であるため，内部表面（細胞内腔など）まで反応ガスを送ることは減圧状態下のガスフローでは不可能であるが，大気圧状態であれば，気体の置換時に少なくても1回は内部表面まで反応ガスを送り込むことが可能である。

　ポリエチレン重合膜では，屋外暴露に耐えることはできなかった経緯があり，その利用は屋内に限定される。重合膜の硬さも考慮すると，木材の場合にはポリメタクリル酸メチル[15]などがより有望であると考えている。

6.5　大気圧プラズマによる綿布帛への透湿防水性付与[16]

　綿などに代表されるセルロース系繊維は，吸水性，風合いの良さ，染色性の良さなどから，広く用いられている。また，最近の環境問題の観点から，持続的再生産可能な材料としてセルロース材料は注目されている。セルロース系繊維織物に透湿防水加工されれば衣料としての用途が広まる。このためのはっ水加工に環境負荷の少ない乾式法であるプラズマ加工を選択した。さらに，炭素，水素，酸素，窒素以外の元素を含まず，かつ，イオン化しやすいエチレンを反応ガス

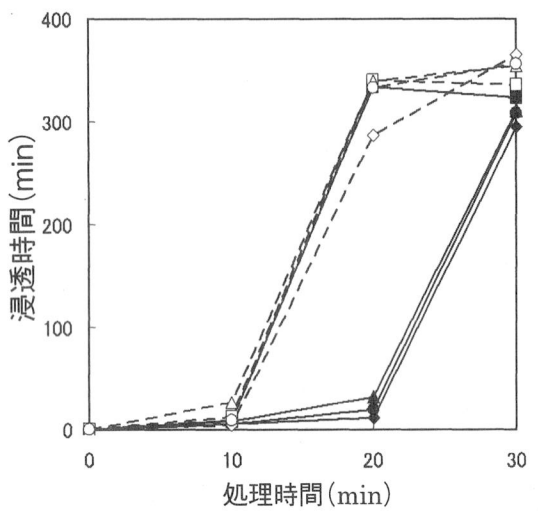

図12 綿織物のはっ水性

◆ C_2H_4 (100) ブロード　　■ C_2H_4 : CO_2 (50 : 50) ブロード
▲ C_2H_4 : Ar (80 : 20) ブロード　●C_2H_4 : N_2 (50 : 50) ブロード
◇ C_2H_4 (100) ツイル　　□ C_2H_4 : CO_2 (50 : 50) ツイル
△ C_2H_4 : Ar (80 : 20) ツイル　○ C_2H_4 : N_2 (50 : 50) ツイル

として選択した。

6.5.1 試料および処理

試料には平織りの綿ブロード（糸使い；タテ・ヨコ単糸40番手，密度；タテ130本/インチ，密度；ヨコ70本/インチ，122.5 g/m²）および，綾織の綿ツイル（糸使い；タテ・ヨコ双糸30番手，密度；タテ114本/インチ，ヨコ；54本/インチ，305.1 g/m²）を用い，放電を行う前に，水洗を行った。水洗後自然乾燥させ，20℃，相対湿度76％で調湿した。

プラズマ処理方法はセロハンの場合と同じである。

試料のはっ水性の評価には，JIS L 1092附属書3水滴法の浸透時間を用いた。また，透湿度はJIS L 1099 A 1（塩化カルシウム法）で行った。

6.5.2 綿布帛のはっ水性[16]

はっ水性の結果を図12に示した。浸透時間が360分になり，市販のスコッチガード®やレインガード®での400分に近い値であった。布帛表面がポリエチレン様の堆積膜で十分に覆われていると考えられる。

6.5.3 綿布帛の透湿性[17]

図13に示したように，透湿度は未処理やスコッチガード処理とほとんど同じ値で変化しなかった。これまでの実験結果から，堆積膜の厚さが10 nm程度までであることが示されており[12]，

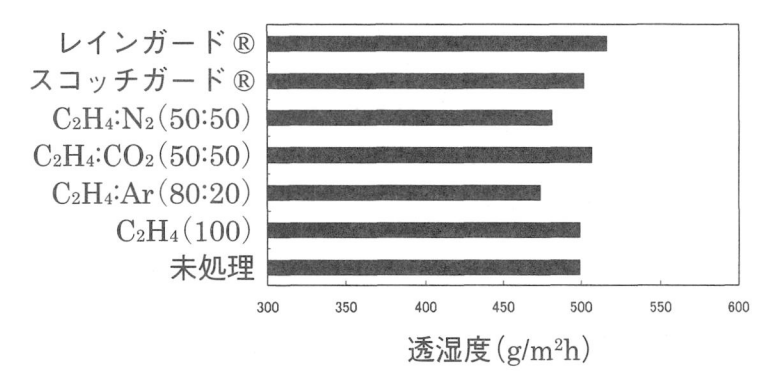

図13 綿ブロードの透湿度
12.5 kV, 30 min

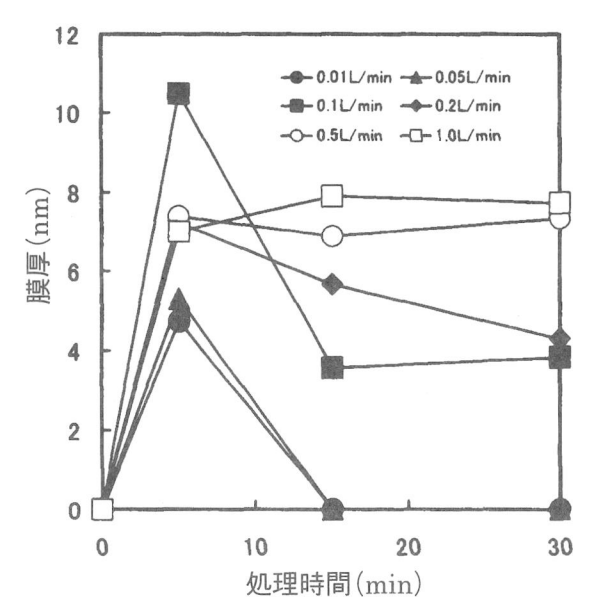

図14 堆積膜厚さの処理時間依存性および流速の影響
エチレン, 12.75 kV

綿織物の隙間を埋めることが無いために, 透湿度はほとんど変化しなかったと思われる。

6.6 ガラス表面の処理

ガラスの表面は本来親水性である。図1に示した電極の誘電体として用いたガラスは, 上記のエチレン処理において, 被処理試料とともに, 疎水性表面へと変化した。一方, 処理による堆積膜の厚さを測る方法としてのエリプソメトリーは, 表面が光学的平滑を必要とする。それ故, 光学ガラス平板を被処理試料として用い, 膜厚の測定を行い, 結果を図14および15に示した[12]。実験条件等は6.4.1と同じである。

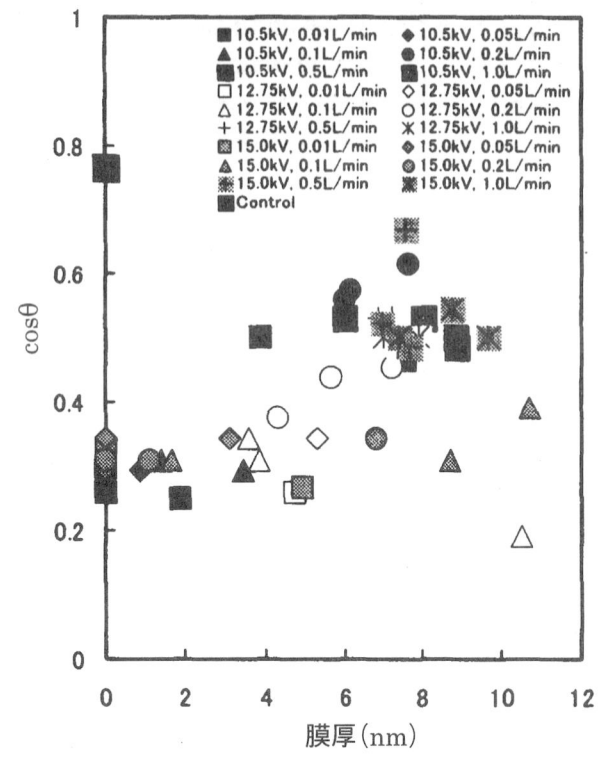

図15 湿潤性におよぼす堆積膜厚の影響
エチレン

ガス流速が少ないと，生じた堆積膜を破壊することが明らかになった（図14）。膜厚が厚くても表面の湿潤性が異なり，膜質も影響しているが，傾向は複雑であった（図15）。この結果，膜厚は数nmであることが明らかとなり，赤外吸収スペクトルに変化の少ないことと一致した。

6.7 ポリエチレンの親水性化[18]

エチレンを主なガスとして疎水性化を行ってきたが，酸化エチレンを用いれば，表面の親水性化を図ることが可能であると考えられる。

6.7.1 実験方法

試料にポリエチレンフィルムを用い，酸化エチレンを用いて放電処理を行った。酸化エチレンの混合ガスとして二酸化炭素，アルゴンおよびエチレンを使用した。反応ガスの流量は0または0.1 L/minとし，放電電圧は最大13.5 kVとした。処理後の親水性を評価するために，液滴法により接触角を測定し，その結果から表面自由エネルギーを算出した。測定液体にグリセリンと水を使用した。

試料を36時間水に浸し，耐水性試験を行った。浸漬後，上記と同様に表面自由エネルギーを

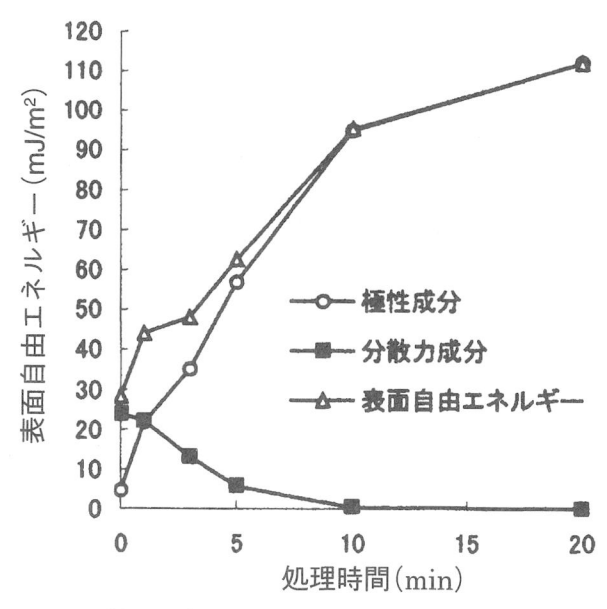

図16 ポリエチレンの表面自由エネルギー
酸化エチレン5％, アルゴン95％, 13.5 kV

算出した。

6.7.2 ポリエチレンの表面自由エネルギー

酸化エチレン5％，アルゴン95％混合ガス雰囲気下でプラズマ処理したポリエチレンの表面自由エネルギーの結果を図16に示した。処理時間に伴い，分散力成分の減少にもかかわらず，表面自由エネルギーはその極性力成分の大幅な増加によって増加した。

プラズマ処理によってポリエチレンフィルム表面に堆積した親水性物質の耐水性について検討した。酸化エチレン，アルゴン混合ガスの耐水試験後の表面自由エネルギーの値を図17に示した。耐水性試験後の表面自由エネルギーは40前後まで低下した。酸化エチレンを用いる場合には，何らかの後操作が必要である。

6.8 ポリエチレン上でのメタクリル酸メチルの重合[15]

上記の大気圧でのエチレンのプラズマ重合の結果から，大気圧においてもビニルモノマー（メタクリル酸メチル）の重合が可能であると考え，本実験を行った。

6.8.1 実験方法

被処理フィルムとしてポリエチレンフィルム（0.015 mm厚）を用いた。窒素あるいは二酸化炭素キャリアガスをメタクリル酸メチル（MMA）中にバブリングさせた後，MMA蒸気を含んだガスを放電セルに導いた。その他の実験条件は従前と同じである。

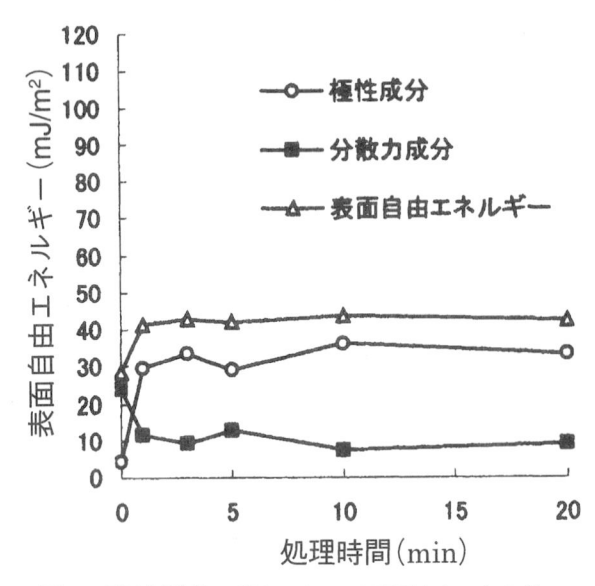

図17 耐水試験後のポリエチレンの表面自由エネルギー
酸化エチレン5%, アルゴン95%, 13.5 kV

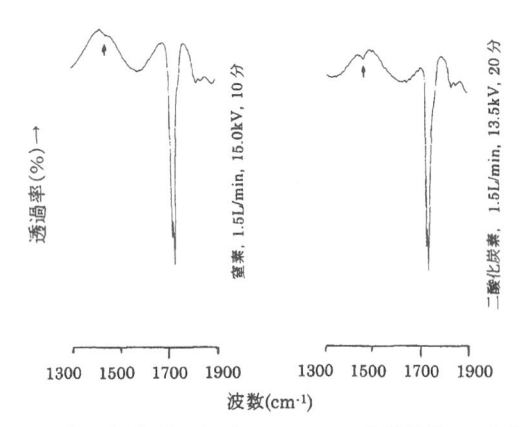

図18 プラズマ処理したポリエチレンの赤外吸収スペクトル
メタクリル酸メチル, アセトン抽出後

放電処理後, メタノールついでアセトンで各々24時間洗浄した。各段階で, ATR赤外吸収スペクトルを得た。

6.8.2 赤外吸収スペクトル

キャリアガスが窒素の場合, 15 kV, 10分処理で赤外吸収スペクトルにカルボニル吸収帯の生成がわずかに認められた（図18左）。しかし, 他の処理時間試料について, メタノール洗浄後ではカルボニル吸収帯は認められるが, アセトン洗浄後では認められなかった。12.0および13.5 kVでは, すべての処理条件でアセトン洗浄後に赤外吸収スペクトルにカルボニル吸収帯の生成

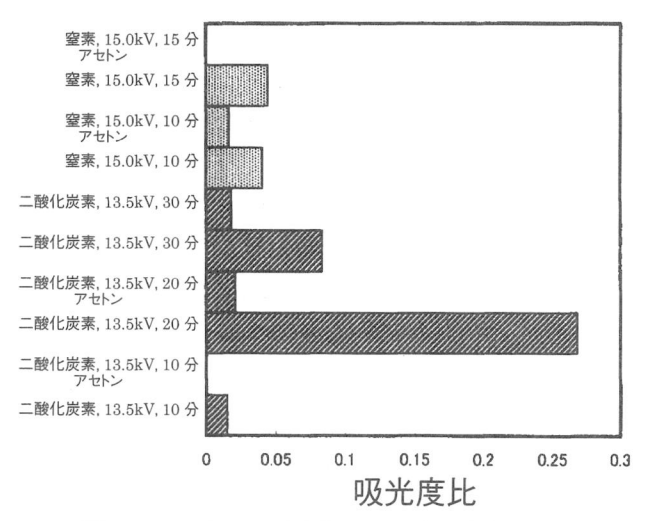

図19 カルボニル吸光度比に及ぼす処理条件の影響
ポリエチレン，メタルリル酸メチル

が認められなかった。メタノールはMMAモノマーのみを溶解し，アセトンはMMAポリマーまで溶解する。

一方，キャリアガスが二酸化炭素の場合では，処理電圧13.5 kVにおいて，2−15分処理で，メタノール洗浄後にカルボニル吸収帯の生成が認められ，その量は増加した。しかし，アセトン洗浄後，その吸収帯は認められなかった。

20分以上処理した場合は，図18右に示したように，重合したPMMAと思われるカルボニル吸収帯の生成が認められた。紙の場合に詳しく検討したペニング効果によりキャリアガスの差が現れたと考えられる。

ポリエチレンのC-H面内変角振動 $1465\ cm^{-1}$ に対するPMMAのカルボニル C=O 伸縮振動による $1740\ cm^{-1}$ の吸光度比を，処理条件とともに図19に示した。残念ながら現状では手探り状態である。

6.9 おわりに

この研究での大気圧プラズマ処理は，コロナ放電処理からの発展として実験を開始したものである。処理セルの構造上，電極間に被処理試料を挿入するため，電子および活性種によるボンバートメント（爆撃）による試料の損傷を避けることができない。極端な場合，生成した重合堆積膜を破壊することもある。この損傷を最小に抑え，膜堆積を促進することを常に考慮して条件設定を行っている。

文　　献

1) C. Y. Kim, G. Suranyi and D. A. I. Goring, *J. Polym. Sci., Part C*, No. 30, 533-542 (1970)
2) C. Y. Kim, J. Evance and D. A. I. Goring, *J. Appl. Polym. Sci.*, **15**, 1365-1374 (1971)
3) 上原　徹, 城代　進, 日本接着協会誌, 23 (8), 303-310 (1987)
4) M. Millard, "Techniques and Applications of Plasma Chemistry", J. H. Hollahan and A. T. Bell Eds., John Wiley & Sons, p 177-213 (1974)
5) 長田義仁ほか著, プラズマ重合, 東京化学同人, p 54 (1986)
6) T. Yokoyama, M. Kogoma, T. Moriwaki and S. Okazaki, *J. Phys. D: Appl. Phys.*, **23**, 1125-1128 (1990)
7) 小駒益弘, 表面処理技術ハンドブック, 水町　浩, 鳥羽山　満　監修, エヌ・ティー・エス, p 583-586 (2000)
8) 上原　徹, 野津祐介, 片上英治, 片山裕之, 日本接着学会誌, 37 (2), 52-56 (2001)
9) 北崎寧昭, 畑　敏雄, 日本接着協会誌, 8 (3), 131-141 (1972)
10) チャートで見る FT-IR, 錦田晃一, 西尾悦雄, 講談社 (1990)
11) Tohru Uehara, Yukihiro Teramoto, Eishi Katakami and Hiroyuki Katayama, *Transactions of the Materials Research Society of Japan*, **26** (3), 841-844 (2001)
12) 片上英治, 上原　徹, 片山裕之, 日本接着学会誌, 37 (10), 380-384 (2001)
13) 新実験化学講座 18, 界面とコロイド, 日本化学会編, 丸善, p 94 (1977)
14) 上原　徹, 伊藤　隆, 後藤輝男, 日本接着協会誌, 20 (8), 333-339 (1984)
15) 上原　徹, 杉元宏行, 片上英治, 片山裕之, 第 37 回日本接着学会年次大会講演要旨集, 127-128 (1999.6, つくば国際会議場, つくば)
16) 上原　徹, 福本優子, 片上英治, 片山裕之, 第 42 回日本接着学会年次大会講演要旨集, 67-68 (2004.7, 実践女子大学, 日野)
17) 上原　徹, 福本優子, 片上英治, 片山裕之, 未発表
18) 宮本浩樹, 片上英治, 上原　徹, 片山裕之, 第 40 回日本接着学会年次大会講演要旨集, 57-58 (2002.7, 実践女子大学, 日野)

7 レーザービーム法（溶着）

坪井昭彦*

7.1 緒言

　1960年に初めて発振に成功して以来，レーザーは我々現代人の社会，生活の中に色々な形で広く普及してきた。材料加工への応用も初期の段階から多くの研究者，技術者が取り組み，今や板金加工分野では，「レーザー加工」は特殊加工ではなく，「一般的な加工」と認知されるに至っている。

　プラスチック接合へのレーザー適用検討は1970年代に遠赤外CO_2レーザー（$\lambda = 10.6\,\mu m$）から始まった。ほとんどのプラスチック材料がこの波長帯において強い吸収を示す。結果として非常に高速加工が可能ではあるが，レーザー光の透過は材料表層に限られるため，プラスチックフィルムの重ね合せ溶着等に限定されたものとなった[1]。

　その後，近赤外Nd:YAGレーザー（$\lambda = 1.06\,\mu m$）によるプラスチック加熱が検討され[2]，1985年にプラスチックの表面吸収効果を利用して透過プラスチックと吸収プラスチック界面で接合方法が初めて報告されるに至った[3~5]。

　しかし，その後もプラスチックのレーザー溶着利用は非常に限定されたものに留まり，普及発展するには至っていなかった。ところが近年，レーザーシステムの価格低下や，技術の進歩により，プラスチックのレーザー接合技術の普及進展は目覚しいものがある。

　本稿では特に近赤外レーザーによる透過レーザー溶着を中心として，最近の特に自動車産業領域への利用展開への取組をレビューする。

7.2 プラスチックの接合方法[3, 6~8]

　熱可塑性プラスチックの溶着には多く（細分すると15種類以上）の方法が利用されてきた。その代表的なもののみ，以下に概要を記述する。

7.2.1 超音波溶着（Ultrasonic Welding）

　高繰返し周波数（一般的には20～40 kHz）の機械的振動を利用して接合する。二つの部品を振動ホーンとアンビル間に加圧状態で保持して加振する。高周波繰返し応力が接触界面で熱を発生させ溶着させる。使用するツールが高価なものとなるため大量生産向きの工法である。接合長さは数cm程度以下に限定され，医療機器用バルブ，フィルタ，カセットケース，自動車部品，掃除機本体等にマルチヘッド機が使用されている。

＊　Akihiko Tsuboi　㈱レーザックス　第1事業部　事業部長

7.2.2 摩擦溶着(Friction Welding, Spin Welding)

金属の摩擦溶接と同じ原理である。片方の部品は固定し,もう一方を回転させながら加圧する。摩擦熱により樹脂が溶融し冷却固化する間に溶着が完了する。この工法は単純で良好な溶着品質が得られ,且つ再現性が高い。しかし一方の部品が円筒,円柱形状である必要がある。

7.2.3 振動溶着(Vibration Welding, Linear friction welding)

樹脂の融点に到達するまで,適切な周波数,振幅(一般的には100〜240 Hz,1〜5 mm程度)で二つの部品を擦り合せる。振動を停止させた後,部品は位置決めされ,溶融樹脂は固化,溶着が完了する。この工法の長所は大型部品の接合を高い生産性で実現できることである。

7.2.4 熱板溶着(Hot Plate Welding)

最も単純な大量生産技術である。接合すべき表面が軟化するまで熱板(接合材料と板厚に依存するが,一般的には180〜230℃)を間に挟む。その後,熱板を引込め特定時間,圧力制御された状態で押し付ける。融合表面が冷却し結合が完了する。

代表的な従来溶着技術とレーザー溶着の比較を表1に示す。従来溶着技術と比較して,レーザー溶着は適用できる領域が広く,品質の高い溶着を高速,自動化できる。

7.3 レーザーによるプラスチック溶着の特徴

ここでは遠赤外 CO_2 レーザーを利用する溶着技術についての説明は割愛する。近赤外レーザーによる熱可塑性プラスチックの加熱・溶融と部品接合に関して二種類のアプローチが為されてきた。すなわち,非接触レーザー溶着(Non-contact Laser Welding)と透過レーザー溶着(Through-transmission Laser Welding)である[9]。

7.3.1 非接触レーザー溶着(Non-contact Laser Welding(以下 NCLW と略記))

熱可塑性プラスチック製リジッド部材同士の接合(特に突合せ接合)に利用される方法であ

表1 プラスチック溶着に関する従来技術とレーザとの比較

		振動溶着	熱板溶着	レーザ溶着
形状・寸法 構造的制約	三次元形状	△	×	◎
	中空体	×	○	○
	大型部品	○	×	○
	部品内蔵	×	×	◎
溶着部外観		×	×	◎
接合信頼性		○	○	○
工程自動化		○	△	◎

り，熱板溶着と類似した接合工法である。即ち接合すべき部材を加熱，軟化させた後に接触加圧して接合させる。

7.3.2 透過レーザー溶着（Through-transmission Laser Welding（以下 TTLW と略記））

上記 NCLW と比較して，より幅広い適用が可能であり，リジッド部材同士，フレキシブル部材同士，リジッド・フレキシブル部材の接合に利用できる工法である。「レーザーによるプラスチック溶着＝TTLW」という認識が一般的であろう。

(1) 透過レーザー溶着（TTLW）の原理

TTLW での溶着メカニズムを模式的に図1に示す。

接合する樹脂の一方はレーザー光を透過する透過材，他方はレーザー光を吸収する吸収材という組合せを用いる。（吸収材側には吸収を高めるため，カーボンブラック等の顔料が混練されている。透過材側にも着色するために光透過性の高い染料を加えることもある。）透過材と吸収材は化学的に両立する材料（通常は同一素材）である。

この TTLW 工法は 7.2 で述べた従来工法と比較して，熱可塑性プラスチック溶着の革新的方法であり，溶着部の機械的性質の改善，最適化および樹脂材料の吸収・透過特性評価に関する多くの研究が進められている。

以下，レーザーによるプラスチック溶着，ここでは特に TTLW についてその特徴を整理する。

(2) 金属溶接との違い[10]

熱可塑性プラスチックは熱的に軟化，溶融可能であるが，金属の溶接とプラスチックの溶着には幾つかの大きな違いがある。

金属は近赤外域に限らず，ほとんどの波長のレーザー光を吸収するが，それと同時に熱伝導性も高く溶融溶接させるためには局所的な非常に高い入熱を必要とする。これに対して，多くのプラスチックは近赤外レーザー光の波長に対して透明であり，かつ熱伝導性も悪い。その上，熱可塑性プラスチックは比較的低い温度で軟化溶融する。さらにプラスチックは完全液化溶融した状

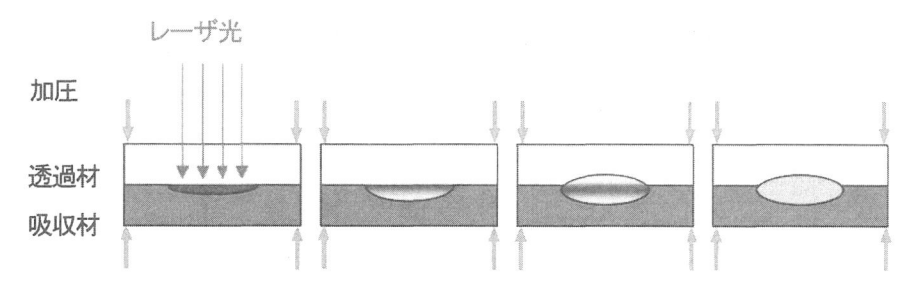

吸収材発熱⇒吸収材溶融⇒透過材溶融 ⇒冷却・溶着

図1 透過レーザ溶着（TTLW）のメカニズム概念

態よりも高度に軟化された状態で最もよく溶着される。

TTLW は，溶着される一方の部材（透過材）を通して（透過して），レーザー光を照射する。レーザー光を吸収するもう一方の部材（吸収材）が局所的に（両部品の界面においてのみ）加熱，軟化する。

この TTLW 法で突合せ溶着も重ね合せ溶着もどちらも可能であるが，現実的には重ね合せ溶着の方が簡便であり一般的である。

7.3.3 溶着プラスチック材料の特性

TTLW を実施するに当っては，溶着すべきプラスチック材料のレーザー光透過・吸収特性を把握することが極めて重要である。

一般的に赤外分光計を用いたプラスチック材料の透過・吸収特性データで示されているケースが多い。しかし，これらのデータが薄い材料で極めて低出力レベルの光源で取得されたものであることを注意しなければならない。つまり実際に溶着に使用されるレーザーの出力は大きく，特定波長，特定板厚での透過・吸収特性は指数関数的に異なってくる。

図2に示すように，強さ I_0 の光が厚さ L の等方性材料に垂直に入射した場合の材料による光の吸収を考える。（表面反射や材料内部での散乱は無視）

材料中の微小領域 dl での吸収を $-dI$ とすると，

$$-dI = -k \cdot I \cdot dl \tag{1}$$

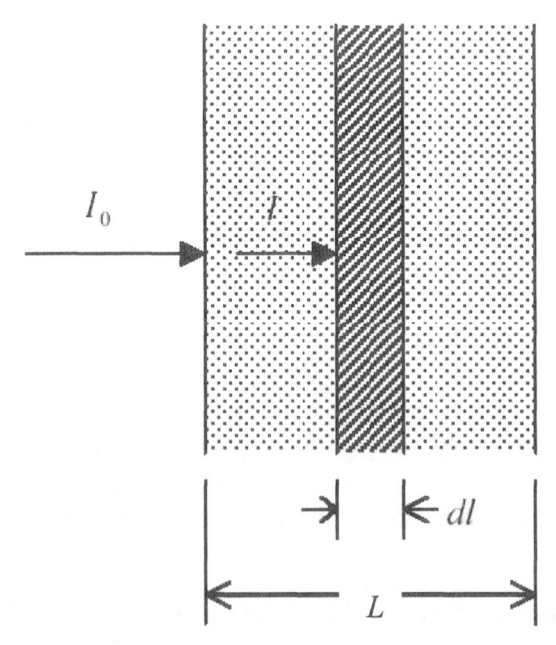

図2　等方性材料の光の透過・吸収モデル

が成り立つ。ここで

　　　k：吸光係数（波長と物質の濃度に依存）

　　　I：材料 dl に入射する直前の光の強さ

である。式(1)を初期条件 $L=0$ で $I=I_0$ として積分すると

$$I = I_0 \cdot \exp(-k \cdot L) \tag{2}$$

式(2)の両辺を I_0 で除し，対数をとると

$$\ln\left(I/I_0\right) = -k \cdot L \tag{3}$$

という関係が導かれる。（等方性材料の光吸収に関する Lambert の法則）

　一部の実用プラスチック材料について，YAG レーザー及び半導体レーザーの波長における吸収係数 k を実験的に求めた報告例がある[11]。

　TTLW 工程を設計する際には，実部品相当厚さの試験片にて実用領域レベルのレーザー出力でのレーザー光透過試験を実施している。具体的にはパワーメータにより試験片を透過したレーザー出力を測定して，実用領域での透過・吸収特性を把握する。

7.3.4　接合形態

　TTLW 法において基本的な接合形態は重ね合せ接合であり，吸収材の上に透過材を配置した形態となる。重ね合せ接合に対して突合せ接合の方が困難を伴う。接合部分が入射端部から遠くなることと加圧しにくいことによる（図3）[12]。これ以外の接合形態としては重ね合せ接合の変形と突合せ接合の変形が含まれる。

7.3.5　加圧

　TTLW 法において，加圧は非常に重要なパラメータである。レーザー溶着過程ではレーザー光は透過材と吸収材の接触界面に到達し，吸収材側で発熱，透過材側にも熱として伝わらなければならない。さらに温度の上昇によりプラスチック材料は膨張し始め，分子が励起される。ここでこの膨張を拘束（加圧）しないと接合界面を通した樹脂の交差結合が起こらず，結果として二つ

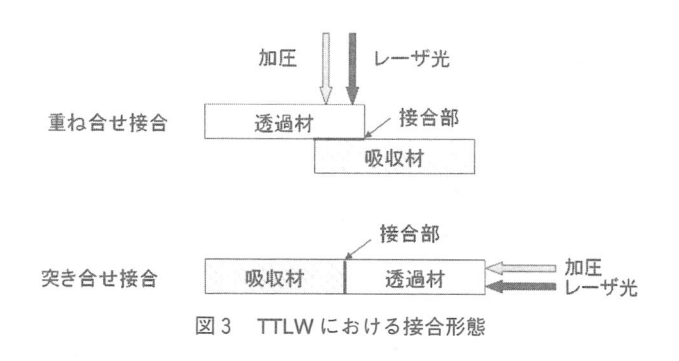

図3　TTLW における接合形態

の樹脂は接合できない[12]。

7.3.6 TTLW法の特徴
従来のプラスチック溶着技術と比較して特筆すべきTTLW法のメリットは，
①高エネルギーを利用し接合温度を最適化した高速，高精度加工であること。
②レーザー光の形状，サイズを変化させることによる熱影響層，接合領域の局所限定が行えること。
③接合により視認できるような損傷や痕跡が外表面に現れないこと。
④接合工程前に部品をアセンブルでき，施行が容易であること。
⑤接合部品の形状，寸法に対する制約が少なく，設計の自由度が飛躍的に向上すること。
⑥接合工程で振動の発生がなく，電子部品や医療機器等振動に敏感な製品の接合に利用可能なこと。
⑦非接触加工（接合される部品と熱源が物理的に接触しない）であるため，医療，食品等の衛生，安全性を維持し易いこと。
⑧ビーム伝送に自由度が高く，また自動化が容易であること。
⑨有毒なフューム等の発生がなく安全であること。
等々を挙げることができる。

逆にTTLW法導入検討時の制約条件を整理してみると
①材料の化学的特性だけでなく光学特性（透過材，吸収材）に強く依存すること。
②接合部が密着，適切な圧力を維持しなければならないこと。
③剛性の高い部材の溶着においては，大きな残留応力が発生しえること。
等々が挙げられる。

7.4 利用されるレーザー装置[1,2,10,13,14]
TTLW法に利用されるレーザー装置は，接合対象となる製品，接合部への要求仕様等で光源と照射方法を選択することとなる。

7.4.1 光源
TTLW法に利用される光源は，主に波長が750〜1000 nmの近赤外光が利用され，その代表はNd:YAGレーザーと半導体レーザーである。両者の比較表を表2に示す。

半導体レーザーはNd:YAGレーザーと比べると効率の面他で優れているが，ビーム品質は劣る。結果として集光性が悪く，長いワーキングディスタンスを確保しにくくなる。溶着部に照射ヘッドを近接できない場合や溶着幅の狭い微細溶着の場合にはNd:YAGレーザーが採用されることが多い。両者ともにミラー及び光ファイバでの導光，伝送が可能である。

表2　Nd：YAGレーザと半導体レーザの比較

	Nd：YAGレーザ	半導体レーザ
波長（nm）	1064	808〜980
最大出力（W）	10,000	6,000
生ビーム形状	円形	矩形
エネルギー変換効率（%）	約3%	約30%
ビーム品質	○	△

7.4.2　照射方法

　接合対象物の形状，寸法，接合部への要求仕様等により，照射方法を検討，決定することとなる。多くのメーカからも，さまざまな形式の加工システムが提案されているが，大別すると

① 　集光ヘッドとXYZ駆動による直接描画照射

② 　ガルバノメータ駆動による直接描画照射

③ 　ファイバアレイまたは半導体レーザーアレイを並べた固定照射

④ 　線状ビームとマスキングを利用した面照射

に分類できる。

7.5　レーザー樹脂溶着の実施例

　以下，各種資料等で公開されているレーザーによるプラスチック溶着事例を産業分野別に紹介する。

7.5.1　自動車産業

　プラスチックはアルミとともに車体軽量化を進めるための有望な材料である。普通・小型乗用車1台当りに占める主要原材料の構成比率の推移を図4，詳細な構成比率を表3に示す[15]。この30年間でプラスチックの使用量が確実に増大している。

　公表されているレーザー樹脂溶着事例は，

① 　キーレス・エントリー[16〜18]

② 　テールランプ等の照明灯[16]

③ 　メータグリル[18]

④ 　インテークマニホールド[19,20]

⑤ 　各種センサ（オイル，温度，アクセルペダル等）[21]

⑥ 　防振・防音用ゴムシール[21]

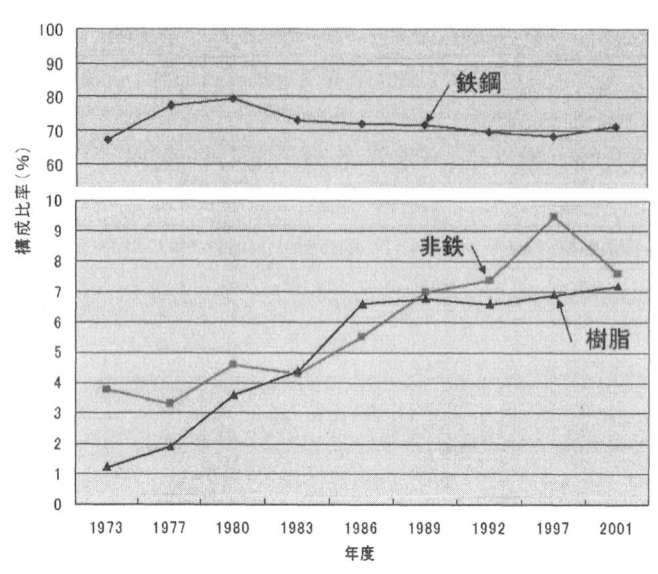

図4 普通・小型乗用車1台当りに占める主要原材料の構成比率推移[15]

(出典：日本自動車工業会)

表3 普通・小型乗用車1台当りに占める主要原料構成比率[15]

(出典：日本自動車工業会)

				1台当たりの重量 (kg) (2001)	構成比 (%)
	鉄鋼材料			949	73.0
	非鉄金属			101	7.8
非金属	プラスチック	汎用樹脂	フェノール	1	0.1
			ポリウレタン	13	1.0
			塩化ビニル	13	1.0
			ポリエチレン	5	0.4
			ポリプロピレン	52	4.0
			ABS	5	0.4
			その他	4	0.3
			小計	94	7.2
		高機能樹脂		13	1.0
		合成樹脂合計		107	8.2
	その他			143	11
合計				1500	100

⑦　燃料タンク及び燃料送給系[21,22]
⑧　フィルタケース[23]

等々がある。レーザー溶着の採用により高生産性が得られるだけでなく，部品点数と前後を含めた工程数削減による大きなコストダウン効果も得られることが報告されている[19]。

7.5.2　その他産業

自動車産業と比較すると多くはないが，医療機器産業領域等でもプラスチック溶着事例が公表され始めている。

① 薬品，医療用具の滅菌包装
② 注射器[24]
③ マイクロポンプ（バルブ部分の微細接合）[25]
④ 輸液用コンテナ

等々である。非接触加工であり衛生的な工法であること，接着剤を使用せず生体に対して悪影響を及ぼさないこと，微細接合が可能であることが医療機器産業領域での普及を進展させている。

その他，携帯電話その他電子機器の表示窓部分の接合や合成繊維の縫製（防水，防護衣料用）等の事例がある。

7.6　まとめ

レーザーによるプラスチック溶着技術は，この数年で大きく普及し始めた。これには半導体レーザーの大出力化が大きく寄与していると考えられる。更に広く普及発展させるためには，供給者，使用者ともに更なる開発努力が必要である。

レーザー供給者に対しては，更に安価で高効率，高ビーム品質なレーザー光源の開発，供給が期待されており，近年，最新のファイバレーザーをプラスチック溶着に利用しようという試みが数多くなされている[26]（写真1）。

ファイバレーザーは高効率，高ビーム品質なレーザー光源であるだけでなく，システムとして小型，簡便，メンテナンスの面で使い勝手が良く，ここ数年のうちに，幾つかの領域でNd：YAG等の従来レーザー光源を駆逐する可能性も出てきている。

使用者においては，今後も登場して来るであろう新たな光源も含めて，各種レーザーの持つ特徴，レーザー溶着技術の特徴を活かせる製品設計手法の確立が必要である。

写真1　高出力ファイバレーザー+環状ビーム成形光学ヘッドによる高速同時溶着試験片
　　　透過材：透過色素で着色したTPV（動的架橋型オレフェン系エラストマー）
　　　吸収剤：タルク20％強化のPP ｛PP-ポリプロピレン（ポリオレフェンの一種）｝
　　　溶着条件：800W 1秒

(㈱レーザックス，オリエント化学工業㈱)

文　　献

1) "Laser welding of Plastics", TWI Knowledge Summary (2003)
2) T. Hoult, "The Best Prescription for Processing Medical Materials", Medical Design News (Apr. 2002)
3) I. Jones, N. Taylor, R. Sallavanti, J. Griffiths, "Use of Infrared Dyes for Transmission Laser Welding of Plastics", ICALEO'99 (Nov. 1999)
4) I. Jones, "Clearweld", TWI Knowledge Summary (2003)
5) M. Burrell, N. M. Woosman, "Invisible Seams", Appliance Manufacurer magazine (Jan. 2002)
6) A. M. Joshi "Welding of Plastics" (2002)
7) "Engineer On a Disk", p.233-239, Hugh Jack (1993)
8) I. Jones, F. Chipperfield, "A Review of Joining Processes for Packaging with Plastics", Pharmaceutical and medical packaging (May 1999)
9) V. Kagan, R. G. Bray, "Advantages and Limitations of Laser Welding Technology for Semi-Crystalline Reinforced Plastics" (2001)
10) M. Li, M. Keirstead, "Welding Plastics with near-IR Lasers", Industrial Laser Solutions (Sept. 2002)
11) R. A. Grimm, "Infrared Welding of Polymers", MDDI (May 2001)
12) K. Hartke, "Laser Welding of Plastics", Spectra-Physics Application Note (2001)
13) I. Jones, N. Taylor, "Laser sealing of plastics for medical devices", Medical Plastics '98-12th In-

ternational Conference (1998)
14) 例えば「NOVOLAS μ Laser Welding」, パーカーコーポレーション社資料 (2002)
15) 「注目される自動車用高機能樹脂」, 日刊工業新聞 (2003／10／16)
16) "Plastic Welding with Diode Lasers", Fraunhofer USA Center for Laser Technology 資料 (2000)
17) 湯浦孝史, 佐伯仁司,「樹脂製キーケースのレーザ溶着技術」, 中部レーザ応用技術研究会誌, vol. 17 (Mar. 2003)
18) R. Leaversuch, "Laser Welding Comes of Age", Plastics Technology (Feb. 2002)
19) 中村秀生, 寺田真樹,「半導体レーザによる樹脂溶着」, 溶接学会誌, 72(3), 29-32 (Apr. 2003)
20) S. Schulten, F. Krause, U. Grosser, "Laser-welded Air Intake made of Durethan", Bayer Application Technology Information (July 2001)
21) www.rofin.com
22) 倉内敬史, 千崎恭史,「レーザー溶着技術」, 豊田合成技報, 45 (1) (2003)
23) F. G. Bachmann, U. A. Russek, "Laser Welding of Polymers Using High Power Diode Lasers", SPIE vol. **4637 B** (2002)
24) "Laser Welding Plastic medical products" Industrial Laser Solutions (Sept. 2002)
25) "Lasers in Microtechnology" Institute of Microtechnology Mainz 資料 (2002)
26) 例えば坪井昭彦, 沓名宗春,「最新レーザー利用生産システムの開発」, レーザー学会学術講演会第26回年次大会予稿集 (2006)

第2章　表面解析技術

1　X線光電子分光法（XPS, ESCA）による高分子表面・界面の解析

高橋久美子[*1]，中山陽一[*2]

1.1　はじめに

　Uppsala 大学物理学科（Sweden）の Siegbahn らが 1960 年代に詳細な研究成果[1,2]を報告して以来，X 線光電子分光法（XPS：X-ray photoelectron spectroscopy または ESCA：electron spectroscopy for chemical analysis）は物質の内殻・価電子帯電子構造の研究手段としてだけでなく，有力な表面分析法として広く用いられてきた。XPS は試料表面数 nm の元素分析（水素以外のすべての元素）に加えて，化学シフトによる官能基分析が可能な手法である。また，XPS は金属，半導体，セラミックス，有機・高分子材料などほとんどの固体材料について，板状，フィルム，薄膜，粉末，繊維などの形状を選ぶことなく，分析することが可能である。このため，XPS は種々の工業材料の重要な表面分析手法の一つとなっている。とくに，炭素（C1s）のピークシフトが大きく，炭素の化学状態に関する情報を多く得られるため，様々な高分子材料の表面分析に適用されている[3,4]。本稿では，XPS の高分子材料表面分析への応用例を紹介する。

1.2　X線光電子分光法

　一定エネルギーの軟 X 線（AlKα，MgKα）を試料表面に照射すると，試料を構成する元素に固有の各内殻軌道から光電効果により光電子が放出される。この光電子の運動エネルギーと強度の測定により XPS スペクトルが得られる。エネルギーを失わずに固体表面から脱出できる光電子は，最表面数 nm で発生したものに限られているため，表面のみの情報が得られる。

　高分子材料の XPS 分析を行う際には，試料帯電の中和と X 線や電子線による試料の劣化に注意することが必要である。単色化 AlKα 線を使用する装置を用いて絶縁性高分子材料の分析を行う場合，低エネルギー電子銃による中和を行う。条件によっては面内や深さ方向での不均一な帯電が解消されないこともある。このような不均一な帯電は，スペクトルの半値幅の増大や，スペクトル形状の歪みを招く要因となる。また，XPS は「非破壊」分析であるが，材料によっては X 線や電子線の照射により，化学構造が変化することが知られている。高分子材料の XPS 分析を

---

* 1　Kumiko Takahashi　㈱東レリサーチセンター　表面科学研究部　表面解析研究室
* 2　Youichi Nakayama　㈱東レリサーチセンター　先端技術調査研究部　部長

行う際には，帯電中和の最適化，測定の際の劣化の軽減などに配慮することで，有用なスペクトルを得ることが可能である。

1.3 解析例

代表的な高分子材料のうち，ポリエステル・ポリイミドの例を中心に紹介する。

1.3.1 理論計算を用いたスペクトルの解析[5〜7]

高出力単色化 AlKα と帯電中和用電子銃の組み合わせにより，絶縁性高分子であるカプトン®ポリイミドフィルムの高エネルギー分解・高強度のスペクトルを取得した。電子エネルギー損失スペクトル（EELS：electron energy loss spectrum）から推定した光電子バックグラウンドを考慮し，また，大きなモノマーユニットへの理論計算の実行により，価電子帯の各ピークに対する「官能基」の帰属および，C1s，N1s，O1s内殻電子における $\pi-\pi^*$ シェイクアップの強度計算との比較，絶縁体における結合エネルギー基準の考察を実施した。C1sスペクトルの解析例を図1に示す。

1.3.2 表面・界面分析

(1) 紫外線照射ポリイミドフィルムの解析[8]

ポリイミドは絶縁性・耐熱性に優れているため，電子材料や航空宇宙材料など様々な用途に使用される。したがって，様々な環境におけるポリイミドの劣化や化学構造の変化を知ることは重要である。本項では，ポリイミドフィルムへの紫外線照射の影響を，XPS分析で解析した結果について紹介する。

試料は，厚さ 50 μm のカプトン®フィルム（PMDA-ODA：pyromellitic dianhydoride-4,4'-oxy-dianiline）に紫外線を大気中で照射したものである（図2）。使用した光表面処理装置におけるピーク波長は，184.9 nm と 253.7 nm である。なお，ここでは大気中で紫外線照射を行っている

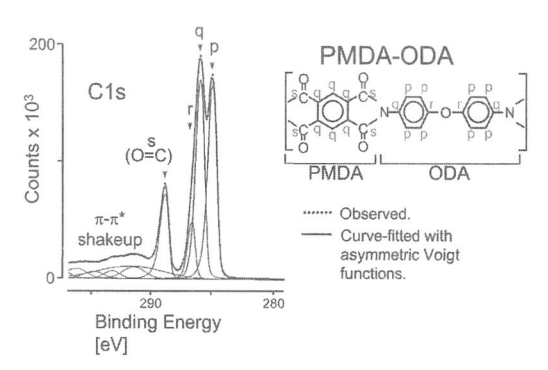

図1　PMDA-ODA の高分解能C1sスペクトルとピーク分割
化学量論比 p：q：r：s＝8：8：2：4 と良く一致したピーク面積比に分割されている。

高分子の表面改質・解析の新展開

紫外線照射量：0, 0.3, 0.9, 1.5, 2.1, 3.0 [J/cm²]

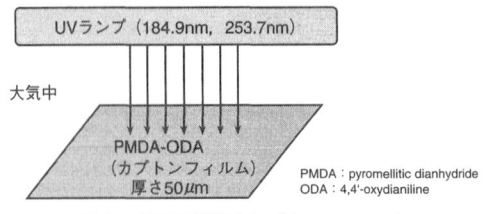

図2　紫外線照射カプトンフィルム

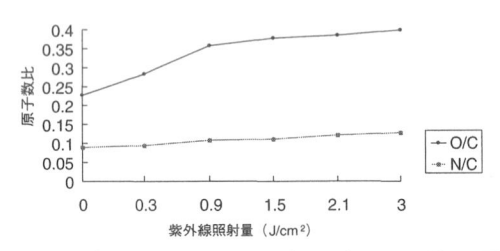

図3　紫外線照射量と原子数比（O/C比，N/C比）の関係

ので，紫外線だけでなく同時に発生するオゾンの影響も含まれる可能性がある。

　紫外線照射量とXPS分析により得られた原子数比（O/C比，N/C比）の関係を図3に示した。0 J/cm²（未照射フィルム）でのO/C比，N/C比は，PMDA-ODAの化学構造から予想される値（O/C＝0.227，N/C＝0.091）と良い一致を示した。紫外線照射フィルムでは酸素の増加（O/C比の増大）が観測され，この照射条件においては1.5 J/cm²程度までの酸素の増加が著しいことがわかった。

　未照射フィルムと紫外線照射フィルム（0.9 J/cm²）のC1sスペクトルを図4に示す。未照射フィルムのC1sスペクトルには，p, q, r, sの各成分および強いπ-π*シェイクアップサテライトピークが認められる。pは主にODA部分のベンゼン環の炭素，qは主にPMDA部分のベンゼン環の炭素，sはPMDA部分のイミド炭素に帰属される（図1）。紫外線照射フィルムでは，p成分とπ-π*シェイクアップサテライトピークの減少が確認された。このことから，紫外線照射フィルムにおいては，ODA部分のベンゼン環の減少あるいは化学的な変化が生じたことが示唆される。その他，s成分のピークは未照射フィルムに比べて増加しており，半値幅も大きくなっている。この位置には，イミド炭素の他に，一般的にはエステル基やカルボキシル基も含まれることから，紫外線照射によりこれらの酸化成分が生成した可能性がある。また，r成分の位置付近のスペクトル強度の増加から，C-O（エーテル基，水酸基）やC=O（カルボニル基）の生成の可能性も示唆される。

　C1sスペクトルにおいて，エステル基とカルボキシル基のピークシフトは小さいため，これ

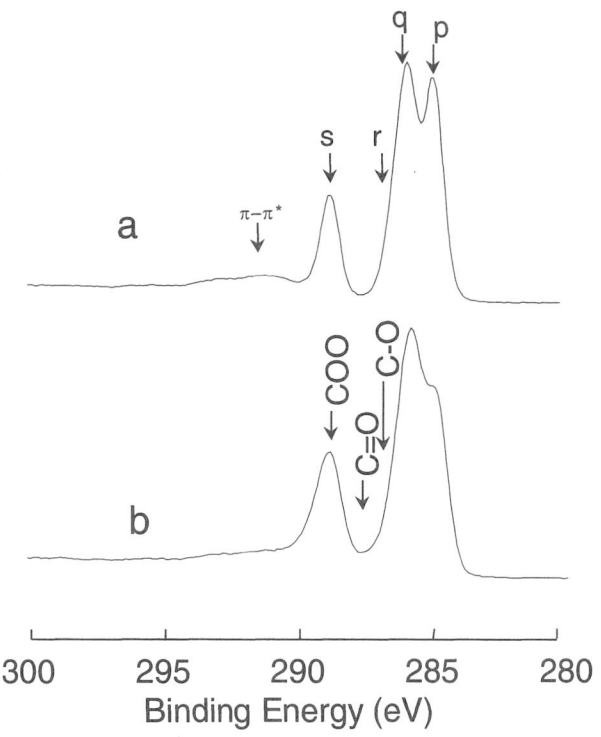

図4 紫外線照射カプトンフィルムのC1sスペクトル
a：未照射品，b：紫外線照射品（0.9J/cm²）

らを分離して定量することは困難である。そこで，気相化学修飾法[9,10]を適用し，カルボキシル基の定量を行った。気相化学修飾法では，フッ素を有するラベル化試薬により目的とする官能基を選択的にラベル化する（表1）。ラベル化後の試料のXPSによるフッ素の定量値から，最表面に存在する官能基を定量する。フッ素は，XPSで検出感度の高い元素であるため，官能基量が微量であっても検出することが比較的容易となる。ラベル化処理を液相ではなく気相で行うことの利点としては，標準試料による反応の選択性と反応率の確認，溶媒影響（試料相互の汚染，試料の膨潤，試薬の残留など）の回避が挙げられる。

　気相化学修飾法によるカルボキシル基の定量結果を，図5に示す。カルボキシル基濃度は，検出された全炭素原子数に対するカルボキシル基炭素の原子数の割合をカルボキシル基濃度として表示している。紫外線照射量が大きいほどカルボキシル基濃度が高く，この照射条件においては1.5J/cm²程度のカルボキシル基の増加が著しいことがわかった。この結果はO/C値の増加の傾向（図3）とも良く対応している。ここで未処理品→1.5J/cm²照射品でのO/C値の増加は0.15程度である（図3）。同じ範囲でのカルボキシル基濃度の増加は0.011程度（図5）である。カルボキシル基中に2個の酸素が存在することを考慮すると，増加したO/C値の約15%（＝[0.11

表1　気相化学修飾法の反応

官能基	反応式	標準試料
カルボキシル基	$R-COOH \xrightarrow{gas-CF_3CH_2OH} R-COOCH_2CF_3$	ポリアクリル酸
水酸基	$R-OH \xrightarrow{gas-(CF_3CO)_2O} R-OCOCF_3 + CF_3COOH$ $\left[=NH \xrightarrow{gas-(CF_3CO)_2O} =NCOCF_3 + CF_3COOH \right]$	ポリビニルアルコール
第1アミン	$R-NH_2 \xrightarrow{gas-C_6F_5CHO} R-N=CHC_6F_5$	ジアミノジフェニルエーテル

CF_3CH_2OH：トルフルオロエタノール（TFE）
$(CF_3CO)_2O$：無水トリフルオロ酢酸（TFAA）
C_6F_5CHO：ペンタフルオロベンズアルデヒド（PFB）

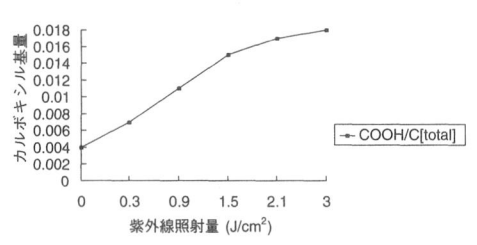

図5　紫外線照射量とカルボキシル基量の関係

×2/0.15]×100）がカルボキシル基の寄与である。したがって，増加したO/C値の残り85％分はエステル基，エーテル基，カルボニル基のような種々の酸化成分が寄与しているものと推定される。

以上の結果より，今回紹介したカプトン®フィルムの紫外線照射においては，骨格構造の変化とともにカルボキシル基，エステル基，カルボニル基などの酸化成分が生成したことがわかった。

(2)　コロナ放電処理ポリエステルフィルムの分析

コロナ放電処理によって接着性を向上させたポリエチレンテレフタレートフィルムの分析例を紹介する[11]。コロナ放電処理は，高分子材料の易接着処理として代表的なものであり，その効果としては酸素の結合などによる表面極性基の生成が主であると考えられている[12]。このフィルムについて，まず，液滴法による4種の液体に対する接触角の値（表2）から，拡張Fowkes式[13]を用いて表面自由エネルギーの成分分解を行った。その結果，コロナ放電処理によって，極性成分と水素結合成分が増大していることがわかった（図6）。これらは，接着性の向上に寄与する要素である。一方，分散力成分がわずかながら減少している。その理由として，処理による表面

第2章　表面解析技術

表2　各液体に対する接触角

試料 \ 液体	水	ホルムアミド	エチレングリコール	ヨウ化メチレン
処理前	65.5°	48.3°	37.7°	22.3°
処理後	54.0°	29.9°	15.9°	26.4°

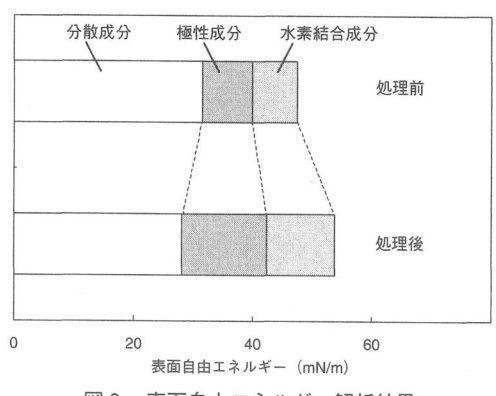

図6　表面自由エネルギー解析結果

密度の低下の影響が考えられる。

　さて，このフィルムについてXPS分析を行ったところ，酸素量（O/C）の増加（1.13倍）が見られた。しかしC1sピーク形については，コロナ放電処理前後で顕著な差は認められなかった。そこで，気相化学修飾法により-COOH基，-COH基の定量を行った。その結果，コロナ処理後は処理前のフィルムに比べて，-COOH基，-COH基ともに5倍程度に増加していることがわかった（表3）。これが，接触角で得られた極性成分，水素結合成分の増大の原因，ひいては接着性向上に影響を与えていると考えられる。

(3)　歯科接着剤とヒドロキシアパタイトにおける化学結合の確認[14〜16]

　歯科接着剤中のカルボキシル基がヒドロキシアパタイト（$Ca_{10}(PO_4)_6(OH)_2$）と化学結合をし得るとの予想はあったが，従来，その実験的証明は，不十分であった。これは，主にこの系における分子スケールの界面の適切な解析手段が無かったためである。吉田ら[14〜16]はヒドロキシアパタイトに対して歯科接着剤を分子スケールの薄さで形成した試料を作製し，高エネルギー分解能XPSのC1sスペクトルを詳細に検討した。その結果，カルボキシル基成分のピーク位置に関し，接着剤のみの場合のカルボキシル基に比べて低結合エネルギー側への化学シフト（0.3 eV）が観察された。接着剤のカルシウム塩などの標準スペクトルとの比較検討により，このシフトは，ヒドロキシアパタイト表面で接着剤分子中のカルボキシル基がリン酸基に置き換わってカルシウムと結合したために生じたことが判明した（図7）。同時に，C1sピーク分割の結果，接着

表 3　XPS による原子数比・官能基量

	O/C	–COH/C [total]	–COOH/C [total]
処理前	0.40	0.004	0.003
処理後	0.45	0.023	0.017

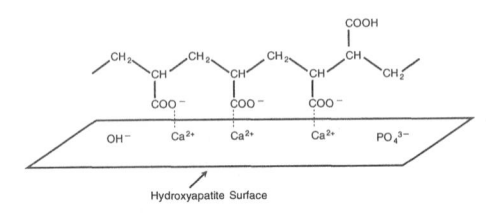

図7　ヒドロキシアパタイト表面における接着剤分子のカルボキシル基とカルシウムイオンの相互作用の模式図（文献[14]を参考に簡略化して表示）

剤高分子中のカルボキシル基のうちヒドロキシアパタイトと化学結合したカルボキシル基の割合も定量された。

1.3.3　深さ方向分析

XPS による高分子材料の解析に関して，その最表面の組成や化学状態の変化だけでなく，深さ方向における変化を調べることも重要なテーマである。無機材料に対しては，XPS 装置内に付属のアルゴンイオン銃を用いたエッチング（Ar イオンエッチング）が適用されることが多い。

しかし，高分子材料に Ar イオンエッチングを適用すると試料損傷が著しく，本来の組成や化学構造を保つことが困難である。このため表面層を切削して得た露出面の XPS 分析が実施されていたものの，「高分子材料の 10 nm〜数 μm 領域の深さ方向の連続的な組成情報を得る分析は困難」であった。最近では，試料の精密斜め切削法やクラスターイオン（特に C_{60} イオン）エッチング法などが開発されており，高分子材料の深さ方向分析が比較的容易になっている。

(1)　精密斜め切削法

精密斜め切削法は，試料表面を微小角度で斜めに切削して露出面（平面に近い「斜面部」）を作製する方法である。例えば，試料表面に対して「斜め」の角度を 0.06° 程度にして露出面を作製すると，深さ方向：水平方向 ≒ 1：1000 になる。これは，nm の深さの変化に対して μm の尺度を有する面が作製できることに対応する。この露出面に XPS の微小分析（約 10 μmϕ）を適用することで，連続的な深さ方向分析が可能になる。専用刃を使用して機械的に切削するため，高分子材料に適用した場合も，切削の際の化学構造の変化は無視できる。また，精密斜め切削法で調整した試料は XPS に加えて FT-IR や TOF-SIMS などの分析法を組み合わせることで，有用な情報を得ることができる[17]。

(2) C_{60}イオンエッチング法

C_{60}イオンエッチング法は，エッチングの際の試料損傷が少ない[18]ため，有機・高分子材料への適用可能性が高い。ポリエチレンテレフタレートフィルムに対して，アルゴンイオンエッチングとC_{60}イオンエッチングを行った例を図8に示す[19]。アルゴンイオンエッチングの場合，C1sスペクトル中のエステルに起因する成分（COO，C-O）の減少など顕著な変性が認められ，元素組成も大きく変化している。一方，C_{60}イオンエッチングの場合，わずかな変化が確認されるものの，深さ方向において元素組成や化学状態が保持されていることがわかる。

図9は，光照射前後の自動車用塗膜のC_{60}イオンエッチング法による深さ方向分析結果である[19]。光照射前後のプロファイルにおいて，ケイ素の分布に違いが認められた。光照射部では極表面におけるケイ素量が多く，レベリング剤として使用されていたシリコーンが最表面付近に濃縮，析出していることがわかった。これは，同試料のTOF-SIMS分析，FT-IR分析の結果と良く対応した結果であった。

C_{60}イオンエッチング法は，アルゴンイオンによるエッチングに比べ，高分子材料の深さ方向分析にとって有用な手段である。ただし，C_{60}イオンエッチング法も，現在のところ，ポリイミドフィルムでは変化が大きいなど，材料によっては適用が困難なものもあり，今後の検討が必要

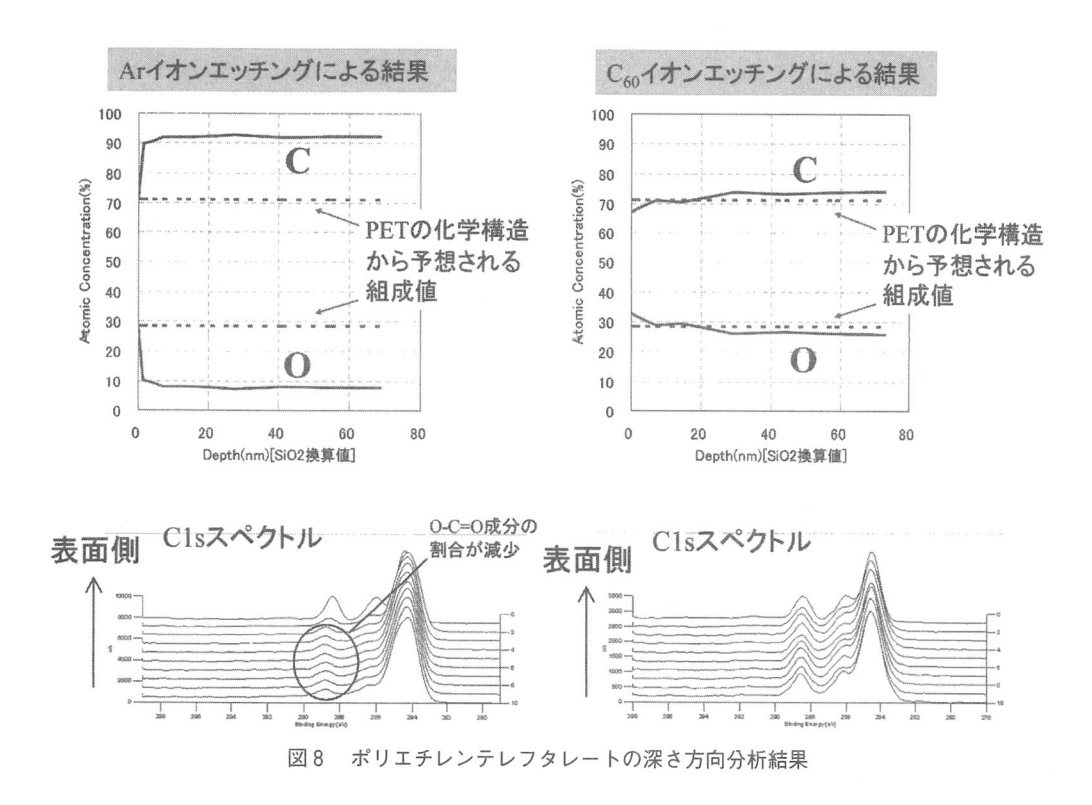

図8 ポリエチレンテレフタレートの深さ方向分析結果

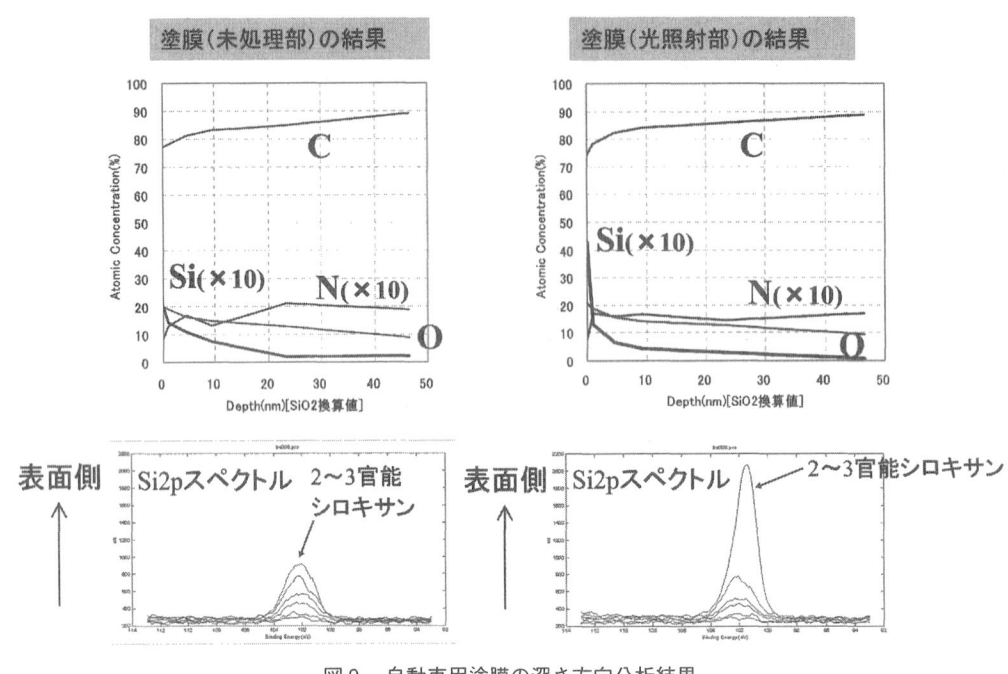

図9 自動車用塗膜の深さ方向分析結果

である。

1.4 おわりに

XPSは，高分子材料の表面特性（接着性，劣化など）を解釈する上で，有用情報を与える手法である。また，最近では高分子材料の10 nm～数μm領域のXPSによる深さ方向分析の技術開発が進展し，高分子材料の界面の解析におけるXPSの有用性が一層向上している。表面・界面における様々な現象を解明するためには，複数の手法による総合解析を行うことが望ましいが，その中でXPSの果たす役割もますます重要なものになると期待される。

1.5 付記

放射光（SR：Synchrotron Radiation）利用では，NEXAFS（：Near Edge X-ray Absorption Fine Structure）のようにXPSの化学シフトが小さい元素での化学状態の違いを識別可能な手法にも期待が持たれる。現状のSR利用の取組みにおいてこの分野の展開が期待される。しかし，厚いPMDA-ODAへ適用した報告[20]がなされているものの，現状の実験形の多くの場合は帯電中和の仕組みが充実していないこともあり，導電性基板の上の有機分子・高分子薄膜へ適用した研究が多い。したがって，種々の形状を有する実用の絶縁材料の分析の観点では，AlKα線と石英単結

第2章　表面解析技術

晶の組合せで得られる単色化 AlKα 線に帯電中和機構を備えた市販の XPS 装置が，主要な役割を果たしている。

文　　献

1) K. Siegbahn, C. Nordling, A. Fahlman, R. Nordberg, K. Hamrin, J. Hedman, G. Johansson, T. Bergmark, S-E. Karlsson, I. Lindgren, B. Lindberg, "ESCA, Atomic, Molecular and Solid State Structure Studied by Means of Electron Spectroscopy" Almqvist and Wiksells Boktrckeri AB, Uppsala (1967)
2) K. Siegbahn, C. Nordling, G. Johansson, J. Hedman, P. F. Heden, K. Hamrin, U. Gelius, T. Bergmark, L. O. Werme, R. Manne, Y. Baer, "ESCA, Applied to Free Molecules", North-Holldand, Amsterdam-London (1969)
3) 例えば，中山陽一，高分子，**51**, 818 (2002)
4) 例えば，中山陽一，第2講「高分子表面分析の展望」，最新高分子による表面機能設計，高分子学会編 (2003)
5) Y. Nakayama, P. Baltzer, B. Wannberg, U. Gelius, S. Safstrom, S. Lunell, *J. Vac. Sci. Technol. A*, **12**, 772 (1994)
6) Y. Nakayama, P. Persson, S. Lunell, S. P. Kowalczyk, B. Wannberg, U. Gelius, , *J. Vac. Sci. Technol. A*, **17**, 2791 (1999)
7) 石谷炯，北野幸重，中山陽一，改定X線分析最前線，11, "有機・高分子材料とX線分析"，合志陽一監修，佐藤公隆編集，アグネ技術センター，p.253 (2002)
8) 東レリサーチセンター社内資料
9) Y. Nakayama, T. Takahagi, F. Soeda, K. Hatada, S. Nagaoka, J. Suzuki and A. Ishitani, *J. Polym. Sci. Polym. Chem. Ed*., **26**, 559 (1988)
10) Y. Nakayama, K. Takahashi and S. Sasamoto, *Surf. Interface Anal*., **24**, 711 (1996)
11) 中川善嗣，高分子材料の解析・評価（3）接着性，The TRC News, 79, 東レリサーチセンター，p.20 (2002)
12) 井本稔，「接着の基礎理論」，高分子刊行会 (1993)
13) 筏義人，松本忠与，日本接着学会誌，Vol.15, P.91 (1979)
14) Y. Yoshida, B. Van Meerbeek, Y. Nakayama, J. Snauwaert, L. Hellemans, P. Lambrechts, G. Vanherle and K. Wakasa, *J. Dent. Res*., **79**, 709 (2000)
15) Y. Yoshida, B. VanMeerbeek, Y. Nakayama, M. Yoshioka, J. Snauwaert, Y. Abe, P. Lambrechts, G. Vanherle, and M. Okazaki, *J. Dent. Res*., **80**, 1565 (2001)
16) Y. Yoshida, K. Nagakane, R. Fukuda, Y. Nakayama, M. Okazaki, H. Shintani, S. Inoue, Y. Tagawa, K. Suzuki, J. De Munck, and B. Van Meerbeek, *J. Dent. Res*., **83**, 454 (2004)
17) 山元隆志，最新鋭ESCA装置を用いた先端材料の表面・微小部分析，The TRC News, 83,

東レリサーチセンター, p.29 (2003)
18) Z. Postawa, B. Czerwinski, M. Szewczyk, EJ Smiley, N. Winograd and BJ Garrison, *J. Phys. Chem. B*, **108**, 7831 (2004)
19) 東レリサーチセンター社内資料（協力：アルバック・ファイ株式会社）
20) T. Tanaka, K. K. Bando, N. Matsubayashi, M. Imamura, H. Shimada, *J. Electron Spectrosc. Relat. Phenom.*, **114-116**, 1077 (2001)

2 走査プローブ顕微鏡法による高分子鎖の構造解析

篠原健一*

2.1 はじめに

走査トンネル顕微鏡（STM）と原子間力顕微鏡（AFM）に代表される走査プローブ顕微鏡（SPM）は，近年急速にその応用範囲を広げている[1]。走査プローブ顕微鏡の動作原理と理論については他の成書[2,3]に譲る。本節では，走査プローブ顕微鏡による極限計測に基づく高分子科学の新展開として，高分子鎖1本の直接観測について述べる。

さて，合成高分子の1本鎖は，ナノメートルレベルで，どのような構造を形成しているのだろうか。果たして生体高分子の様な高次の構造を形成しているのだろうか。我々人類は未だ，合成高分子の真の姿を理解していないであろうし，その為に合成高分子の有する性能を最大限に発揮させてはいないと考えられる。

合成高分子は非常に優れた性能を持つ有用な物質であり，文明を維持し発展させるために不可欠な材料である。ところが，この高分子は一般に，その構造が動的である上に多様であるため，非常に複雑で，分子レベルでの構造と機能の相関関係を明確に議論することが難しいという問題が有る。すなわち，「どの様な高分子の構造が，如何なる機能を発揮しているのか？」という問に対して，これまで直接分子レベルで明確に答えることは極めて難しかった。一方，究極の高機能高分子として我々生命体に存在する，生体高分子であるタンパク質は，生命機能の発現に重要な役割を担っている。タンパク質が有する卓越した柔軟な機能は，タンパク質が形成しているしなやかな高次構造によって本質的に発現していると考えられている。そこで，合成高分子にタンパク質の様な高次構造を形成させることが出来れば，卓越した機能を有し，かつ実用可能な耐久性を併せ持つ高分子を創出出来るのではないかと考えた。種々の高次構造を有する合成高分子の1本鎖を直接観測する新しい研究が既に始まっている[4]。

2.2 走査トンネル顕微鏡（STM）によるキラルらせんπ共役高分子鎖1本のイメージング

ポリアセチレンは主鎖にπ共役電子系を有し，導電性などの電子的機能や発光性などの光機能を示す非常に有用な機能性高分子である。最近，主鎖の巻き方向が制御されたπ共役キラルらせんポリアセチレンがキラルな液晶場において合成され，その特異的な高次構造に基づく新しい光や電子的磁気的機能の発現が期待されている[5]。また，π共役ポリ（置換フェニルアセチレン）のらせん主鎖をキラルな有機低分子によって制御することなども可能になっている[6]。そして，側鎖に嵩高い光学活性なメントキシカルボニル基を有するパラ置換フェニルアセチレンポリマー

---

* Ken-ichi Shinohara　北陸先端科学技術大学院大学　マテリアルサイエンス研究科　准教授

が主鎖にキラルらせん構造を形成することが報告されている[7]。これらは何れも多数の高分子鎖を観測対象とした、言わば平均値を元にした科学である。以下に本節の主題である、STMによる高分子鎖1本の構造の直接観測の研究として、メントキシカルボニルアミノ基を有するπ共役らせんポリ（置換フェニルアセチレン）[(-)-Poly (MtOCAPA)]のキラルな一次構造から四次構造までのキラル階層構造の直接観測について述べる[8]。

STM観測に使用した高分子の合成法は以下のとおりである。先ず、かさ高い光学活性な(-)-L-メントールを出発物質として、メントキシカルボニルアミノ基をベンゼン核のパラ位に配したフェニルアセチレンモノマーを合成した。次いで、これをロジウム触媒によって重合させ、目的とするキラルπ共役ポリマーを合成した。このポリマーは10^5オーダーの分子量を有する高分子量体であり、シス％は90を越え規則性の高い主鎖を有することが分かった。また旋光性を有し、光学活性体であることも分かった。ポリマーの一次構造は核磁気共鳴スペクトル（^{1}H NMR）で確認した。

図1に示したポリマーの円偏光二色性（CD）および紫外可視吸収（UV-vis.）スペクトルのとおり、キラリティーは側鎖のみならず、π共役が拡張された主鎖にも存在することが分かった。このことから側鎖の光学活性なメンチル基によって、主鎖π共役系に不斉が誘起されたことが明

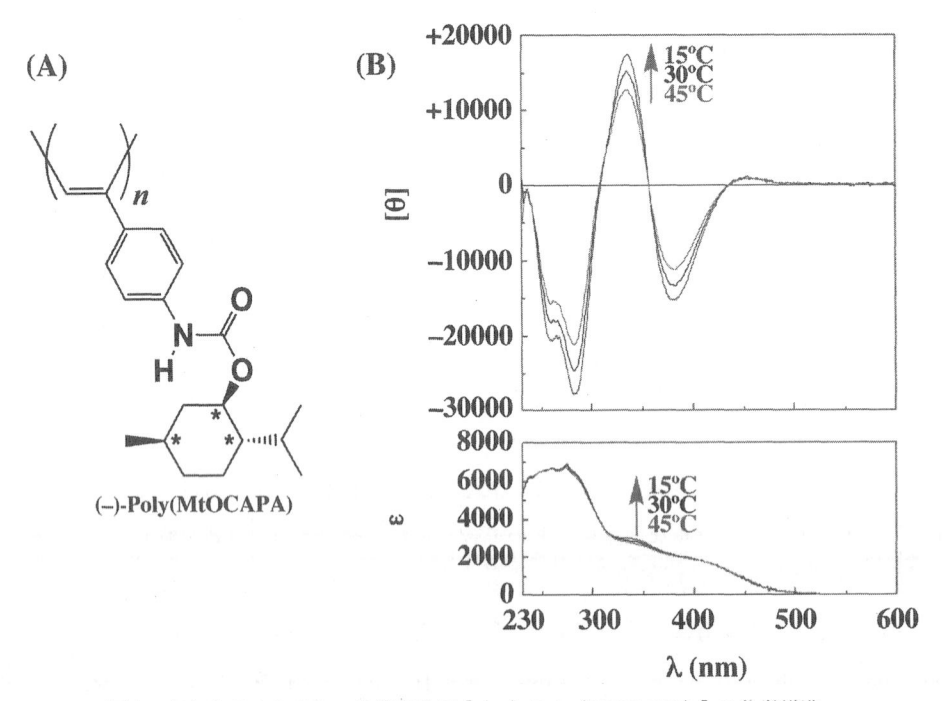

図1 (A) キラルらせんπ共役高分子[(-)-Poly (MtOCAPA)]の化学構造。
(B) (-)-Poly(MtOCAPA)のTHF溶液の円偏光二色性スペクトル（上）と紫外可視吸収スペクトル（下）。

らかになった。このCDスペクトルはポリマー主鎖が一方向巻きのらせん構造としての二次構造を形成していることを示している。さらに，このCDシグナルは試料温度が低下するに従って増大し，またこれは可逆的な現象であったことから，この主鎖は柔軟ならせん構造であることが示唆された。

　高分子鎖1本の構造を直接観察することを目的に，SPMイメージングを試みた。高分子鎖1本を直接観測するためには，固体状態の多数の高分子鎖が凝集した状態から高分子鎖1本1本を分散させる必要があるので，観測したい高分子を良溶媒に溶解して希薄溶液を調製する。観測試料は，この高分子の希薄テトラヒドロフラン（THF）溶液（10^{-5}mol/l，10μl）を基板表面へスピンキャストする方法で得た。初めに試みたAFMによって高分子鎖全体の形態は直接観察できたものの，主鎖のπ共役系は観察不可能であった。なぜなら，このポリマーがかさ高いアルキル基を有しているため，AFMでは肝心な主鎖は表面に出ている側鎖によって隠されているからである。ところが，STMであれば，トンネル電流のより流れやすい分子軌道（HOMO–LUMO）を見るため，主鎖π電子軌道をアルキル基に邪魔されることなく，透視できる可能性がある。図2にHOPG基板上，室温下，大気中で捉えたポリマーの低電流STM像を示す。バイアス電圧は20.0 mV，トンネル電流値を30.5 pAに保ち，探針を3.05 Hzで走査した。π共役ポリマー鎖2本が絡み合っている様子を観察出来，さらに右巻きらせん構造の存在も確認できた（図2(a)）。この右巻きらせんを巻いている鎖1本の幅は0.9 nmであり，このサイズは分子力場計算で最適

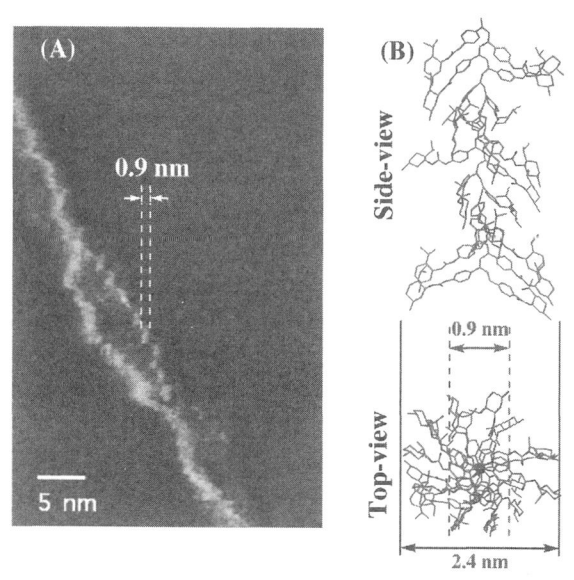

図2　(A)（−）-Poly(MtOCAPA)の低電流STM像（Vs＝＋20.0 mV and It＝30.5 pA，HOPG上，大気中，室温下）。(B)分子力場計算で最適化したシス–トランソイダル20量体の（−）-Poly(MtOCAPA)の分子モデル　側面図（上），上面図（下）。

高分子の表面改質・解析の新展開

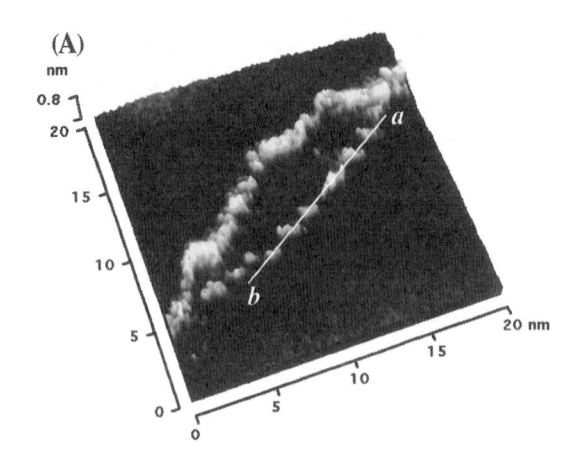

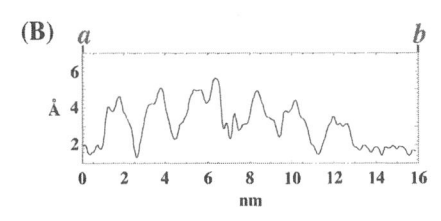

図3 (A) (−)-Poly(MtOCAPA) の拡大 STM 像と断面解析ライン（線 a−b）。
(B) その断面解析結果。これよりスーパーらせんのピッチが約2 nm と計測された。

化して得られたシス-トランソイダル（Cis-transoidal）主鎖構造20量体の，π電子系ポリフェニルアセチレン主鎖骨格の幅に一致した（図2(b)）。このことから，得られた STM 像はポリマー主鎖のπ電子軌道であることが支持され，さらに CD スペクトルで確認された二次構造らせんが更に右巻きらせんを巻いたスーパーらせんの三次構造であることが明らかになった（図3(a)）。そして解析の結果（図3(b)），このスーパーらせんのピッチは2 nm，幅は2 nm であり，らせんの巻き方向は右巻きであること，そして10 nm 以上の範囲に渡ってこの厳密に制御されたスーパーらせんの三次構造が形成されていることが明らかになった。

図4(a) に得られた STM 像の全体の鳥瞰図を示す。π共役高分子鎖が二本，図4(b) に示すモデルの様に，右巻きに互いに絡み合って二重らせん構造を形成している様子が観測できた。これによって，更に上のキラル階層構造である，四次構造の実在を明らかにすることが出来た。さらに探針で連続して走査する度に形状が変化させることができる程，柔らかい構造体であることが分かった。

キラルらせんπ共役主鎖の一次から四次構造までのキラルな階層構造が観測された。この特異的なπ電子系の新規な電子的および光機能の発現が期待されている。

第2章　表面解析技術

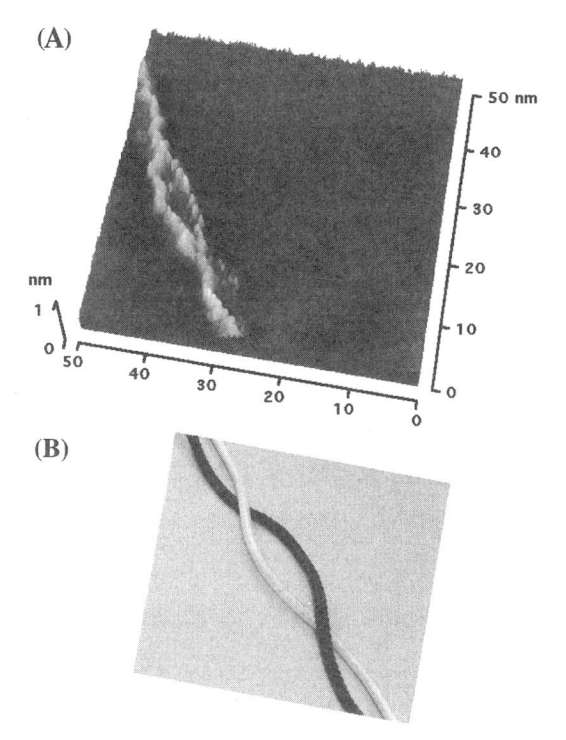

図4　(A) 右巻の2重らせん構造を形成する(−)-Poly(MtOCAPA) のキラルらせん四次構造の STM 像，(B) ひもモデル。

2.3　原子間力顕微鏡（AFM）によるキラルらせんπ共役高分子鎖1本のイメージング

　ここでは，AFM を駆使することで，π共役高分子鎖1本の構造をイメージングし，ナノメートルの空間分解能で構造を計測できることを示す。特に，マイカ基板表面でキラルらせんπ共役ポリマー1分子が特異的なナノ構造を形成することを発見し，このπ共役ポリマー1分子構造の多様性を議論できることを述べる[9]。さらに，電流検出 AFM（CS-AFM）によりポリマー1分子の導電性を評価した研究についても紹介する。

　ここで AFM 観測試料は，スピンキャスト法により以下のプロセスで調製した。大気中室温下，ポリマーをテトラヒドロフラン（THF）に溶解して濃度が 10^{-6} mol/l の希薄溶液を調製した。マイカあるいはグラファイト（HOPG）の洗浄表面を回転させながら，ポリマー溶液をマイカ表面の回転中心へ $20\mu l$ キャストして室温下大気中で乾燥させ，これを AFM 観測した。このスピンキャスト法によって，マイカ基板表面に少数の高分子鎖が1分子単位で分散して固定される。

　AFM 観測に用いたキラルらせんポリマー [(−)-Poly(MtOCAPA)][8]の化学構造は図1(a) に示してある。図5(a) は，このキラルらせん高分子鎖1本の分子力場計算で最適化した分子モデル

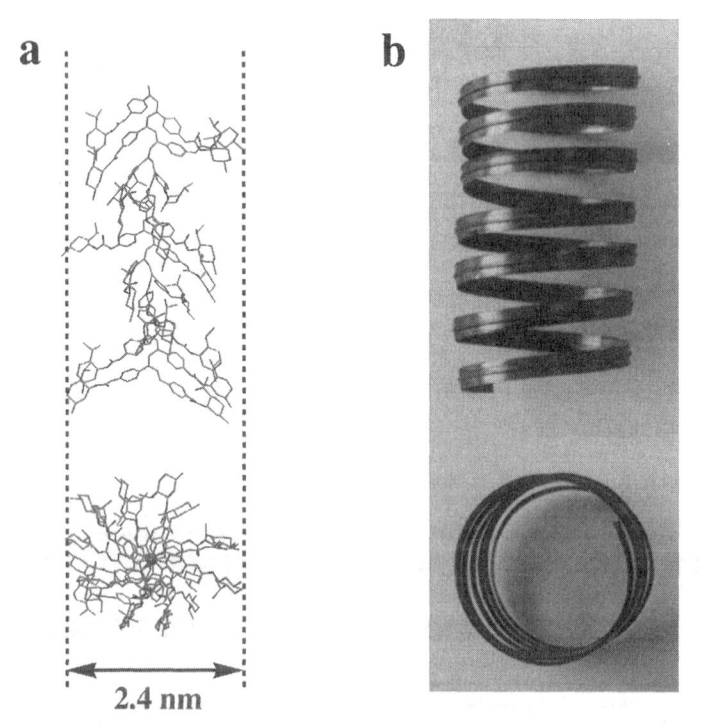

であり，高分子鎖1本の幅は2.4 nmである。図5(b)は，この分子モデルを簡略したらせんのモデルである。このモデルを元にして，得られるAFM像を考察すると理解し易くなる。図6(a)は，スピンキャスト法により調製した試料表面のノンコンタクトモードAFM像である。別途おこなったコンタクトモードAFMにおいても同様な構造が確認されている。ポリマーのAFM像の断面を解析した結果（図6(b)）から1分子鎖の幅に一致したことと，AFMで計測された高分子鎖の長さがGPC分析結果から算出された分子サイズとほぼ一致したことの2つの結果から，観測されている構造体はポリマー1分子であることが確認された。さらに図6(a) を詳しく見てみると，高分子鎖1本の中に約20 nm周期構造が確認できる。これは，ポリマー鎖の右巻きらせんが形成する周期的な粗密構造であると考察した（図7）。基板表面では，太さが2 nm程度のキラルらせんポリマーが20 nmもの長周期のナノ構造を形成しているという，モノマー繰り返し単位構造だけでは決して予想できない結果を得たことに，ポリマー1分子の高分子性（すなわち個性）の研究と1分子素子の基礎研究として価値がある。また，この周期構造の間隔を全て計測してヒストグラムに纏めた結果が図8である。この周期には10から40 nmの間の広い分布が確認され，構造の多様性が評価された。このことは，この高分子鎖1本は，柔らかくしなやかなπ共役電子系の主鎖を有することが分かる。

図5 （A）分子力場計算で最適化したシス-トランソイダル20量体の（−）-Poly(MtOCAPA)の分子モデル 側面図（上），上面図（下）。（B）らせん構造のリボンモデル。

第2章　表面解析技術

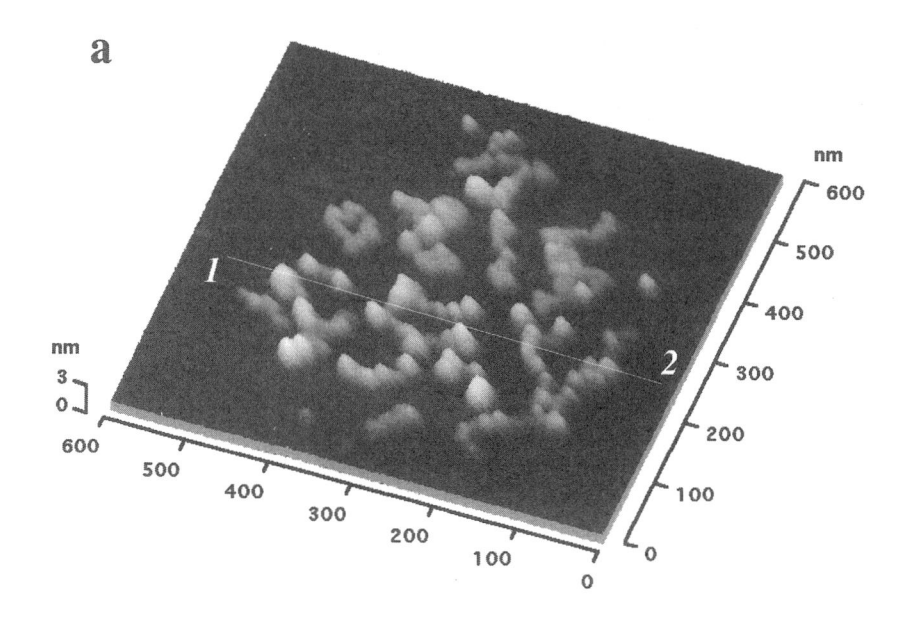

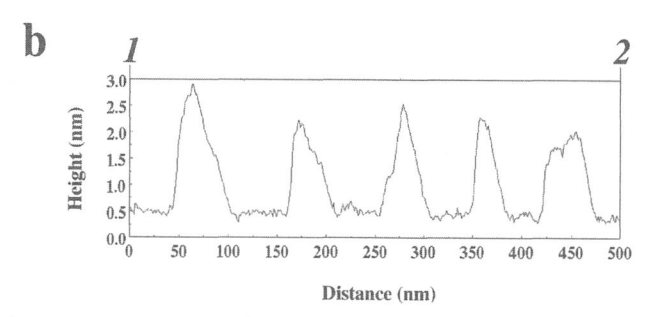

図6　(a) キラルらせんπ共役（-）-Poly(MtOCAPA)の非接触原子間力顕微鏡（nc-AFM）像（周波数シフト値：-30Hz, 600nm×600nm, 高真空中, マイカ上, 室温下）と断面解析ライン（線1-2）。(b) その断面解析結果。これより分子の高さが約2nmと計測され、キラルらせんπ共役高分子鎖1本の太さと一致したことから、ポリマー1分子であることが確認された。

次いで、CS-AFMをHOPG上で実施したところ、(-)-Poly(MtOCAPA) 1分子の凹凸像と電流像を同時に観測することに成功した。ポリマー1分子の導電性はHOPGと同程度と極めて高いものであった。この実験事実は、ポリマーが孤立1分子の状態でHOPG表面に吸着した結果、主鎖のπ電子系とHOPG表面のπ電子系が相互作用して、新たな電子状態が形成されたことを示している。すなわち、高分子鎖1本単位で機能する分子素子を将来設計する際には、上記のような基板との相互作用を十分に考慮に入れる必要があることを示している。逆に考えれば、基板表面と1分子が相互作用することを利用した新しい分子素子の設計もあり得ることになる。また最近、高速AFMを用いたπ共役高分子鎖1本の動態イメージングに関する研究も報告されている[10]。高分子鎖1本中に存在するπ共役系は、分子運動を止めたある瞬間を仮想的に考えても、

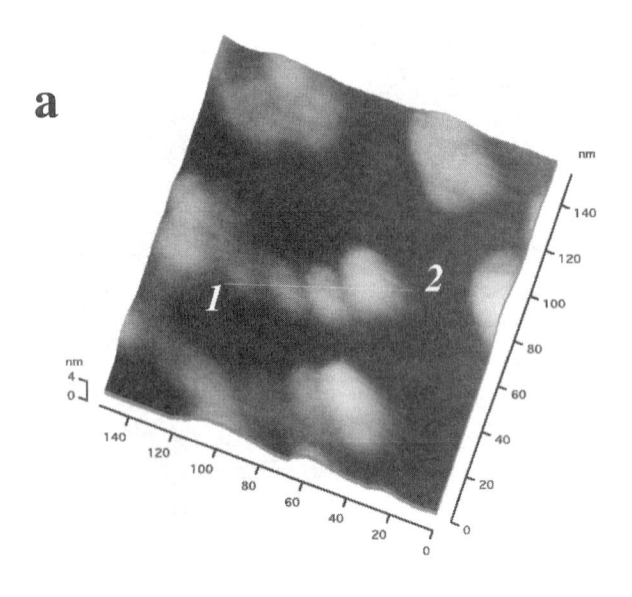

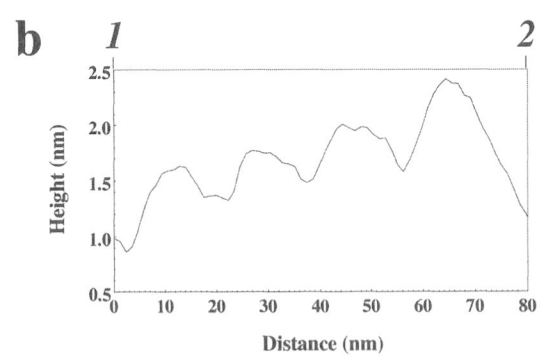

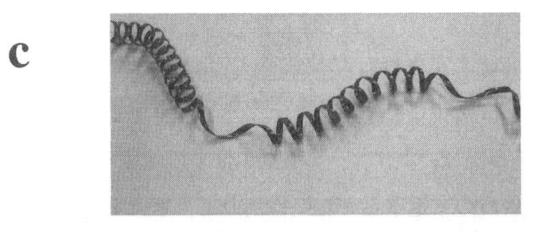

図7 (a) 拡大 AFM 像と断面解析ライン（線1－2）。周期構造の形態から右巻らせんが基本構造にあることが分かる。(b) その解析結果。これより長周期構造の周期は約 20 nm であると計測された。(c) そのリボンモデル。これは，右巻らせんのピッチが約 20 nm 周期で変化する疎密構造である。

第 2 章　表面解析技術

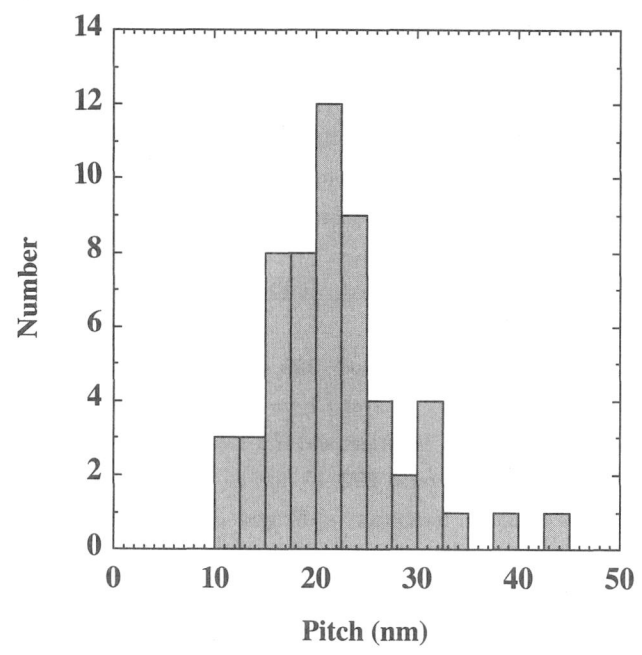

図 8　らせん疎密構造の周期のヒストグラム。図 6 (a) のポリマー 1 分子の AFM 像から計測した結果である。

主鎖の炭素原子上の p 軌道同士の重なりが元になって複雑に多数存在する。実際には，各々のπ共役系が主鎖上のここからここまでと明確に区別できる様な単純な電子状態にはなく，さらに分子運動による主鎖の構造変化に伴って時々刻々そのπ共役長とその電子遷移双極子モーメントの方向を変化させている，極めてその描像を正確に記述しにくい複雑系である。このしなやかな複雑さにこそ高分子の本質と可能性が潜んでいる。今後，基板表面上に形成される特異構造によって発現する革新的な 1 分子機能の発見と，柔かいポリマー分子ならではの「しなやかな」分子デバイスへの進展が期待されており，STM と AFM に代表される SPM が益々重要な基盤技術になることは間違いない。

文　　献

1)　三浦登，毛利信男，重川秀実，極限計測技術，第 III 部，朝倉書店，東京（2003）
2)　西川治，走査プローブ顕微鏡－STM から SPM へ－，丸善，東京（1998）
3)　森田清三，はじめてのナノプローブ技術，工業調査会，東京（2001）
4)　篠原健一，高分子学会編，高分子鎖 1 本のサイエンス，第 1 章　ポリマー 1 分子の直視：

π共役高分子鎖1本の構造と機能のイメージング，pp.1-32，エヌ・ティー・エス，東京 (2005)

原著論文として例えば(a) K. Shinohara, S. Yamaguchi and H. Higuchi, *Polym. J.*, **32**, 977-979 (2000) (b) K. Shinohara, S. Yamaguchi and T. Wazawa, *Polymer*, **42**, 7915-7918 (2001) (c) K. Shinohara, G. Kato, H. Minami and H. Higuchi, *Polymer*, **42**, 8483-8487 (2001) (d) K. Shinohara, T. Suzuki, T. Kitami and S. Yamaguchi, *J. Polym. Sci. Part A:Polym. Chem.*, **44**, 801-809 (2006)

5) K. Akagi, G. Piao, S. Kaneto, K. Sakamaki, H. Shirakawa, M. Kyotani, *Science*, **282**, 1683-1686 (1998)
6) E. Yashima, K. Maeda, Y. Okamoto, *Nature*, **399**, 449-451 (1999)
7) T. Aoki, M. Kokai, K. Shinohara, E. Oikawa, *Chem. Lett.*, 2009-2012 (1993)
8) K. Shinohara, S. Yasuda, G. Kato, M. Fujita and H. Shigekawa, *J. Am. Chem. Soc.*, **123**, 3619-3620 (2001), Editors' Choice, *Science,* **292**, 15 (2001)
9) K. Shinohara, T. Kitami and K. Nakamae, *J. Polym. Sci. Part A: Polym. Chem.*, **42**, 3930-3935 (2004)
10) 篠原健一，化学工業，**57**，44-49 (2006)

3 TOF-SIMS法

萬　尚樹*

3.1 はじめに

　SIMS（2次イオン質量分析法）によって固体最表面の化学構造情報を得るというスタティックSIMSの歴史は1960年代後半から始まる[1]。スタティックSIMSでは測定時の試料表面の損傷を非常に少なくする必要があるため，プローブとして試料表面に照射するイオン（1次イオン）の量を 10^{12} atoms/cm^2 以下（スタティック条件）に抑える必要がある。当時の装置には四重極型の質量分析計が用いられていたが，スタティック条件で発生する非常に少ないイオン（2次イオン）を効率よく検出してスペクトルを得るのに適したものではなかった。スタティックSIMSに適した質量分析計としてTOF（飛行時間）型の質量分析計が登場するのは1980年代初期である。このTOF-SIMSはあらゆる点でスタティックSIMSの目的に適しているため，装置の発展とともにTOF-SIMSがスタティックSIMSの代名詞のようになってきた。

3.2 TOF-SIMSの原理と特徴

　TOF-SIMS（飛行時間型2次イオン質量分析法）では，試料表面にパルス化された1次イオンが照射され，試料表面から放出された2次イオンが一定の運動エネルギーを得て飛行時間型の質量分析計へ導かれる。同じエネルギーで加速された2次イオンのそれぞれは質量に応じた速度で分析計を通過するが，検出器までの距離は一定であるためそこに到達するまでの時間（飛行時間）は質量の関数となり，この飛行時間の分布を精密に計測することによって2次イオンの質量分布，すなわち質量スペクトルが得られる。したがって，原理上，発生した2次イオンのほとんどをロスなく質量分析計へ導くことができるほか，非常に高い質量域までの分析が可能である。

　TOF-SIMSの表面感度は非常に高く，質量スペクトルを解析することにより試料表面（1～2 nm）の元素や化学構造，吸着物などに関する知見を得ることができる。また，1次イオンに収束性の高い液体金属イオン源（LMIG）を用いると，1次イオンビームを 1μm以下に収束させることができ，微小部の分析や高空間分解能での分布観察が可能である。このような特徴から，TOF-SIMSはXPSとは異なった視点での表面情報が得られ，その適用範囲は金属，半導体，ガラスなどの無機材料から高分子，バイオ関連材料などの有機材料まで幅広い[2]。

3.3 TOF-SIMSで得られる高分子の情報

　高分子のTOF-SIMSスペクトルからは，XPSで得られるような元素やそのミクロな結合状態

---

*　Naoki Man　㈱東レリサーチセンター　表面科学研究部　表面解析研究室　研究員

の情報だけでなく，もう少し大きいユニットでのいわばマクロな化学構造情報を得ることができる。高分子のスペクトル中には，構成元素による原子イオンのほか，ペンダント構造や末端基構造，モノマー（オリゴマー）ユニットなどが脱離イオン化することで生成されたフラグメントイオンがピークとして現れる。したがって多くの場合，種類の異なる高分子からは全く異なったスペクトルが得られ，高分子の同定や構造解析が可能である。これまでに様々な種類の高分子についてのスペクトルが測定され，データベース化されている[3]。また，ランダム共重合ポリマーにおいてはモノマー（オリゴマー）ユニットの2次イオンを詳細に解析することにより，ランダム度合いについての解析を行うこともできる。さらに，特殊な条件が必要ではあるが，銀板の上に高分子を薄く付着させた状態などで測定を行うことにより，高分子がそのままイオン化した分子イオンを検出することも可能な場合があり，高分子の分子量についての情報を与えてくれることもある。工業的に用いられている高分子材料には，通常その特性を最適化するために酸化防止剤，紫外線吸収剤，光安定剤，可塑剤，滑剤，帯電防止剤などの添加剤が付与されている。したがって，このような高分子表面を TOF-SIMS で測定した場合，高分子によるフラグメントイオンと同時に添加剤によるフラグメントイオンや分子イオンが検出されるため，スペクトルは複雑となる。しかし，添加剤に特徴的なイオン種は高分子のそれと明確に区別できることが多く，高分子表面への添加剤のブリードアウトの定量や分布観察が可能であり，TOF-SIMS が得意な分析のひとつとなっている。

3.4 TOF-SIMS による高分子の分析

3.4.1 高分子表面の劣化解析

TOF-SIMS による高分子の表面劣化解析の一例として，光劣化させた自動車用塗膜の分析結果を図1，2に示す。正2次イオンスペクトルではポリスチレンのような芳香族化合物に特徴的な $^{91}C_7H_7^+$，$^{105}C_8H_9^+$ が比較的強く，負2次イオンスペクトルではメタクリル酸エステルに特徴的な $^{85}CH_2C(CH_3)CO_2^-$，ポリウレタンのような CNO 構造を含む化合物に特徴的な $^{26}CN^-$，$^{42}CNO^-$ などが強くみられることから，自動車用塗膜の表面クリアー層の樹脂はこれらの混合成分と考えられる。光劣化前後でのスペクトルの変化は小さいため組成や化学構造の変化は明確ではないが，主なイオン種の強度をメタクリル酸エステルの強度を基準として光劣化前後で比較すると図2のような違いが見られる。光劣化後ではポリウレタン成分や微量に含まれているシリコーン成分の割合が増加しているほか，水酸基による寄与が大きい $^+CH_2OH$，$^+C_2H_4OH$，$^+C_3H_6OH$ などのフラグメント強度が増大している。XPS の測定結果においても，珪素の増加や C-O 成分の増加がみられた（表1，2）。なお，XPS の結果では窒素は減少傾向であり，一見 TOF-SIMS でみられるポリウレタンの増加と矛盾しているように思えるが，TOF-SIMS では光劣化前のみで光安定剤

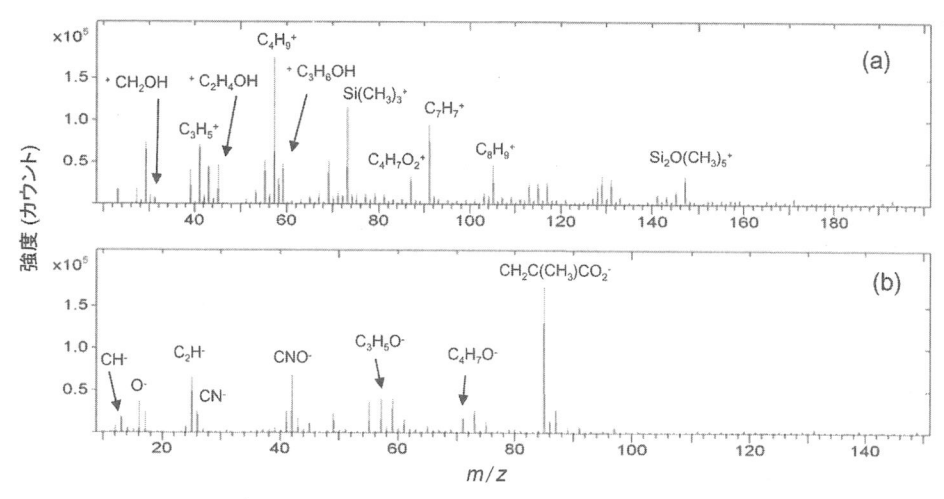

図1 自動車用塗膜（光劣化後）表面の TOF-SIMS スペクトル
(a) 正2次イオン，(b) 負2次イオン

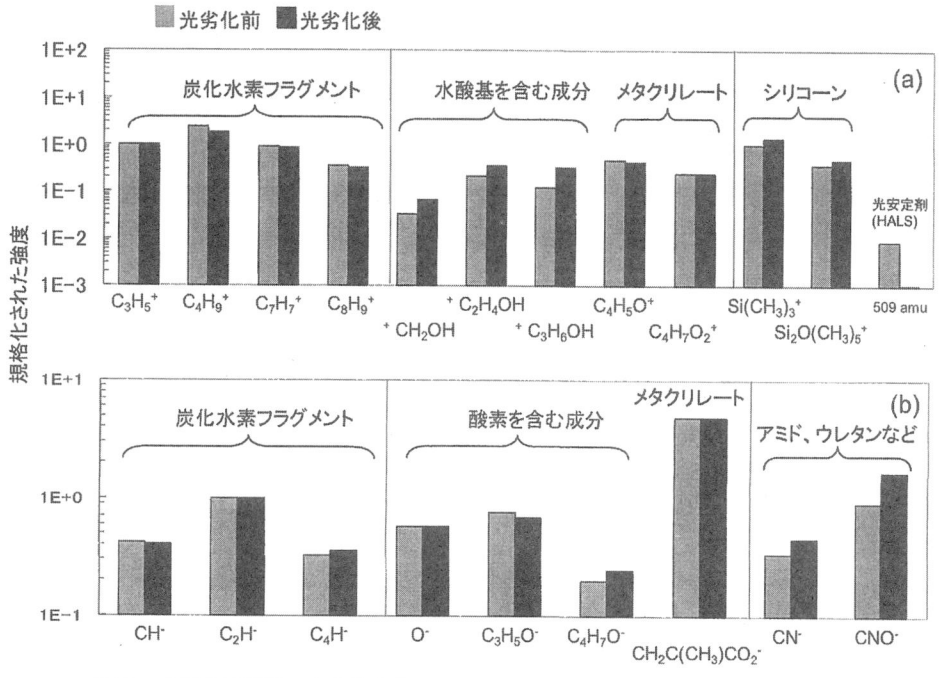

図2 自動車用塗膜の光劣化前後における TOF-SIMS フラグメント強度の比較
(a) 正2次イオン，(b) 負2次イオン

（HALS）が検出されており，光劣化によるこの成分の減少が大きく影響している可能性がある。

一般に，表面改質による高分子表面の変化や光や熱による劣化は複雑であり，その詳細を正確に捉えることは容易ではない。また，前述のように高分子表面の TOF-SIMS スペクトルに含ま

表1 XPSによる自動車用塗膜表面の元素組成（atomic%）

	C	O	N	Si
光劣化前	75.8	19.4	0.8	4.0
光劣化後	71.7	21.5	0.6	6.3

表2 C1sピークのピーク分離結果（%）

	CHx, C-C, C=C	C-O	O=C-O	π-π*サテライト
光劣化前	80	12	7	<1
光劣化後	79	14	7	<1

れる組成や化学構造の情報は豊富であるが，表面改質や劣化によって生じるスペクトル変化には様々な解釈が可能な場合も少なくない。したがって，スペクトル変化の意味を正確に解釈するにはXPSやFT-IRなどと組み合わせて考察することも必要である。

3.4.2 気相化学修飾法を用いた官能基の分布観察

接着性の向上を目的としたコロナ放電処理などの表面改質においては，一般に水酸基やカルボキシル基が高分子表面に導入され，これらの官能基が接着性の向上に寄与していることが知られている。これらの官能基の変化を定量的に評価することは重要であり，XPS測定（気相化学修飾法）などが利用されている[4]。残念ながらTOF-SIMSのスペクトルにおいて，これらの小さな官能基に特有のイオン種（他の官能基の影響を受けないイオン種）はみられない。たとえば，酸素を含む高分子の負2次イオンスペクトルにはHO^-や$HCOO^-$といったフラグメントイオンが検出されるが，これらはそれぞれ水酸基やカルボキシル基を直接反映したものではなく，エーテルやエステルなどの寄与も大きい。もう少し大きな化学構造として捉えられる$^+CH_2OH$や$^+CH_2COOH$などのフラグメントイオンでは他の官能基の影響は少なくなるが，官能基が結合している骨格部分の化学構造によっては様々に異なったフラグメントイオンとなることも考慮しなければならない。もちろん，これらのフラグメントイオンの解析は化学構造変化の詳細を理解するうえで重要であるが，非常に複雑な化学構造変化が予想される系では難解である。フッ素系試薬で水酸基やカルボキシル基をラベル化する気相化学修飾法は，これらの官能基を他の酸素を含む官能基と明確に区別し，高感度で検出するための前処理としてTOF-SIMS分析にも有用である。図3はPETフィルムの光入射面上に金属のメッシュを置き，紫外線照射を行った試料についてTOF-SIMS測定を行ったイオン像である。化学修飾前ではHO^-などのイオン像においてメッシュに対応したコントラストが見られるものの鮮明ではない。一方，気相化学修飾法を用いた測定では水酸基と反応したラベル化試薬である無水トリフルオロ酢酸によるフッ素を含むフラグメント

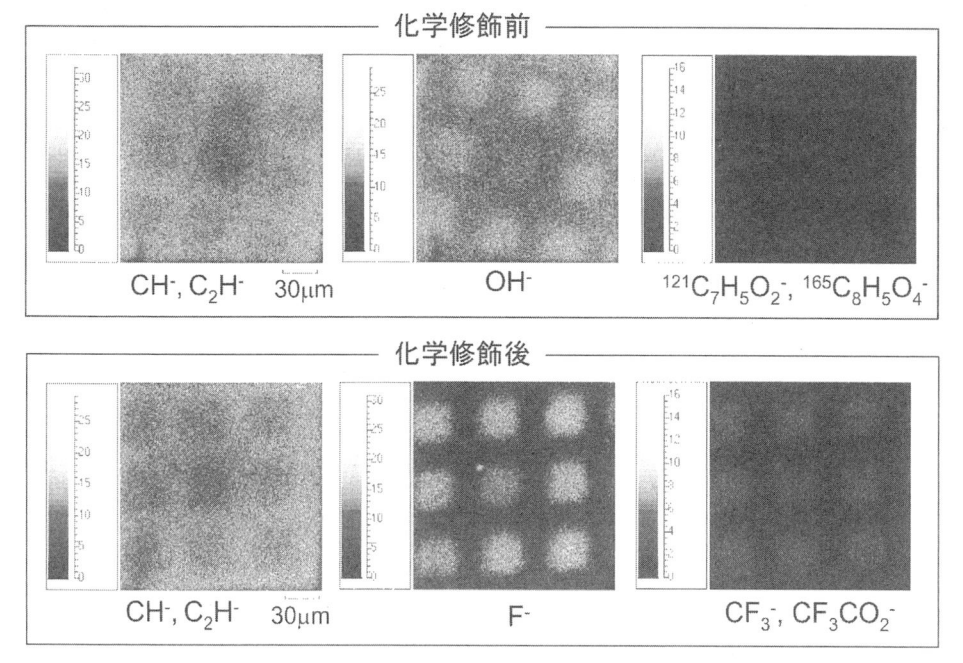

図3 PETフィルムの上に金属メッシュを置き,紫外線照射を行った試料表面のTOF-SIMSイオン像
上段:化学修飾前,下段:化学修飾後

が強く観測されており,フッ素(F^-)のイオン像ではメッシュに対応した明瞭なコントラストが得られている。このフッ素の分布は光劣化によって導入された水酸基の分布を表していることになる。一般に,イオン像はそのピーク強度が比較的強くなければ明確な分布を捉えることが難しいが,フッ素はTOF-SIMSで非常に感度の高い元素であるため分布観察に非常に有効である。

3.4.3 精密斜め切削法による有機物の深さ方向分析

通常,薄膜の深さ方向分析はイオンエッチングを用いて行われることが多い。しかし,高分子などの有機物に対してイオンエッチングを行うと,エッチング表面の化学構造変化は避けられず,得られる情報は元素情報に限られる。高分子の化学構造や添加剤についての深さ方向分析を行うためには,精密斜め切削法[5]とTOF-SIMSなどの表面分析手法を組み合わせた深さ方向分析が有効である。精密斜め切削法はダイヤモンドの刃で薄膜を直線的かつ非常に浅い角度で斜めに切削する加工技術であり,厚さ約100 nmの薄膜に対して長さ約100 μmの切削面を作製することができる。この切削面に対してTOF-SIMSのライン分析を行うことで,化学構造や添加剤の深さ方向分布を調べることが可能となる。図4,5にノボラック樹脂を主体とする化学増幅型フォトレジストの深さ方向分析の分析結果を示す[6]。レジストの膜厚は約160 nmであり,切削によって得られた約300 μmの直線的な切削面(傾斜面)に対してTOF-SIMSのイメージング測

定を行い，各成分に由来するイオン種についてのラインプロファイル（デプスプロファイル）を得たものである。デプスプロファイルによると，ノボラック樹脂による $C_7H_7O^-$ やメラミン（架橋剤）による CN^- の強度は深さ方向でほぼ均一であるが，微量に含まれているフッ素系スルホン酸エステル（光酸発生剤）による F^- や $CF_3SO_3^-$ は不均一であり，光酸発生剤は表面から約 40 nm の深さで極小となるような濃度分布であることがわかる。このような高分子の深さ方向分析は，単なる成分分析としてだけでなく，表面改質層の深さ分析や積層膜界面のミキシング状態の解析など様々な活用が試みられている。

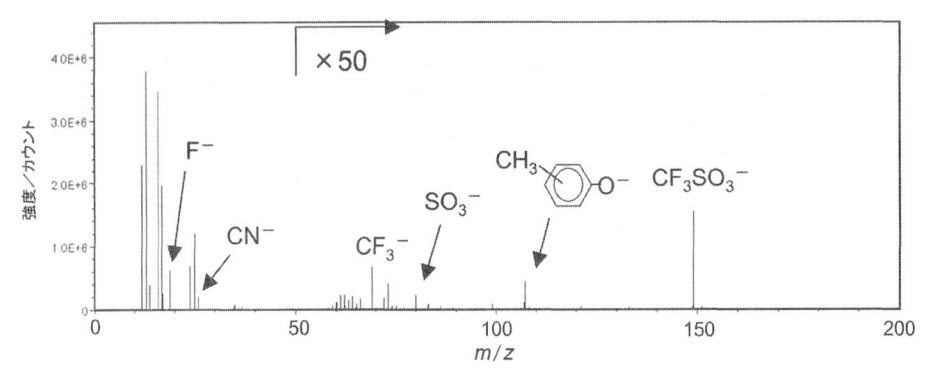

図4　化学増幅型レジスト切削面の TOF-SIMS スペクトル（負2次イオン）

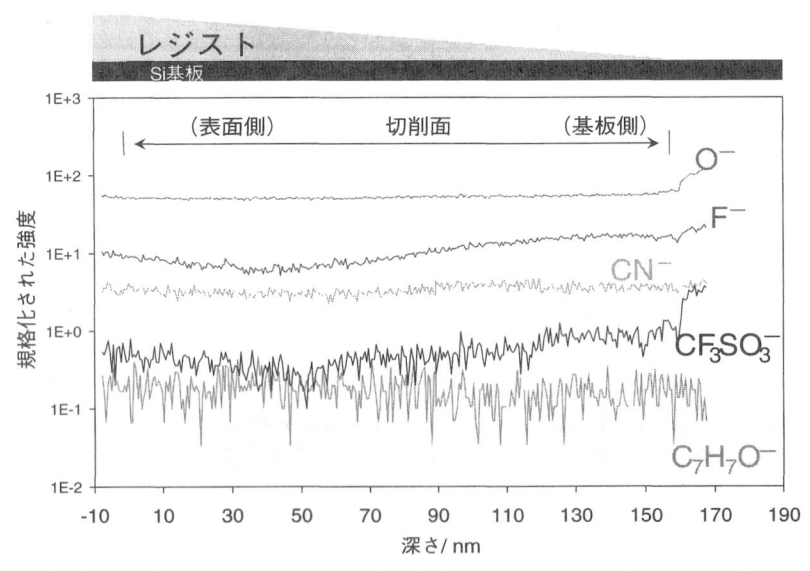

図5　斜め切削面の TOF-SIMS 測定により得られた化学増幅型レジストのデプスプロファイル

3.5 多原子イオンによる有機物の高感度化

市販のTOF-SIMS装置では，プローブである1次イオンとしてGa$^+$が主に用いられてきた。しかし，近年有機物による分子イオンや大きなフラグメントイオンを高感度に検出することを目的とした1次イオンとして，AuやBiなどのイオン種が用いられるようになっている。AuやBiのイオン源からはAu$^+$，Bi$^+$といった原子イオンだけでなく，Au$_3^+$やBi$_3^+$，Bi$_3^{2+}$などの多原子イオンが発生し，これらの重いイオン種を一次イオンとして測定試料に照射した場合，従来のGa$^+$よりもイオン化がマイルドに進行する[7]。このため測定対象が有機物であった場合，その化学構造を保ったままイオン化される分子イオンの割合が多く，部分的に開裂したフラグメントイオンにおいても，より化学構造を維持した（質量数の大きい）フラグメントイオンの割合が多くなる。したがって，有機物の化学構造についての情報量が飛躍的に増大することとなる。特にその効果は原子イオンよりも多原子イオンのほうが大きい[8]。また，Biイオン源においては二価のイオンであるBi$_3^{2+}$も利用でき，この場合実効的な加速エネルギーが通常の2倍となるため，より空間分解能の高い分析（100 nm以下）が可能となる。図6，7はポリウレタン樹脂の表面における添加剤（酸化防止剤，紫外線吸収剤）をGa$^+$とAu$^+$，Au$_3^+$の1次イオンで測定し，ピーク強度の違いを比較した結果である。ポリウレタン表面からはフェノール系酸化防止剤による219，569，774 amuのフラグメントイオンとベンゾトリアゾール系紫外線吸収剤による322，352 amuのフラグメントイオンおよびCa，Baなどの無機元素が検出されている。検出されたイオン種の強度を比較すると，Ga$^+$による測定では無機元素の強度が強く，Au$^+$やAu$_3^+$による測定では有機物のフラグメントイオンが強い。有機物については特に高質量数のフラグメントイオンほど強度差は顕著であり569，774 amuのピークにおいて，Au$^+$ではGa$^+$よりも約2桁強く，Au$_3^+$では約3桁強い。また，1次イオンとしてさらに大きなクラスターイオンであるC$_{60}^+$も実用化されておりその効果は非常に大きいが，この場合はイオン源が液体金属イオン源でないためビーム径を1 μm以下に絞ることは難しく，微小部の測定や空間分解能の高いイメージング

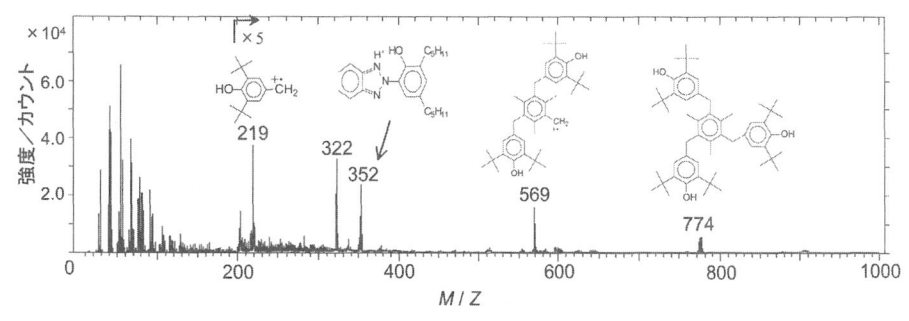

図6　1次イオンにAu$_3^+$を用いて測定したポリウレタン表面のTOF-SIMSスペクトル（正2次イオン）

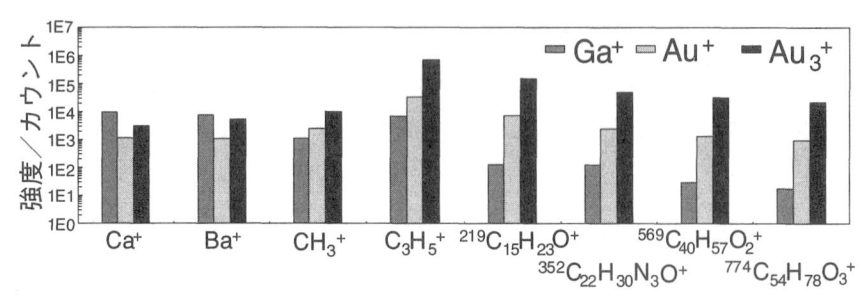

図7 異なる1次イオンでTOF-SIMS測定したポリウレタン表面のピーク強度の比較

測定には適さない。なお，C_{60}^+によるスパッタリングは試料表面のダメージが非常に小さいため，プローブ用の1次イオンとしてだけではなく，デプスプロファイル用のエッチングイオンとしても使用されつつある。

3.6 おわりに

TOF-SIMSはその表面感度の高さと多様な情報を与えてくれることから，今や欠くことのできない表面分析手法の一つとなっている。さらに，近年における市販装置の発展の方向は有機物に対する高感度化（ダメージの低減）と1次イオンビームの微細化であるが，どちらも年々向上しており，分析手法としての可能性が広がってきた。高分子表面の分析においても様々な情報を与えてくれることは間違いないが，現実にはそのスペクトルの解釈の難しさを感じることも少なくない。TOF-SIMSを用いた高分子表面の分析においては，測定によって得られた結果を正確に解釈する努力を続けていく必要がある。

文　　　献

1) J. C. Vickerman et al., "TOF-SIMS: Surface Analysis by Mass Spectrometry", SurfaceSpectra (2001)
2) 日本表面科学会編，表面分析技術選書　二次イオン質量分析法，丸善（1999）
3) J. C. Vickerman et al., "The Wiley Static SIMS Library", John Wiley & Sons Ltd (1996)
4) Y. Nakayama et al., Surf. Interface Anal., **24**, 711 (1996)
5) N. Nagai et al., Surf. Interface Anal., **34**, 545 (2002)
6) N. Man et al., Appl. Surf. Sci., **231–232**, 353 (2004)
7) R. Kersting et al., Appl. Surf. Sci., **231–232**, 261 (2004)
8) A. Wucher, Appl. Surf. Sci., **252**, 6482 (2006)

4 赤外反射吸収分光法

寺前紀夫*

4.1 概要

　反射吸収法（RAS：Reflection Absorption Spectroscopy）は偏光反射法，高感度反射法などといわれ，特に金，銀，銅，アルミニウムなどの平滑な金属基板上の有機薄膜の測定に有効である。入射面に平行な偏光を大きな入射角（例えば80度程度）で試料に入射してスペクトルを測定することにより薄膜の定量，配向解析などができる。金属表面に物理吸着やLB法，真空蒸着法などによって調製した有機薄膜，高真空下での金属単結晶表面上の吸着分子，触媒反応や電極反応条件下における金属表面上の吸着分子の解析など多くの分野で利用されている[1,2]。測定系は非金属であるガラスや半導体などの基板上の薄膜に対しても適用できる。

4.2 原理

　界面で光が反射するとき，入射光と反射光とで作られる平面を入射面という。図1に示すように光の電場ベクトルが入射面と平行な直線偏光を平行偏光（p-偏光），入射面と垂直な直線偏光を垂直偏光（s-偏光）という。sとpはそれぞれsenkrechtとparallelに由来する。金属基板表面における光の反射は入射光の偏光状態と入射角によって大きく変化することが知られている[3]。図2に示すようにs-偏光が金属表面で反射するとき光の位相は入射角に関わらずほぼ−180度と反転することになる。このため，入射光と反射光の二つの光波は反射点近傍では互いに打ち消し合うことになり，基板表面に平行な電場強度はほぼゼロとなる。このため，基板に平行な双極子モーメント変化は光と相互作用できないことになる。一方，p-偏光では入射角が90度近くにならない限り，光の位相変化はほとんど一定で，入射光と反射光の電場ベクトルは共に金属基板に垂直方向を向いてお互いに強め合い，入射角が大きい方がより強い電場が基板垂直方向に形成される。したがって，p-偏光を用いると基板に垂直な双極子モーメント変化が相互作用できることになる。非金属基板でも同様の電場増大が得られるが金属基板に比較するとその効果は小さい。大きな入射角 θ を用いると，光の照射面積が $1/\cos\theta$ 倍増大するので測定感度の向上につながる。

　赤外反射吸収法では，図3に示すように基板上の厚さ d の薄膜に空気中から光が入射する3相系をとる。ここで $\hat{\varepsilon}$ は各相の複素誘電率で複素屈折率を $\hat{n}$ とすると $\hat{\varepsilon}=\hat{n}^2$ で，θ_1 が入射角，θ_2 が屈折角である。複素屈折率は $\hat{n}=n-ik$ で表され，実数部の n は屈折率，虚数部の k は光吸収と関係する消衰係数である。波長 λ の光に対して，吸光係数 α と消衰係数 k とは以下の式

＊　Norio Teramae　東北大学　大学院理学研究科　化学専攻　教授

高分子の表面改質・解析の新展開

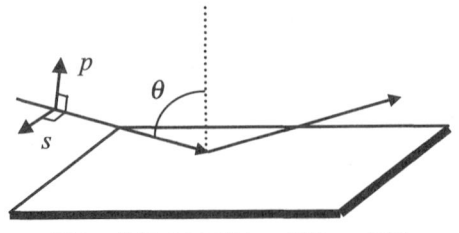

図1　基板での反射とs-偏光・p-偏光

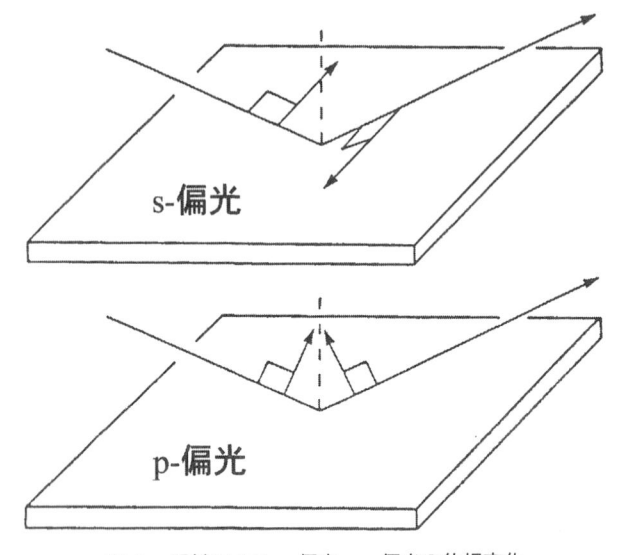

図2　反射によるs-偏光・p-偏光の位相変化

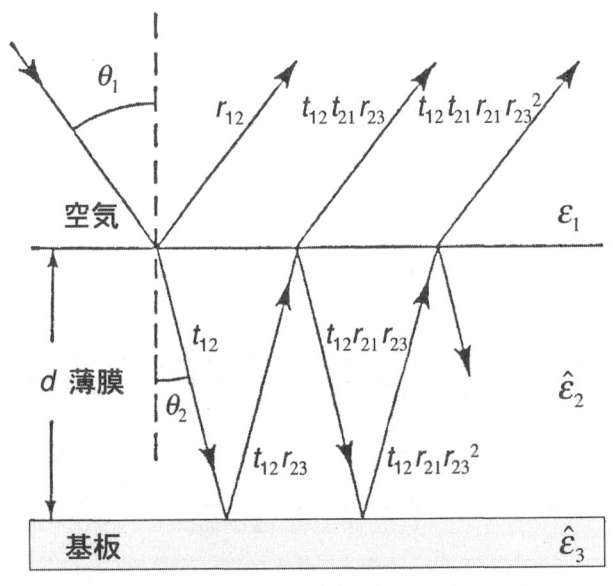

図3　空気／薄膜／基板の3相系での反射と透過

で関係づけられる。

$$\alpha = \frac{4\pi k}{\lambda} \tag{1}$$

光が第1相／第2相の界面に入射するとき，光は第1相／第2相，第2相／第3相とで次々と反射されるので，反射光束は無数の平行光束の重なったものとなる。この3相系でのフレネル反射係数 r_{123} は次式で表される。

$$r_{123} = r_{12} + t_{12}t_{21}r_{23}\exp(-2i\beta) + t_{12}t_{21}r_{21}r_{23}^2\exp(-4i\beta) + \cdots \tag{2}$$

ここで，r_{12} は第1相／第2相の界面での反射係数，t_{12} は第2相内の透過係数，β は第2相の位相厚さで

$$\beta = \frac{2\pi \dot{n}_2 d \cos\theta_2}{\lambda} \tag{3}$$

で与えられる。$r_{21} = -r_{12}$，$t_{12}t_{21} = 1 - r_{12}^2$ の関係を使って(2)式を無限等比級数の形で表すと以下のようになる[3]。

$$r_{123} = \frac{r_{12} + r_{23}\exp(-2i\beta)}{1 + r_{12}r_{23}\exp(-2i\beta)} \tag{4}$$

実際に測定されるのはエネルギー反射率 R で，$R = r \times r^* = |r^2|$ で与えられ，薄膜の無いときの空気／基板のエネルギー反射率 R_0 と薄膜の存在するときの反射率 R とを測定することになる。(4)式はやや複雑な形をしているがMcIntyreらは[4]薄膜の厚さが光の波長に比較して十分小さいとする線形近似により簡略化した式を導出した。薄膜の厚さ d が光の波長 λ に比べて極めて小さければ，位相厚さ β は極めて小さくなるので，(4)式を β の一次の項まで展開する。第2相が高分子のような有機薄膜であると，$n_2^2 \gg k_2^2$ が成立し，展開した式は以下のように簡単な式で与えられる。

$$\frac{R - R_0}{R_0} = \frac{\Delta R}{R_0} = -\frac{4n_1^3 \sin^2\theta_1}{n_2^3 \cos\theta_1}\alpha d \tag{5}$$

ΔR は薄膜の存在によって生じる反射率の変化である。第2相を透過法で測定する場合は，入射光強度 I_0，透過光強度 I に対して

$$\frac{I - I_0}{I_0} = \frac{\Delta I}{I_0} = -\alpha d \tag{6}$$

で与えられるので，透過法による赤外吸収の測定に比較して(5)式の αd にかかる係数の分だけ，RAS法の方が高感度になる。この係数のうち，$1/\cos\theta$ は照射される試料面積の増大に由来

し，$4n_1^3\sin^2\theta_1/n_2^3$ が第1相での振動電場の強度を1としたときの第2相中の電場強度の増大によるものである。

(5)式から分かるように入射角は大きい方が感度が高くなるが，(5)式の近似式は80度をこえる入射角では成立しない。最適入射角は基板の種類や波長によって変化するが，実際上は70～80度程度の入射角で測定が行われている。また，(5)式で $\Delta R/R_0$ は膜厚に比例するので，RAS法は薄膜の厚さ測定にも応用できる。

RASの特徴の一つに表面選択律がある。RASによるスペクトルには基板に垂直な遷移モーメントを持つもののみが現れる。このことからRASでは金属基板表面の化学種の配向に関する情報が得られ，表面処理や吸着などの際の分子配向解析に応用されている。金の基板上にある10Å厚さのアセトン膜に対してs-偏光とp-偏光による吸収の様子を計算した結果を図4に示す。p-偏光では入射角が大きくなるとともにその吸光度は大きくなり88度付近で最大となる。一方，s-偏光では吸光度は入射角と共にわずかに小さくなっていく。88度の入射角ではs-偏光に比較しp-偏光では約 10^5 程度強度が大きいことになる。透過法と比較すると約1桁から2桁近くの感度増大が得られる。一方，シリコンを基板とした場合には，金属基板ほど大きな感度増大は得られないがRAS法が適用可能である[5]。また，光弾性変調子（photoelastic modulator）などを使ってp-偏光とs-偏光とを交互に発生させて試料に入射する偏光変調法（polarization modulation）を用いると配向に関する情報のみを取り出すことができる。フーリエ変換赤外分光法を用いた場合には可動鏡の移動速度により赤外スペクトルの 400～4000 cm^{-1} の波数領域が 1～2 kHz 程度で変調されるので偏光変調を数十 kHz で行い，ロックインアンプなどの狭帯域フィル

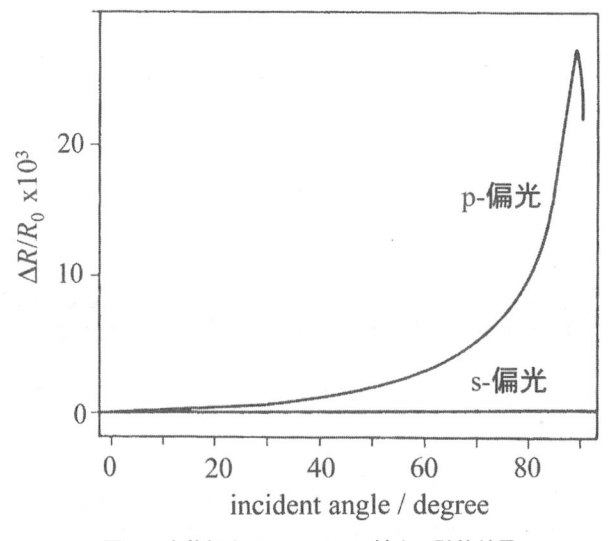

図4　金基板上のアセトンに対する計算結果

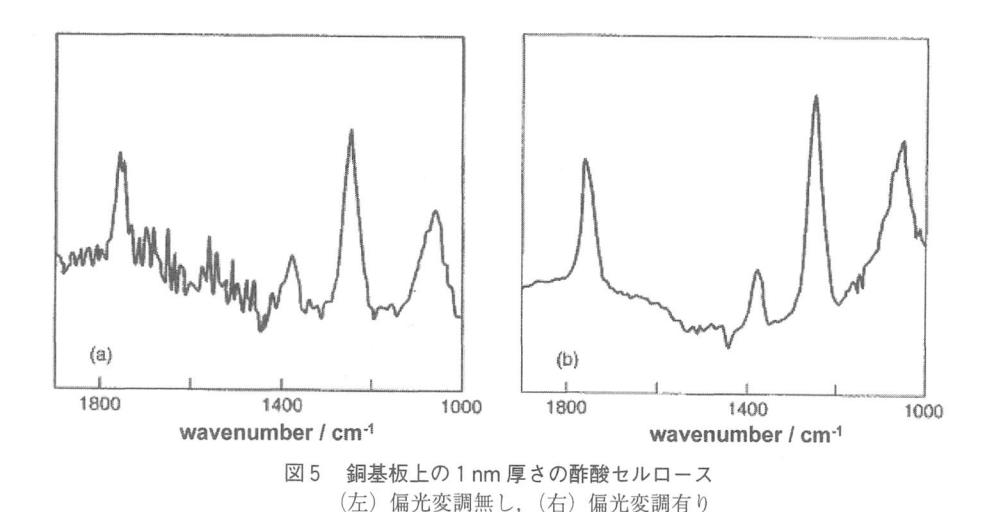

図5　銅基板上の1nm厚さの酢酸セルロース
（左）偏光変調無し，（右）偏光変調有り

ターで変調周波数成分を取り出すことで図5に示すように水蒸気などの偏光に依存しないバックグラウンド信号を除去できる[6]。

4.3　応用

RASは金属表面やセラミックス表面に物理吸着やLB法，真空蒸着法などによって調製した有機薄膜，高真空下での金属単結晶表面上の吸着分子，触媒反応や電極反応条件下における金属表面上の吸着分子の解析など多くの分野に用いられている。

図6はガラス基板上に約1200Åの厚さで銀，銅，アルミニウム，クロムを蒸着し，その上に180Å厚さのポリメチルメタクリレート（PMMA）をスピンコートした試料のRAS測定結果である[7]。図で，銀から銅，アルミニウム，クロムへと基板が変わるにつれて，3000 cm^{-1}領域でSN比が低下していること，また，1732 cm^{-1}のCO伸縮振動領域でピーク強度が低下していくことが示される。これはクロムの反射率が銀よりも小さく，ピーク強度が最大となる最適入射角もクロムで85度，銀で88度と異なっているためである。基板の材質を変えるときには信号が最大になるように入射角を設定する必要がある。また，図中の－$COOCH_3$基に由来する1150 cm^{-1}と1270 cm^{-1}の吸収帯の相対強度は各基板で異なっており，このことは基板によって官能基の配向の状況が変化していることを示唆するものである。図7は銀基板上の厚さ25ÅのPMMAの測定結果であるが，好適な場合には，数Å程度という極めて薄い有機薄膜の高感度な測定が可能となる。RASの特徴である表面選択律を利用すると有機薄膜の配向に関する情報も得られる。

図8はアルミニウム基板の上に物理吸着させたアラキジン酸の赤外スペクトルをRASで測定し，それをKBr錠剤法による結果と比較したものである[8]。KBr錠剤法では分子はランダムに配向し，赤外吸収強度はメチル基，メチレン基の数に依存するので，メチレン基による吸収が強く

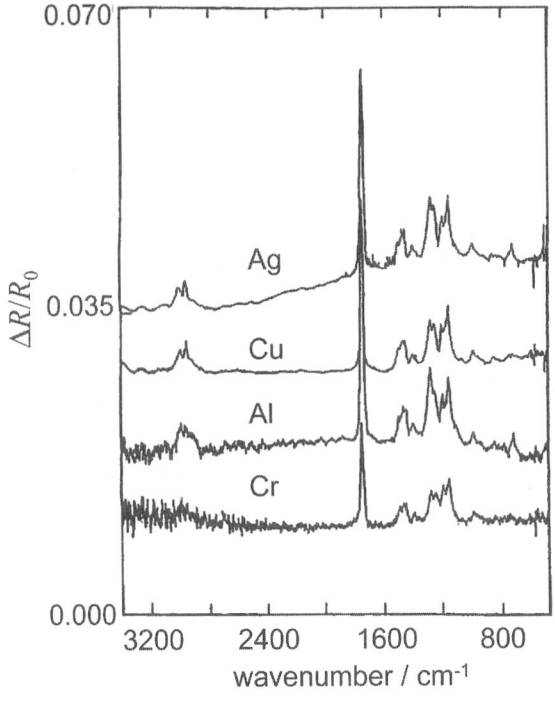

図6　各種基板上のポリメチルメタクリレート薄膜のRAS

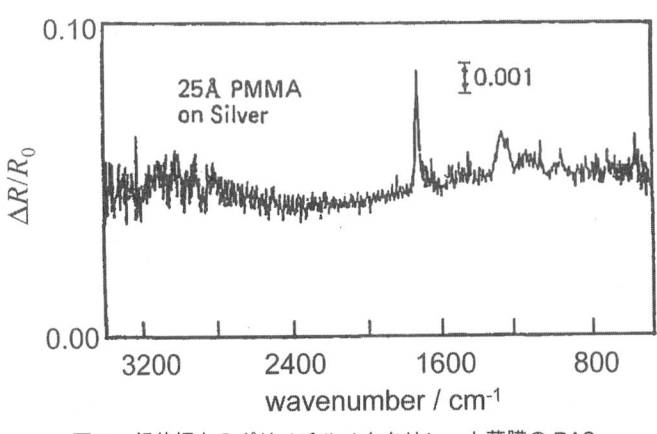

図7　銀基板上のポリメチルメタクリレート薄膜のRAS

現れている。メチレン基はC_{2v}の対称性を持ち，対称伸縮振動はC_2軸（2個の水素原子を結ぶ直線に直交する方向）に平行に，また逆対称伸縮振動はC_2軸に直交する方向に振動に伴う遷移モーメントがあり，いずれもメチレン基が作る面内にある。一方，メチル基の対称，逆対称伸縮振動はC_3軸方向に遷移モーメントを持つ。透過法に比較してRASでは2879 cm^{-1}と2966 cm^{-1}

図8 アラキジン酸の赤外スペクトル

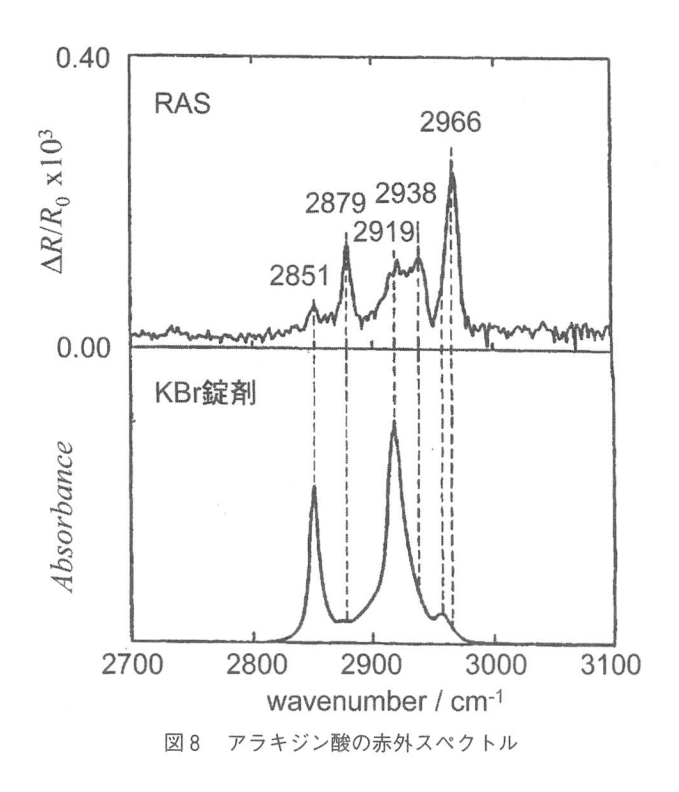

のメチル基の対称，逆対称伸縮振動が強く，2851 cm^{-1} と 2919 cm^{-1} のメチレン基の対称，逆対称振動が弱く現れている。この事実から，表面選択律を考慮するとメチレン基が基板にかなり並行に配向していて RAS では弱く観測され，メチル基は基板に垂直に配向しているので RAS では強く現れている，と考えられる。つまりアラキジン酸の炭素鎖が基板に垂直な状態になっていることが示唆される。また，同様な配向性に関する議論は LB 膜についても数多く研究が行われている。図9は銀基板上の7層のステアリン酸カドミウム LB 膜の RAS と ZnSe 基板上の同じ LB 膜の透過スペクトルとを比較したものである[9]。この LB 膜は極めて安定で基板による構造の変化も少ないと言われている。さて，図の RAS スペクトルでは 1433 cm^{-1} の COO$^-$対称伸縮振動と 1400〜1180 cm^{-1} に現れる CH$_2$ 基の縦揺れ振動に基づくバンドプログレッションが強いのに対し透過スペクトルでは弱いことが分かる。COO$^-$対称伸縮振動はメチレン基同様，C$_2$ 軸に平行な方向に振動に伴う遷移モーメントがあるので，これが RAS で強いことは COO$^-$ 基の C$_2$ 軸が基板に対して垂直であることを示唆している。また，RAS スペクトルでは弱いが透過スペクトルでは 1543 cm^{-1} の COO$^-$ 逆対称伸縮振動と 2919 cm^{-1}，2851 cm^{-1} に現れる逆対称，対称 CH$_2$ 伸縮振動が強いことが示される。透過法では基板に平行に電場成分が存在するのでメチレン基の伸縮振動の遷移モーメントが基板に対して平行になっていることが分かる。RAS による強度と透過法による強度の比をとり，若干の計算をすることによりその吸収帯の遷移モーメントの配向角が求め

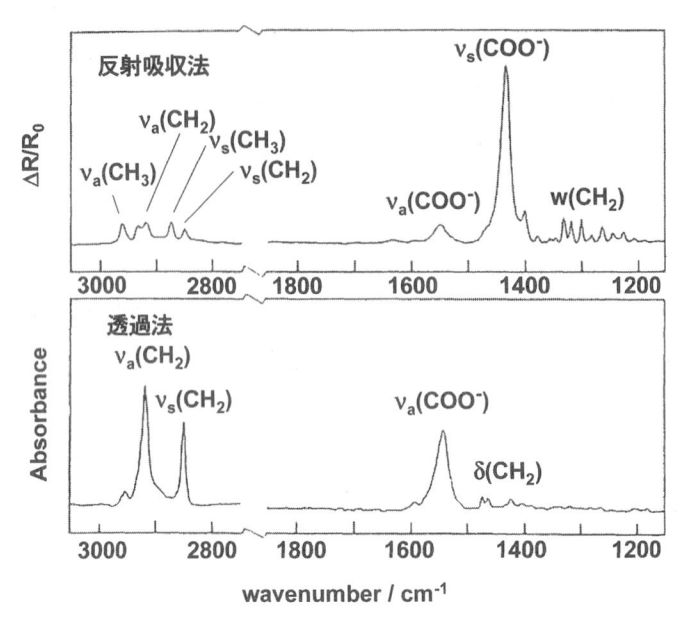

図9 ステアリン酸カドミウム LB 膜（7層）の赤外スペクトル
（上）銀基板での RAS，（下）ZnSe 基板での透過

られる．これに基づいて炭化水素鎖の配向角が70度であると決定される[9]．配向角はLB膜の作製方法や基板の平滑度などに影響されるが，ここで得られた値は他の方法によって求められた値とほぼ同程度のものとなっている．

RASは一般的には平滑な金属基板上の薄膜に対して適用されているが，測定系自体は粗面基板に対しても，また金属以外のシリコンなどの半導体基板やガラス基板に対しても適用でき，シリコン表面での水素化反応の解析[10]に用いられたりしている．しかしこのような場合，s-偏光とp-偏光の両偏光に対してスペクトルは観測され，ピークの符号は入射角や吸収帯によって正，負の両方をとり得る．これは(5)式を導出した仮定がもはや当てはまらないためで，表面選択律も失われることになり，スペクトルの解析を行う場合には(5)式導出の出発点であるフレネルの式にたち戻って考える必要がある．

文　　献

1) 末高洽編著，表面赤外およびラマン分光，アイピーシー（1990）
2) 末高洽，分光研究，31, 195（1982）

3) R. G. Greenler, *J. Chem. Phys*., **44**, 310 (1966)
4) J. D. E. McIntyre, *Surf. Sci*., **24**, 417 (1971)
5) T. Shirafuji, H. Motomura, K. Tachibana, *J. Phys. D Appl. Phys*., **37**, R 49 (2004)
6) A. E. Dowrey, C. Marcott, *Appl. Spectrosc*., **36**, 414 (1982)
7) J. F. Rabolt, M. Jurich, J. D. Swallen, *Appl. Spectrosc*., **39**, 269 (1985)
8) D. L. Allara, R. G. Nuzzo, *Langmuir*, **1**, 45 (1985)
9) J. Umemura, T. Kamata, T. kawai, T. Takenaka, *J. Phys. Chem*., **94**, 62 (1980)
10) 宇理須, 野田, 王, 山村, 表面科学, **24**, 260 (2003)

5 微小切削法による表面・界面の解析

木嶋芳雄[*1], 西山逸雄[*2]

5.1 はじめに

各種製品を構成している複合材料の表面・界面近傍の評価項目はいろいろあるが，表面観察であれば代表的なのが，光学顕微鏡，電子顕微鏡などによる観察で，表面の機械的特性としては，硬さ，平滑性，磨耗特性などの評価が多い。また，界面近傍の重要な課題は，接着あるいは付着性能の評価であろう。各材料間の付着・剥離強さの評価として，ピール剥離，せん断剥離，碁盤目テープ剥離（クロスカット法）などが行われている。しかしこれらの試験を行うためには，測定用サンプルの作成に時間がかかること，大面積のサンプルが必要なこと，試験方法によっては数値化が難しいこと，碁盤目テープ剥離では，付着しない材料や凹凸のあるものは難しいこと，接着材が使えない材料では付着強度の評価は不可能であるなどの課題を抱えている。また，室温以外に低温や高温状態での評価も要求されることもあり，通常の装置では難しい問題もある。さらには，被着体の厚みが1μmより薄いものや硬くて脆いものなどは評価が難しい。薄膜の性状解析を例に挙げると，レジスト膜，大規模集積回路における多層配線技術や液晶パネル用光学フィルム，有機EL，LCD等多層膜材料の各層の分析や界面の詳細な解析（例えば，薄膜層内における分子構造，相分離構造，添加剤の分散，エレクトロマイグレーション，ストレスマイグレーションによる金属元素の偏析，添加剤のブリードアウトによる移行などの解析，界面の解析）等が要求されている。

本節では，プラスチックの二次加工である切削を応用した方法で，表面から内面さらには界面と連続的に切込み，そのとき得られる切削力から材料の機械的特性を評価する微小切削法により，その可能性を紹介する。

5.2 微小切削法とは[1,2]

微小切削法とは，表面から内面，さらには異種材料であれば界面近傍まで連続的に切込み，その時の水平力・垂直力と刃先の試料表面からの位置をコンピュータに取り込み，グラフ化或いは数値化して解析ソフトにより材料の諸物性を評価解析するシステムである。

この方法は，表面・界面物性解析装置（以下，SAICAS（サイカス）と記す）を用いた方法でサイカス法とも言われている。"SAICAS"とは"Surface And Interfacial Cutting Analysis System"の頭文字を綴った造語である。この装置では，JISに規定されているような特別な試験片に加工

[*1] Yoshio Kishima ダイプラ・ウィンテス㈱ 代表取締役社長
[*2] Itsuo Nishiyama ダイプラ・ウィンテス㈱ サイカス営業本部 西日本営業部 部長

する必要がなく，温度対応も簡便で，しかも微少量・面積で材料の諸特性（せん断強度や剥離強度）を特定できる評価システムである。

切削評価システムとしてのSAICAS装置は，要素としてSAICAS装置本体，切刃，コンピュータ，測定条件，試料，オペレータ等がありその構成を図1に示した。

5.3 SAICASの原理

SAICASの測定原理を図2に示した。SAICASは，鋭利な切刃を用いて，水平と垂直の2軸運動により，試料の内部に斜めに切込むことで"せん断強度"を，界面近傍での界面運動で"剥離強度"を測定する。

測定は，切刃稜を試料表面に平行に合わせ，所定の荷重で接触させ，水平方向と垂直方向の2軸方向に運動させる。切刃は被着体を切削して界面近傍に到達した時点で，垂直運動をロックするかバランス荷重（W_B）*に調整して界面に平行に運動させる。材料の構造によりいろいろな切削線図（F_Hパターンと称す）が得られるが，単層膜を定荷重モード（weight control mode：WCMと称す）で表層から切削した場合のグラフ「SAICAS切削線図」を図3に示す。定荷重モード（WCM）による測定を図3により説明すると，まず，切刃をサンプル表面に合わせる。次に所定の押圧荷重（W）を加える。切刃は，サンプル内に押し込まれるので，その深さから硬さを評価することができる。次に，所定の押圧荷重（W）になると切刃は水平運動を開始し試料内

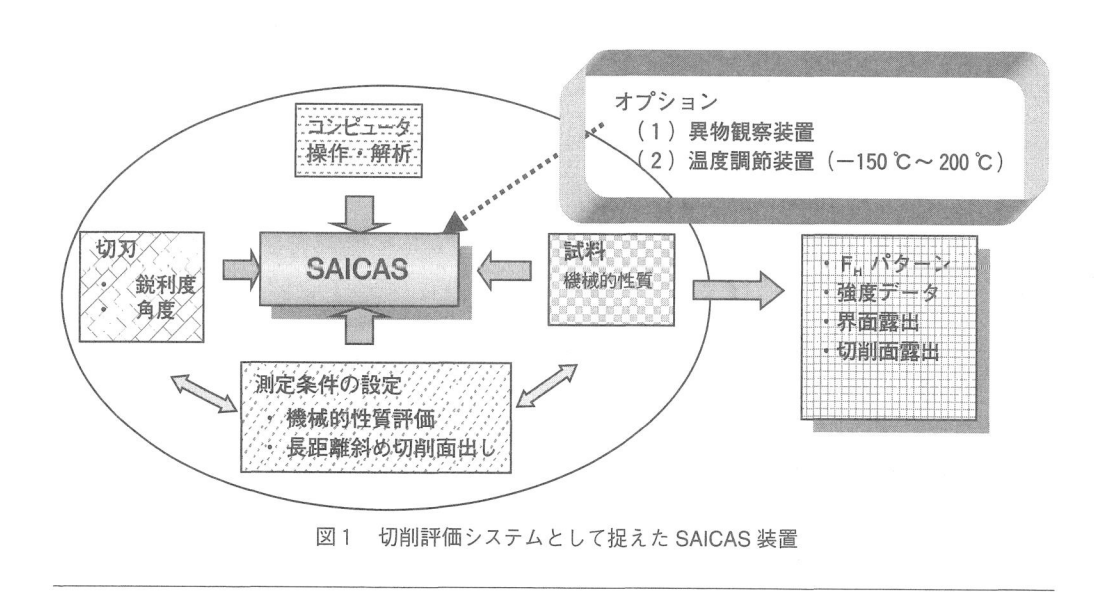

図1 切削評価システムとして捉えたSAICAS装置

＊ バランス荷重（W_B）：垂直方向の刃先の位置制御を荷重で行う。切刃は基材を軽く擦るか，ほとんど擦らない状態の押圧荷重。

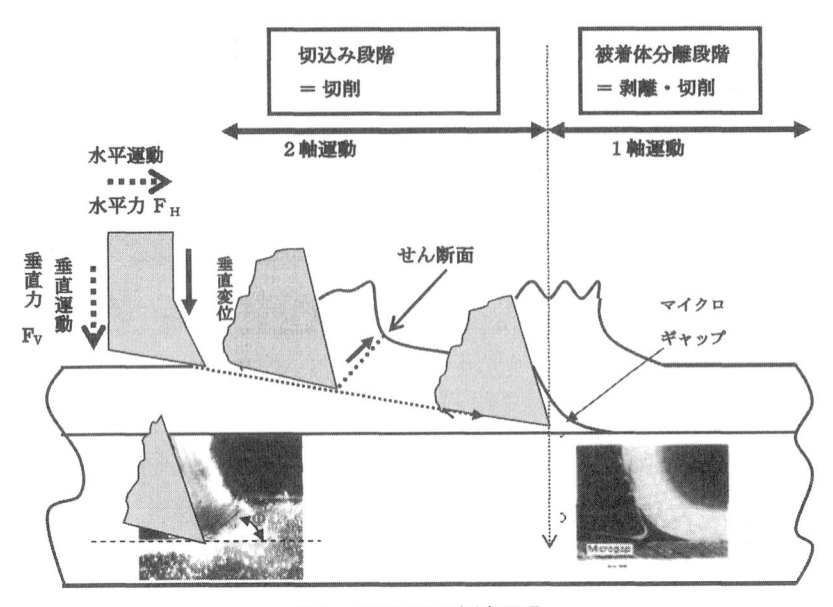

図2　SAICASの測定原理

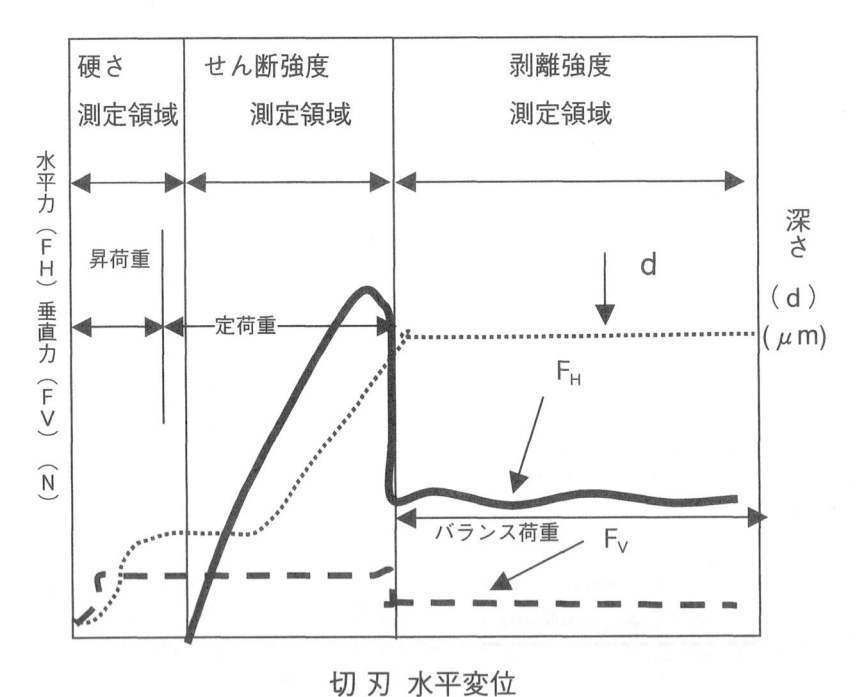

図3　SAICAS切削線図（F_Hパターン）

に切り込む。これが切込み段階であり，切刃が深くなるにつれて水平力（F_H）が上昇する。この領域で，せん断強度（τ）の深さ方向での解析を行なう。材料の性質の違いや構成材料の種類によって切削力に違いが生じる。次に界面近傍に近接すると最弱層付近で微小亀裂が発生し水平力（F_H）が低下する。切刃が界面近傍に到達した時点で切刃の押圧荷重（W）を制御しバランス荷重（W_B）として基材表面を軽く接触しながら界面運動する。界面運動を継続して行なうことによって被着体を基材から分離する。

最初の切込み段階で材料のせん断強度（τ）の計算を，グラフの形状の比較から機械的特性などの違いを判断する。また，被着体分離段階の界面運動のデータから付着性の評価が可能となる。SAICAS DN 型の写真を示す（写真1）。

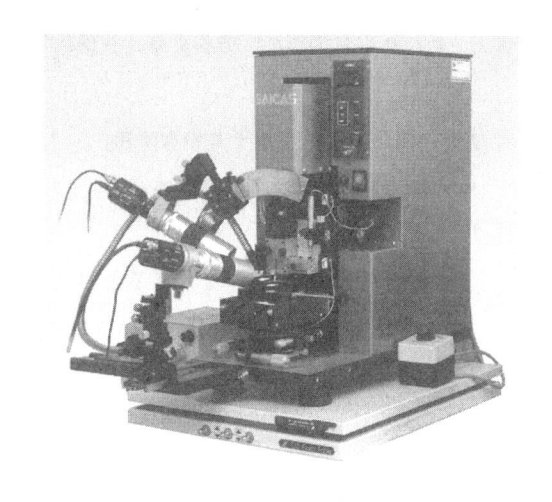

写真1　DN型

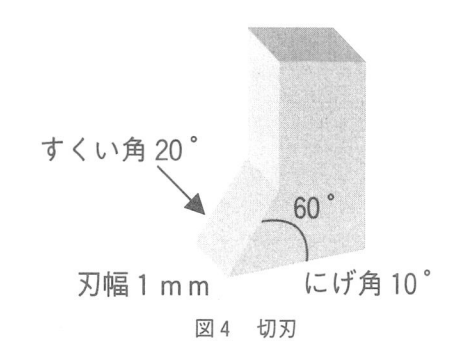

図4　切刃

5.4 切刃について

現在，SAICAS に用いられる標準切刃は，図4のように，すくい角20°，にげ角10°，刃角60°の形状で，刃幅は，1 mm あるいは 4 mm となっている。材質は単結晶ダイヤモンド（C・DIA），超硬材料（焼結合金）を標準とし，薄膜を測定する場合には前者を用いる。切刃稜（切刃先端）の鋭利度（切刃稜丸味）は超硬材料で約 2 μm，単結晶ダイヤモンドで約 50 nm 以下といわれている。

切刃の鋭利度は SAICAS にとって"非常に重要なポイント"であり，それが低下すると，得られるグラフ（F_H パターン）が変化する。

ただし"せん断強度"と"剥離強度"は，鋭利度の低下を次の理由で補完できる。

① 剥離の場合，切刃稜前方に隙間（マイクロギャップ Micro gap）があるため，基本的には，

切刃稜は使わず切刃すくい面で被着体を押し付けて剥離させていること。
② また"せん断強度"の場合は，$F_H \cdot d$ 線図（図5）のグラフの傾きを用いて計算するため，鋭利度の低下の影響を受けない。

5.5　切削

SAICAS による切削は，図5の模式図のように材料のせん断破壊を伴う現象であり，それによって生ずるせん断角，切削のベクトルを示す。

5.5.1　ベクトル

切刃先端のベクトルは，マーチャントの切削理論[3,4]では，材料中の一定深さを切削することによりせん断強度を求めるが，この切削状態における切刃先端のベクトルを図6に示す。図中，切刃すくい面の垂直押圧荷重（N）とすくい面の摩擦力（F）から合力（R）が求まる。各種記号の内容を次に示す。

　　R'：合力で R と反対の力，β：摩擦角，α：すくい角，θ：R と水平とのなす角，
　　ϕ：せん断角，$\pi/4$：F_S と R のなす角，F_S：せん断力，F_V：垂直力，F_H：水平力，
　　W_B：バランス荷重，F_V と同等で反対の方向の力。

この場合，切刃先端には垂直力 F_V が生じており，この力と同等の荷重 W_B を加えるとベクトルの合力は水平方向となり，所定の深さでバランスを保つことが可能となる。合力（R）の方向は，図7のように切刃のすくい角で異なり，それが大きいと上向きで刃先には引張力が発生する。

$$45° = \phi + \beta - \alpha \tag{1}$$
$$\phi = 45° + \alpha - \beta$$
$$\theta = \beta - \alpha$$
$$\theta = \tan^{-1}(F_V/F_H)$$
$$\phi = 45° - \theta$$

　　$\theta = 0$ の時 $\phi = 45°$，F_V はゼロ
　　$\theta > 0$ の時 $\phi < 45°$，F_V は上向き→引張
　　$\theta < 0$ の時 $\phi > 45°$，F_V は下向き→圧縮

第 2 章　表面解析技術

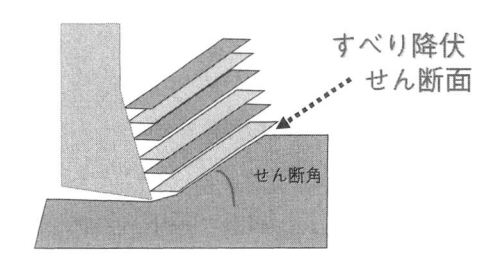

せん断形（流れ型切削）

図 5　せん断模型

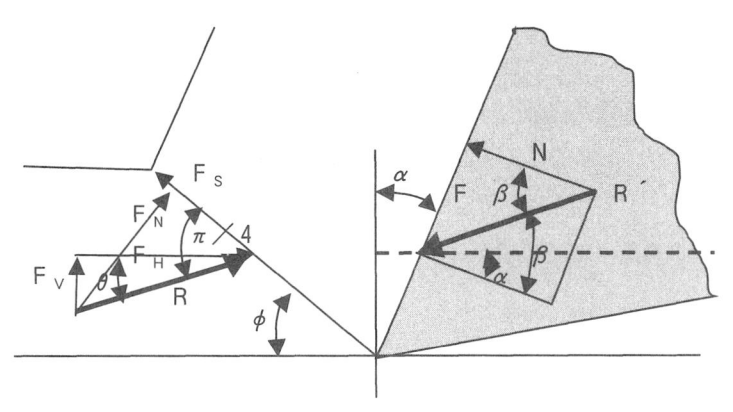

図 6　切刃先端のベクトル

(a) すくい角：小　　　(b) すくい角：大

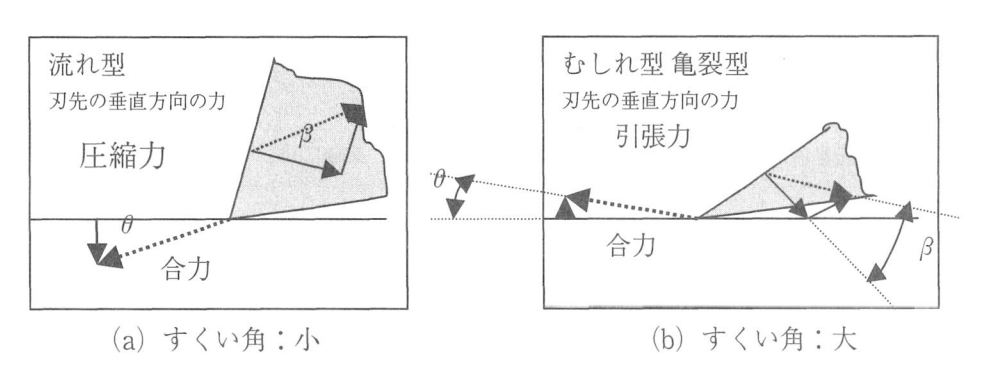

図 7　切刃すくい角と合力

5.5.2　せん断強度

SAICAS におけるせん断強度（τ）の計算式は，(2)式による。

$$\tau = F_H^*/2A_0 \cdot \cot\phi \text{ (MPa)} \tag{2}$$

ここで，A_0：断面積（$d \times w$），F_H^*：$F_H \cdot d$ 関係から求めた値。

せん断強度（τ）は，切刃が材料中を切り込むときのデータから求めるが，この場合，材料はせん断破壊を繰り返すことを前提とする。得られるデータにはせん断力以外に①切刃稜丸みによる抵抗力，②押し圧荷重による切刃にげ面の抵抗力が含まれるので，これらの力を除去する必要が

ある。そのために次の処理をおこなう。

イ）図8は，切削データを深さ（d）と切削力（F_H）の関係図（$F_H \cdot d$ 線図）に変換する。図において，指定する範囲のデータを最小二乗法によって処理した直線を得る。その直線には上述の 2 種類の力が含まれる。

ロ）この（①+②）を除くために，$F_H \cdot d$ 線図の直線部の勾配で原点を通る直線に変換する。このグラフの値からせん断強度（τ）を求める。せん断強度（τ）は，均質な材料であれば深さによらず一定である。実際には，架橋度や異方性あるいは内部ひずみ等が混在するために一定とはなりにくい。

5.5.3 せん断角（ϕ）について

切削理論に基づくせん断角（ϕ）は切削条件や材料の諸性質によって変化することが予想されるが，この測定法では，概略的に$\phi=45°$又は任意の値を代入して，せん断強度（τ）を求める。より正確な値を必要とする場合は，所定の深さで連続的にせん断破壊を起こさせ，その時の水平力（F_H）とバランス荷重（W_B）の値から(3)式を用いてせん断角（ϕ）を求める方法がある。

$$\phi = 45° - \tan^{-1}(F_V/F_H) \tag{3}$$

写真2は，光弾性縞写真で切削状態における応力分布を示したもので，硬質透明PVCのせん断角を測定した例を示す。250 μm 深さで，せん断角ϕは約30°であった。

5.6 剥離について[5,6]

SAICASによる被着体の分離は，切刃を表面から斜めに内部に切込み，界面近傍に近接すると図1のように被着体が基材から分離し，剥離現象が生ずる。剥離には，定常型剥離と非定常型剥離がある。

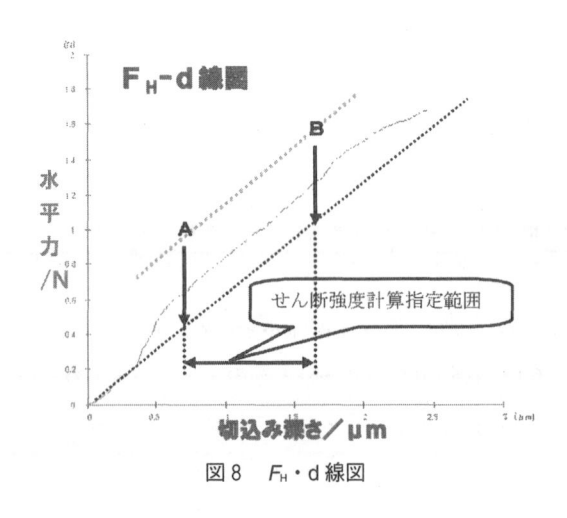

図8　$F_H \cdot d$ 線図

5.6.1 マイクロギャップ

定常型剥離の場合,剥離点は切刃稜の前方にあり,剥離点と切刃の間にはマイクロギャップが観測される。このことは,剥離現象が写真3のように切刃稜による切削ではなく切刃すくい面による押し付けであることが窺える。

5.6.2 剥離における水平力成分

被着体分離段階では,被着体のせん断強度と剥離強度の相対的関係で,切削挙動あるいは剥離挙動になり,接着力が被膜の凝集力より小の場合は剥離となる。剥離の場合の水平力 $\vec{F_H}$ 成分は,剥離力 $\vec{F_P}$,摩擦力 $\vec{F_F}$,引裂き力 $\vec{F_T}$,塑性変形力 $\vec{F_{PD}}$ の各力から構成され,式(4)となる。

$$\vec{F_H} = \vec{F_P} + \vec{F_{FB}} + \vec{F_{FS}} + \vec{F_T} + \vec{F_{PD}} \tag{4}$$

$\vec{F_H}$:剥離状態の水平力(Horizontal Force)

$\vec{F_P}$:剥離力(Peel Force)

$\vec{F_{FB}}$:摩擦力(Friction Force on Blade)

$\vec{F_{FS}}$:摩擦力(Friction Force on Substrate)

$\vec{F_T}$:引裂き力(Tear Force)

$\vec{F_{PD}}$:塑性変形力(Plastic deformation Force)

引裂き力(F_T)は,あらかじめ切刃の幅(w)で切込みを入れることで除去でき,摩擦力(F_F)は,垂直力(F_V)から求められる。

5.6.3 剥離強度(P)

SAICASによる剥離力(P)は,被着体が同一であってもその膜厚で異なり,それが厚いほど大きくなる傾向にある。これは,被膜が厚いほど(剛性が大きいほど)塑性変形力が大きいためと考えられる。一方,"応力の分散"の現象から見た場合,被膜は軟らかいほど分散が大きく,剥離点に対して応力集中が小さくなることが考えられる。SAICASでの剥離強度(P)は,次式による。

$$P = F_H / w \quad (kN/m) \tag{5}$$

F_H:剥離状態での水平力,w:切刃の幅

切刃を押し圧荷重(W)の調節により界面近傍でバランス(W_B)させるか,または,その時点で刃先の降下運動を停止させる。このときの切刃と基材面との摩擦力(F_{FS})は含まれないと仮定し,範囲指定した水平力(F_H)の平均値を求め,その値を切刃の幅(w)で除して,この値を剥離強度としている。

5.6.4 F_H パターンと切削・剥離現象

SAICASの測定において,不安定な切削や剥離が発生する場合があるが,安定した傾向を得る

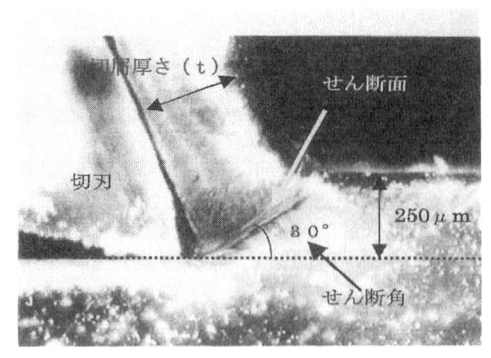

写真2　光弾性縞模様

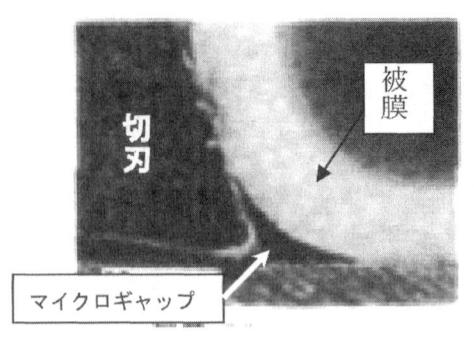

写真3　マイクロギャップ

ためには，①切刃すくい角を大きくする②切刃すくい面摩擦力を小さくするため，水滴滴下，オイル滴下，各種溶剤滴下を行う。レジスト膜は，切刃すくい面との摩擦力が大きい場合があるため，切刃部分に水滴を滴下して切刃すくい面の摩擦力を低下させる。図9は水滴滴下により不規則な波形の谷に収束するデータである。この場合，水分による界面の影響を無視できることを前提とする。

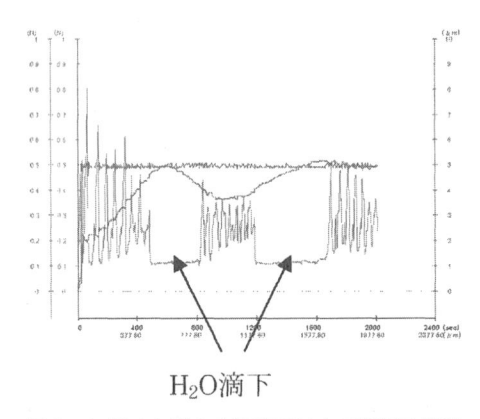

H_2O滴下

図9　レジスト膜の水滴滴下による剥離の挙動

5.7 各種測定例

5.7.1 多層膜の剥離（非定常型剥離）

実際に測定した多層膜に関してのF_Hパターンと切削・剥離状態の観察例を図10に示す。このデータは，非定常型剥離の典型的な例である。

A：表層を切削。ここでは，深くなるにつれて水平方向と垂直方向の力が上昇する。

B：1層目の剥離が開始。亀裂の進行に伴って水平力の低下が起こる。

C：その後さらに切り込むが，刃先に亀裂が拡大したために水平・垂直方向の力がさらに低下する。刃先に基材が接触していない状態で切刃の垂直運動を停止する。それにより2層目と下

第 2 章　表面解析技術

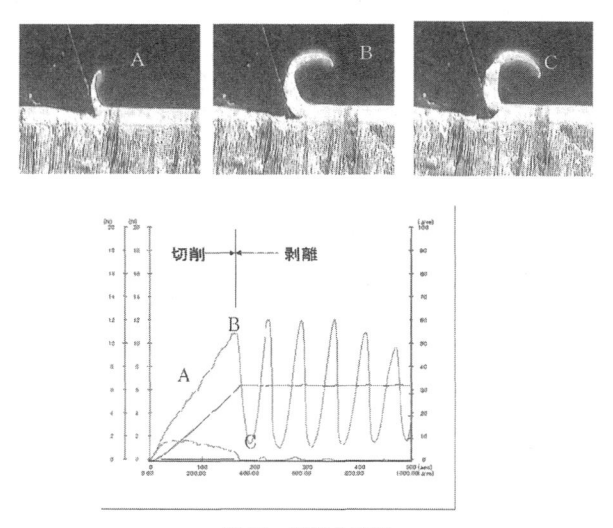

図 10　切削と剥離

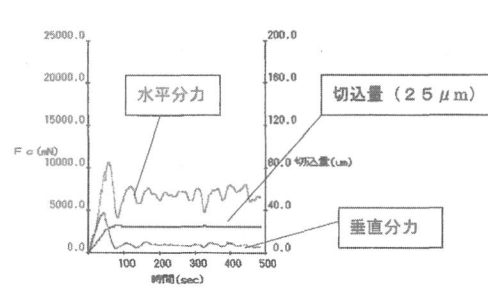

図 11　磁気カードの F_H パターン　　　　写真 4　磁気カードの測定

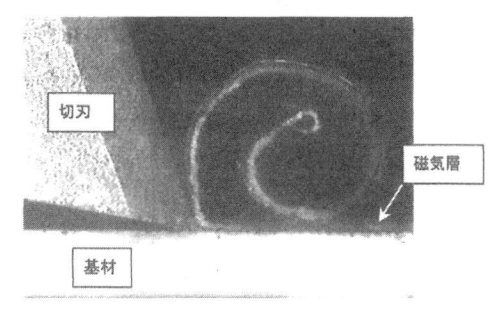

地の界面の剥離強さを測定する。

5.7.2　磁気カードの磁気層の剥離（定常型剥離）

磁気カードの磁気層付近（約 25μm）を切削した F_H パターン例（図 11）を示す。

写真 4 は，磁気カードの磁気層付近（約 25μm）を剥離して被膜がカールしている例である。切刃の前方に切片が一定の形状で連続的に形成される。

5.7.3　薄いフィルムの測定例

厚さ 5～20μm 程度の薄いフィルムを測定する場合，試料であるフィルムの固定が問題となる。この場合，静電チャックを用いることで良好な切削・剥離の測定が可能となる。

5.7.4　温度可変測定

写真 5 に温度の違いによる多層膜の層間破壊を示した。20℃と－65℃の比較で，同じ切削深さでの亀裂の発生開始の違いが見られ，20℃と－65℃で切刃先端に亀裂の大小の違いが認めら

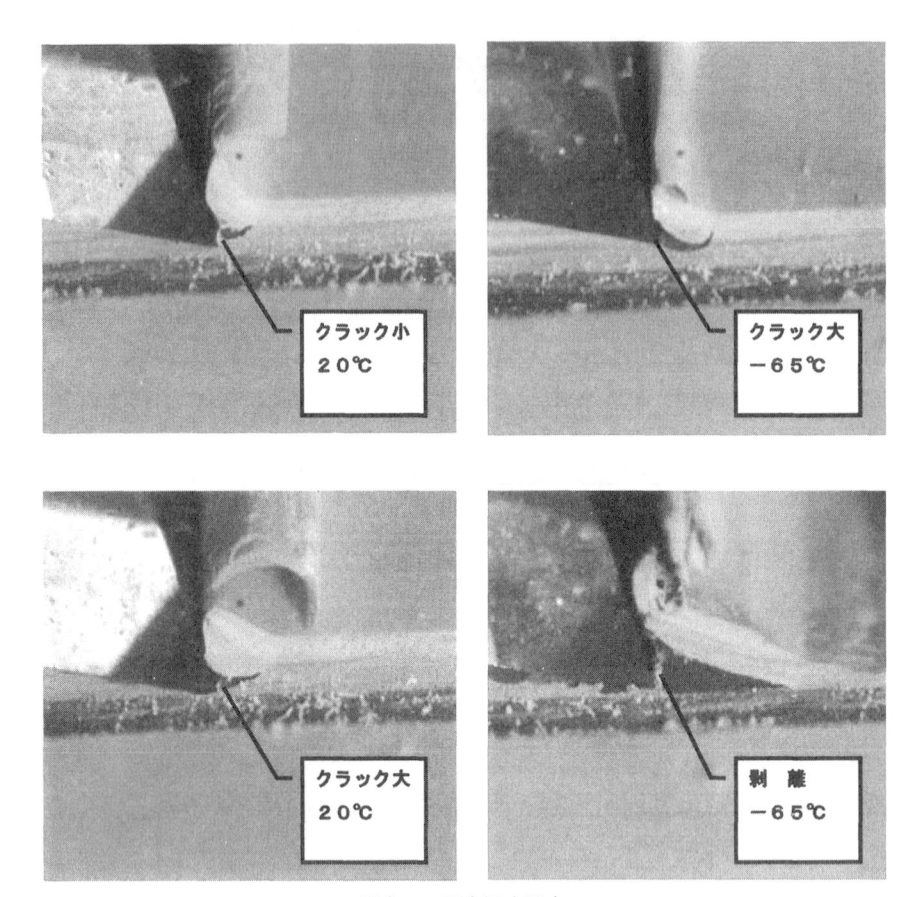

写真5 可変温度測定

れる。基材近くになると－65℃では，大きな剥離が見られる。

5.7.5 表層分析の前処理（長距離斜め切削）

(1) 機器分析・界面近傍観察用サンプルの作成

また，薄膜の深さ方向の構造解析を目的として，機器分析用のサンプル作成に応用される。その原理を図12に示すが，例えば10 μmの多層膜を深さ方向の観察する場合，一般的な観察方法としては，ミクロトームなどにより切断面を観察することになるが，評価機器（例えば，光学顕微鏡，顕微IR，TOF-SIMSなど）のセンサー感度により精度上困難な場合が生じる。そのために，1 μmの厚みを，斜めに切削することにより，例えば1000 μm（1000倍に拡大）と観察面を多くすることが可能となる。切削様式は，図13のように2次元切削，傾斜切削，3次元切削があるがSAICASによる被着体の解析には，これらの各種切削様式を目的に応じて適用することが可能である。

① 2次元切削（orthogonal cutting）：切刃稜線と切削方向が直行し，被着体の機械的性質を

第2章　表面解析技術

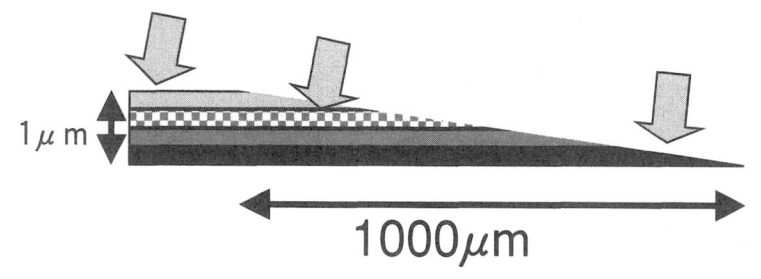

図12　長距離斜め切削の概念図

a．2次元切削　　　　b．傾斜切削　　　　c．3次元切削

図13　各種切削様式

測定する（剥離強度，みなしせん断強度，強度の深さ方向解析等）。

② 傾斜切削（oblique cutting）：次元的には3次元切削で解析的取扱い困難。分析・観察用面出し，長距離斜め切削面出しに応用される。

③ 3次元切削（three dimensional cutting）：最も一般的な切削様式であるが解析的取扱いは困難であるが切込み深さdに比較して刃幅wを大きくとると，近似的に2次元切削とみなせる。亀裂型切削対応，剥離防止対応，分析・観察用面出し，長距離斜め切削面出しに応用される。

④ 多重切削：切込み深さを小さくして繰り返し切削することで，上質面や上部の引き摺りを小さくすることが可能となる。

これらの方法を用いることで，被着体の剥離現象を抑えて，界面近傍までの切削面を得ることが可能になる。

(2) 測定例

① 3層塗膜の露出例（黒—茶色—白）（写真6）

各層が拡大され，各種塗膜の構成や充填物質の分布が容易に観察される。

写真6　3層塗膜の面出し

写真7　PVC劣化層の100μm深さの切削

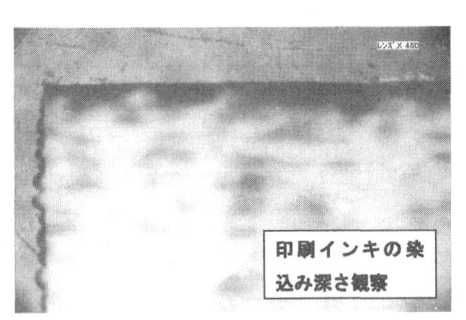

写真8　印刷インキの染込み状態

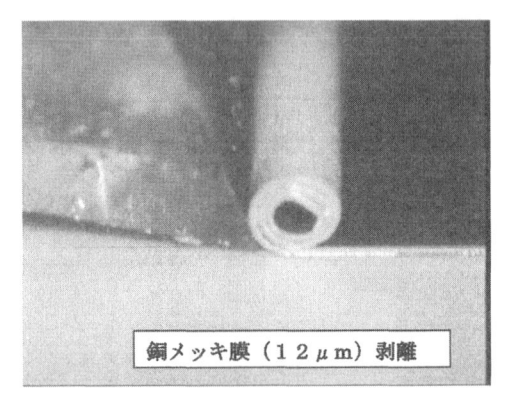

写真9　回路パターンの剥離

② 劣化PVCの表層分離（写真7）
　表層を切削することにより100μm内部が殆ど劣化していないことや，劣化部分を切片として採取することが可能である。
③ インクジェットインキのプリンター用紙への染込み深さの観察（写真8）
　マゼンタ，シアン，イエローの種類によりインキの染込み深さに違いが見られる。
④ 回路パターン現物品の測定（写真9）
　例えば，現物品の回路パターンの剥離強度，カラーフィルターの異物露出を直接行うことが可能である。

SAICASの刃先を顕微鏡で覗きながら所定の位置にセットし，その材料表面から切り込むことで，狙った部分のサンプリングをはじめ，観察面出し，添加剤の分布の観察など他の評価機器との組み合わせで応用が可能である。とくにNN型（写真10）では刃物を駆動させる切込み時の垂直スピードが，1nm／秒が可能であり，そのために材料の極表層のみや1μm以下などの薄膜の分野での評価が可能となった。切削スピードが遅いために，切削時の熱的影響がなく有機系

第 2 章　表面解析技術

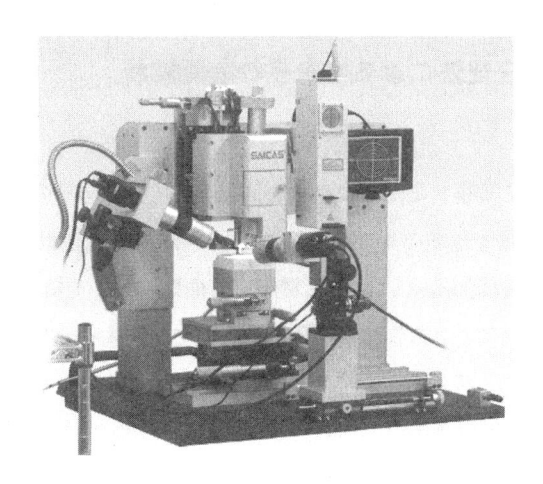

写真 10　NN 型

コーティング材の切削面を拡大し，その面の他の分析機器による観察・評価により，化学構造などの特定に応用されている。

5.8　おわりに

　SAICAS は，表面から内面あるいは界面へと連続的に切り込むことによりその深さと切削力の関係からいろいろな現象を解析できることを紹介した。特に切削時の動画と併用することにより，破壊面の推定が容易である。$0.1\mu m$ の薄膜から $500\mu m$ 程度の厚膜まで広範囲に評価対応可能であり，なおかつ温度範囲も広く対応できるシステムである。さらに，薄膜の深さ方向の精密解析のための分析面出しを，50 から 1000 倍程度の拡大斜面を作成することが可能であることなどを紹介した。

文　　献

1)　木嶋芳雄, コンバーテック, **22** (9), 54 (1994)
2)　木嶋芳雄, 西山逸雄, 成形加工, **6** (1), 41 (1994)
3)　Merchant, M. E., *J. Applied Physics*., Vol.**16**, pp.267, 318 (1945)
4)　Asbeck. W. K, *J. of Paint Technology*, **43** (556), 84–91 (MAY 1971)
5)　西山逸雄, 塗装技術, **34** (4), 123 (1995)
6)　西山逸雄, 塗装技術, **34** (5), 129 (1995)

6 赤外・ラマン分光法による高分子の表面解析

佐藤春実*

6.1 はじめに

　高分子材料表面の特性を理解するためには，表面に存在する高分子の結晶構造，分子構造，ラメラ構造や，官能基の配向を知ることが大切である[1~5]。赤外分光法やラマン分光法などの振動分光法では，分子の構造や配向などに関する情報を官能基レベルで得ることができる[6~8]。これらの手法を用いて高分子薄膜など表面構造を調べることで，接着や濡れなどの複合材料の性能を制御するための基礎的情報を得ることも可能となる。高分子の表面解析の手法としては，原子間力顕微鏡（AFM），透過型電子顕微鏡（TEM），走査型電子顕微鏡（SEM）など幾つかの顕微鏡手法があるが，本稿ではそれらの方法とは異なった利点を持つ赤外・ラマン分光法を用いた高分子薄膜表面の分子の構造や配向に関する研究について紹介し，その応用と今後の展開について議論する。研究例として，生分解性高分子であるポリ（3-ヒドロキシブチレート）（PHB）と，その共重合体であるヒドロキシブチレート（3HB）とヒドロキシヘキサノエート（3HHx）からなる共重合ポリエステル P(HB-co-HHx)(HHx=2.5, 3.4, 12 mol%)[9~14]，およびポリエチレン/ナイロン[15,16]とポリエチレン/ポリプロピレンのポリマーブレンド[17]をとり上げ，それらの薄膜表面における結晶構造と熱的挙動，モルフォロジーなどについて，赤外，ラマン分光法やそれらの手法とX線回折法やSEM等を併せ用いて調べた結果について解説する。

6.2 赤外・ラマン分光法を用いる利点

　赤外・ラマン分光法が高分子表面解析に有用なのは，それが分子の振動に基づく方法であるため，官能基のようなナノレベルでの分子の構造を調べることができるからである。特に特定の原子団に固有な特性吸収帯は，分子構造に関する有力な情報を提供するとともに未知物質の同定，定性・定量分析に広く応用されている。赤外吸収帯の位置（波数）は，その吸収帯を与える遷移に関与する振動準位間の間隔に依存する。一方その強度は，吸収帯を与える官能基の遷移双極子モーメントの大きさや基準モードの対称性などに依存する。分子の構造や化学結合の強さが変われば，当然その振動も変わり，スペクトルも変化する。言い換えれば赤外スペクトルは分子の構造や分子間・分子内相互作用（水素結合など）にきわめて敏感である。とくに赤外分光法は官能基の構造や相互作用を鋭敏に反映するため，表面，界面，薄膜研究において以下のような利点をもつ。

　① 固体，液体，溶液，気体，結晶，フィルム，繊維など，試料の形状にかかわらずスペクト

---

*　Harumi Sato　関西学院大学大学院　理工学研究科　博士研究員

ル測定が可能である。
② スペクトル測定がきわめて容易である。真空等も必要としない。
③ いろいろな赤外分光法（全反射吸収法（ATR 法），外部反射法，反射吸収（RAS）法など）を用いることにより，*in situ* で表面，界面，薄膜を研究できる。厚さ～10 mm 程度の高分子フィルムでもスペクトル測定が可能である。

またラマン分光法は，赤外分光法と同様，固体，液体などいずれの状態にあっても適用可能であり，特に非破壊分析法，*in situ* 分析法として優れている。また光ファイバーの利用も可能である。空間分解能は 1 μm で，赤外（10 μm）より一桁高い。

6.3 薄膜化した生分解性ポリマーの結晶配向の観察

筆者らは，赤外，ラマン分光法と X 線回折法を併せ用いて，生分解性ポリマーとして注目されているポリ（3-ヒドロキシブチレート）（PHB；図1（A））とその共重合体，ポリ（3-ヒドロキシブチレート/3-ヒドロキシヘキサノエート）（P(HB-*co*-HHx)(HHx＝2～12 mol%)；図1（B））の構造と物性に関する研究を行っている[9~14]。PHB は結晶化度が高く，かたくてもろいのに対し，長い側鎖を持つ共重合体は PHB に比べると結晶化度が低く，やわらかくてしなやかである。PHB の結晶の格子定数は a＝5.76 Å，b＝13.20 Å，c＝5.96 Å で，空間群は P$2_1 2_1 2_1$ で与えられ，斜方晶系に分類される。結晶学上の c 軸が繊維軸に相当し，らせん構造を形成している。また，赤外透過スペクトルと ATR スペクトルの比較から，PHB とその共重合体である P(HB-*co*-HHx)の表面部分で結晶化度がより高いこと，結晶化速度は PHB の方がはるかに早く，PHB 表面の構造や物性が内部とは随分異なることが分かってきた[12~14]。これらの表面近傍では内部（バルク）よりも結晶性が良く，赤外スペクトルの C＝O 伸縮振動領域に見られる結晶性バンドは，より低波数側にシフトする。本節では，スピンコーティング法を用いて，厚さ数 10 nm 程度の均一かつ平坦な表面を持つ高分子薄膜を作成し，その薄膜の高感度反射赤外（IR-RAS）スペクトル測定による結果と，微小角入射 X 線回折測定（Grazing Incidence X-ray Diffraction：GIXD）法を用いた結果について解説する。

高分子の表面分析は，IR-ATR，高感度反射測定法（IR-RAS），電子顕微鏡，走査プローブ顕微鏡などにより行われている。これらの手法から得られる知見は，表面の化学種やそれらの配向，形態などに関するものである。前述したように，赤外分光法は分子の構造や分子間・分子内相互作用，動的挙動を官能基レベルで考察する際，有益な情報を与えてくれる。しかしながら，表面，界面，薄膜で赤外分光計測を行う場合，透過測定が適さない場合がある。このような場合，反射測定を行うことになるが，IR-RAS 法は薄膜であっても高感度に測定することが可能であり，広く用いられている。例えば森田ら[18,19]はアクリル系ポリマーに環境ホルモンの一種である

(A) PHB   (B) P(HB-co-HHx)

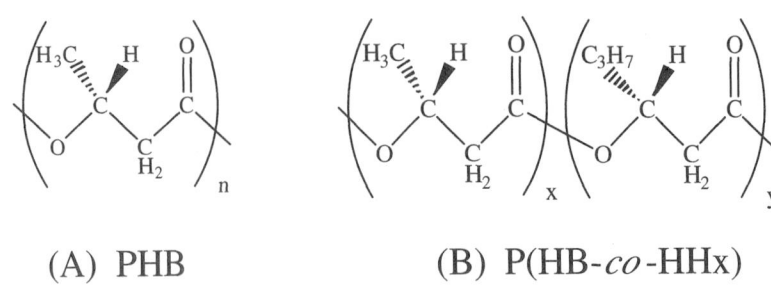

図1 ポリ（3-ヒドロキシブチレート）（PHB）およびポリ（3-ヒドロキシブチレート/3-ヒドロキシヘキサレート）（P(HB-co-HHx)）の化学構造

ビスフェノールAが吸着する様子をRA法によって追跡しており，水晶振動子微量天秤（QCM）と同程度の高感度観察に成功している。IR-RAS測定法は，反射赤外測定法の一種であり，入射光として偏向光を使用し，生じた基板表面に法線方向の電場ベクトルと，分子が持つ振動モードの遷移モーメントが一致すれば，その吸収が観測される。一方，遷移モーメントが電場と直交する場合には，吸収は観測されない。よって，IR-RASスペクトルでは遷移双極子モーメントが薄膜の面に垂直方向に配向する原子団のバンドが強く現れてくる。特に，厚さが数10Å～数1000Åの膜に有効で，分子の配向状態の解析などに使われている。

筆者らは，これまでの研究で，PHBとそのランダム共重合体であるP(HB-co-HHx)における赤外スペクトルの透過測定から，PHBおよびP(HB-co-HHx)の結晶構造中には，結晶格子のa軸方向に，弱い水素結合が存在することを見い出した。最近，この弱い水素結合が，これらの結晶構造の安定化や，ラメラの折り畳み方向において，重要な役割を担っていることが，赤外スペクトルの温度変化測定や，X線回折の温度変化測定などによって分かってきた。

X線反射率は，X線を微小角入射させた際に生じる全反射現象を利用した薄膜解析手法であり，試料表面から得られる鏡面反射は試料表面垂直方向の電子密度分布を反映していることから，薄膜表面の電子密度，表面荒さ，膜厚に関する情報を得ることができ，多層膜の構造解析等に広く用いられている。また，全反射臨界角近傍に入射角を固定することで試料表面の結晶状態を観察することができる（微小角入射X線回折測定；GIXD）。この手法を用いて，結晶性ポリマーを薄膜化することにより，バルク結晶では見られない薄膜結晶特有の構造がみられることが期待される。それによると，GIXDによるPHBのスピンコートフィルム（40 nm-200 nm）の表面構造は，フィルムに対して垂直方向にb軸が並んでいる特異的な結晶構造を形成することがわかった。通常のX線回折のプロファイルには，強く現れる（020），（110）面の回折ピークの他にもいくつかの回折ピークが確認できるが，薄膜のGIXD測定では，（020）面の回折ピークのみしか現れないことが示された。このことから，スピンコーティングによるPHB薄膜は，結晶学上のb軸が薄膜深さ方向に著しく配向した結晶状態であることが推察される。これは，超

第 2 章 表面解析技術

薄膜のフィルムでは，結晶学上の軸方向に分子間相互作用が存在する a 軸や，結晶のらせん軸方向である c 軸は，薄膜に対して垂直（深さ）方向に配位すると表面エネルギーが不利になるために配向できず，その結果として b 軸が面に垂直に並ぶものと考えられる。また，この配向構造は，PHB および P(HB-co-HHx) の両方の薄膜に共通して認められた。

筆者らは PHB のスピンコートフィルム（40 nm）のフィルムを用いて IR–RAS 測定を行うことより，垂直な方向に b 軸が並んでいる特異的な結晶構造を確かめた。RAS 測定法ではその選択則により基板に垂直な方向に遷移双極子モーメントをもつ振動が強くあらわれる。

図2にPHB のスピンコートフィルムによる（Ag 基板）IR-RAS スペクトルと PHB のキャストフィルムの透過赤外スペクトルの CH 伸縮振動領域（3050-2840 cm^{-1}）を示す。IR-RAS 測定により基板に垂直な成分を選択的により分けることができるので，IR-RAS スペクトルのスピンコートフィルムを測定した際に強く現れてくるバンドは，結晶格子の b 軸の方向に遷移双極子モーメントをもつ原子団であることがわかる。図2に示す CH 伸縮振動領域では，IR-RAS スペクトルの 3009 cm^{-1} の CH$_3$ 縮重伸縮振動のバンドが強く現れている（図2（A）矢印）。この結果は C–H⋯O＝C 水素結合を形成する C–H 基が b 軸の方向に若干配向していることが示唆される。また，透過スペクトルと IR-RAS スペクトルの両スペクトルによるバンドの波数は良い一致を示している。各バンドのピーク強度を比べると，透過赤外スペクトルでは 2975 cm^{-1} のバンドが最も強く現れるのに対し，IR–RAS スペクトルでは 2997, 2934 cm^{-1} のバンドが強く現れる。これより 2997，2934 cm^{-1} のバンドは b 軸方向に遷移双極子モーメントを持つことが示唆される。

図3に PHB スピンコートフィルムの IR-RAS スペクトルとキャストフィルムによる透過赤外

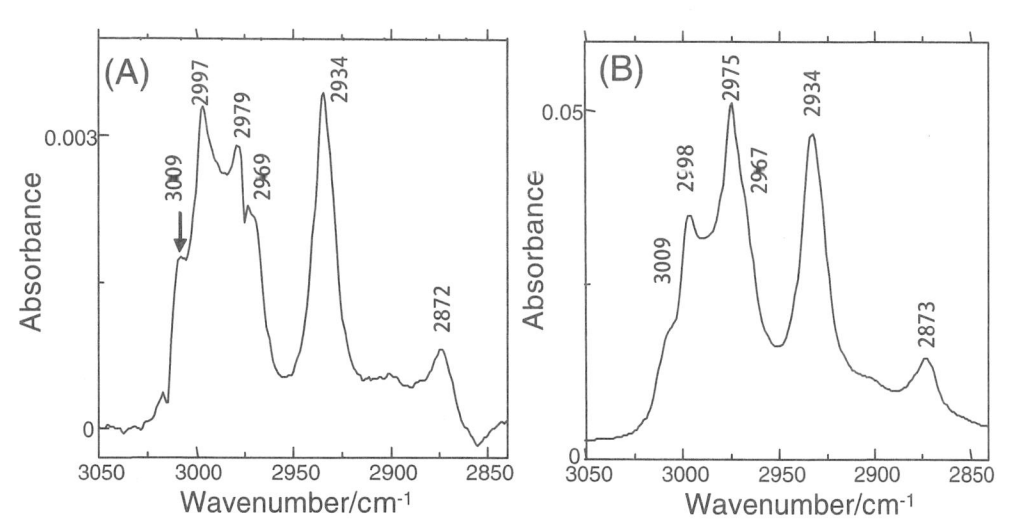

図2　PHB スピンコートフィルムの(A)IR-RAS スペクトルと(B)透過スペクトルの CH 伸縮振動領域（3050－2840 cm^{-1}）

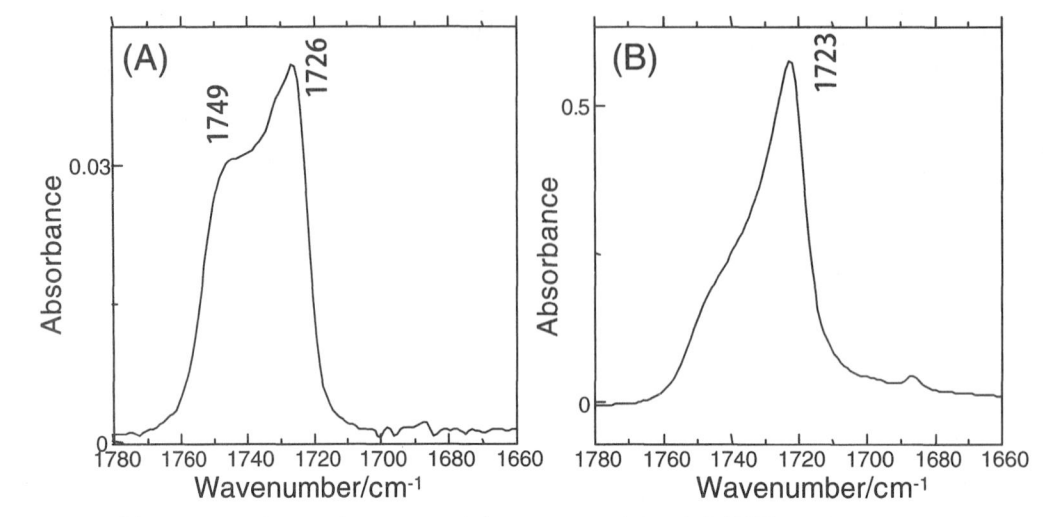

図3 PHBスピンコートフィルムの(A)IR-RASスペクトルと(B)透過スペクトルのC＝O伸縮振動領域（1780－1660 cm^{-1}）

スペクトルのC＝O伸縮振動領域（1780-1660 cm^{-1}）を示す。IR-RASスペクトルでは，C＝O伸縮振動バンドのピーク強度は弱い。これは，C＝O伸縮振動がAg基板と平行な方向に遷移双極子モーメントを持つためと考えられる。また，両スペクトルにおいて結晶性バンド（～1725 cm^{-1}）の波数に違いが見られることから，薄膜表面近傍とバルクとでは結晶構造がいくぶん異なっていることが示唆される。図3(A)(B)を比較すると，スピンコートフィルムのIR-RASスペクトルでは，1726 cm^{-1}の結晶性バンドが相対的に弱く，アモルファスバンド（1740－1770 cm^{-1}）が強く現れたように見える。この理由として考えられるのは，C＝O基はPHB結晶構造中でa軸方向に配位しc軸に対して垂直に遷移双極子モーメントを持つためと考えられる。ここで注目すべき点は，透過赤外スペクトルでは1686 cm^{-1}のバンドが現れるのに対し，IR-RASスペクトルでは見られない。このことより1686 cm^{-1}のバンドは遷移双極子モーメントがb軸の方向に向いていないC＝O基であることが示唆される。類似化合物を用いた研究から，この1686 cm^{-1}のバンドは分子のコンフォメーションに敏感なバンドであることが分かった。

6.4 ラマンマッピング法を用いた高分子の表面解析

ここでは，ラマン分光法を用いた高分子ブレンドの表面解析について解説する。例として，相容および非相容ポリマーブレンドのモルフォロジーや結晶化度等の評価を，顕微ラマンマッピング測定により試みたものを示す。この手法の最大の利点は，ポリマーブレンドフィルムのモルフォロジー，組成比，結晶化度などを同時に調べることができる点にある。

極性の大きく異なる高密度ポリエチレン（HDPE）とナイロン（Nylon 12）のブレンドにおい

第2章　表面解析技術

て，無水マレイン酸変性 HDPE（MAH-HDPE）を介在させると無極性の HDPE と極性の高い Nylon 12 が相溶し，優れた複合特性を要するポリマーブレンドが生成する。このブレンドでは，押出機の中で無水マレイン酸と Nylon 12 分子の末端アミノ基が反応して Nylon 12 と HDPE のグラフト共重合体が生成し，このグラフト共重合体が相溶化剤（反応性相溶化剤）として作用することが知られている。筆者らは相容ブレンド（MAH-HDPE/Nylon 12，MAH：0.5 wt%）と非相容ブレンド（HDPE/Nylon 12）を作製し，そのモルフォロジーの評価をラマンマッピングと走査型電子顕微鏡（SEM）を用いて行った[15,16]。

図4（A）にマレイン化 HDPE と Nylon 12 の相容ブレンドと，図4（B）に非相容ポリマーブレンドの SEM 写真を示す。図4より，相容ブレンドの方が，非相容ブレンドに比べて非常に良い分散性を示していることが確認できる。

図5に HDPE と Nylon 12 の相容および非相容ポリマーブレンドフィルム（ブレンド比は 20/80，50/50，および 80/20）のラマンマッピングイメージを示す。それぞれの試料におけるラマンマッピングイメージは，$100\,\mu m^2$（$10\,\mu m \times 10\,\mu m$）の面積に縦横 $0.5\,\mu m$ 刻みでラマンスペクトルを測定することによって得られたものである。この小さな領域において合計 400 本（縦横 20×20）のラマンスペクトルを測定していることになる。

図5に示すラマンマッピングイメージは，Nylon 12 のアミド I 由来の $1635\,cm^{-1}$ のバンドと，Nylon 12 と HDPE の両方に起因する CH_2 ひねりモードによる $1296\,cm^{-1}$ のバンドの二つのバンドの強度比を使って作成した。HDPE と Nylon 12 の相容性ポリマーブレンドのマッピングイメージ（図5上(A)，(B)，および(C)）は，二つのポリマーの組成比には無関係に，良い分散が見ら

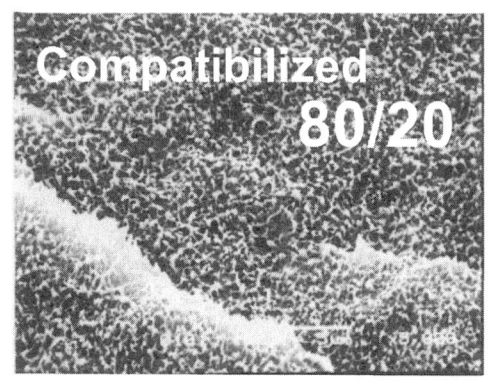

(A) Compatibilized HDPE /Nylon 12 (80/20)

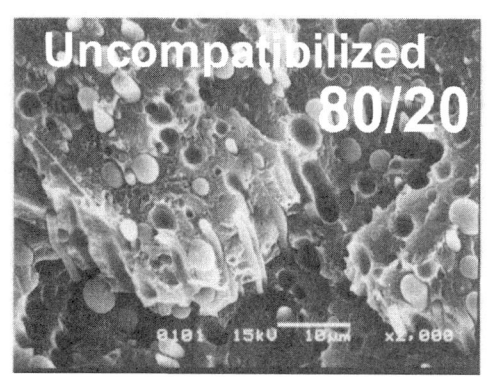

(B) Uncompatibilized HDPE /Nylon 12 (80/20)

図4　HDPE/Nylon 12（80/20）の SEM 写真（A：相容性ポリマーブレンド，B：非相容性ポリマーブレンド）[15]

Compatibilized Polymer Blends

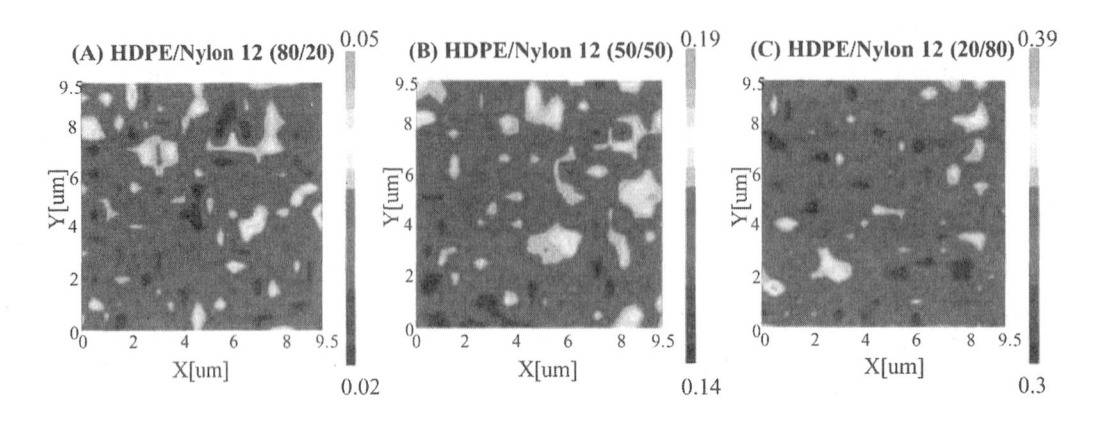

Uncompatibilized Polymer Blends

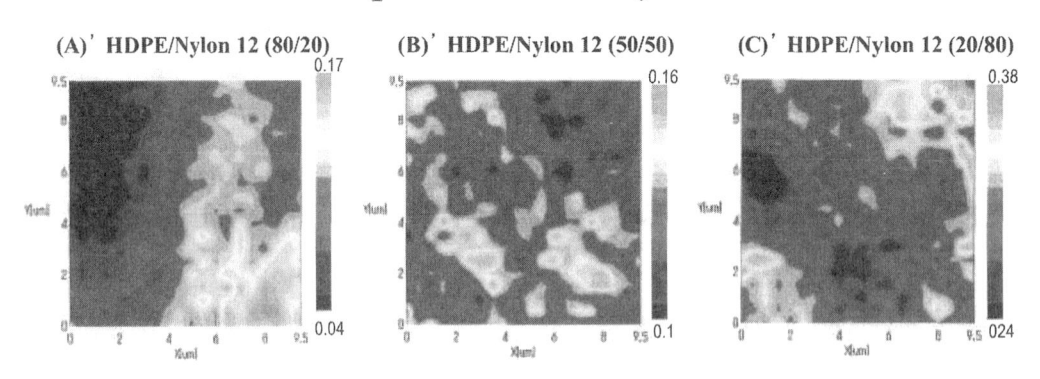

図5　HDPE/Nylon 12 の (a)80/20, (b)50/50, (c)20/80 のラマンマッピングイメージ
　　（上：相容性ポリマーブレンド，下：非相容性ポリマーブレンド）[16]

れている。一方，非相容性ポリマーブレンドのマッピングイメージ（図5下(A)', (B)', および(C)'）は，相容性ポリマーブレンドのマッピングイメージとは大きく異なっている。非相容性ポリマーブレンドのラマンマッピングイメージでは，はっきりと海島構造が見られるのに対し，相容性ポリマーブレンドのラマンマッピングイメージでは，良く分散し，互いに相容している様子が確認された。これらのラマンマッピングイメージはSEMイメージと良い一致を示しており，ラマンマッピング法がこれらのポリマーブレンドのモルフォロジーや分子構造を同時に調べるのに非常に有効であることが示唆される。ラマン分光法を用いることで，SEM測定では見られないポリマーの構造に関する情報も得ることができる。

次に，もう一つの例として，ポリエチレン／ポリプロピレンのポリマーブレンドにおけるラマンマッピングの応用を示す（図6）[17]。種々のポリエチレン（PE）とポリプロピレン（PP）のポ

第2章　表面解析技術

(A) HDPE/PP=80/20　　(B) LLDPE/PP=80/20　　(C) MEPE/PP=80/20

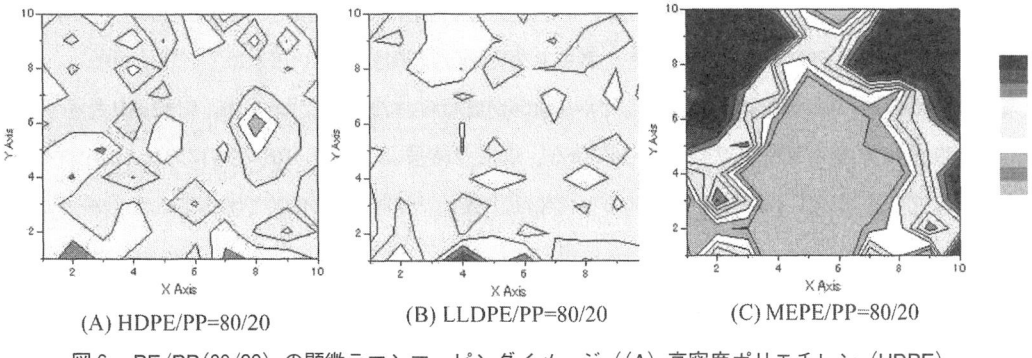

図6　PE/PP(80/20)の顕微ラマンマッピングイメージ((A) 高密度ポリエチレン(HDPE), (B) 直鎖状低密度ポリエチレン(LLDPE), (C) メタロセンポリエチレン)[17]

リマーブレンドに関しても，前述のHDPE/Nylon 12と同様に，ラマンマッピング法を用いて，ポリマーブレンドのモルフォロジーや結晶化度の評価ができるかどうか検討してみた。ここで，試料として用いたPEは，高密度ポリエチレン(HDPE)，直鎖状低密度ポリエチレン(LLDPE)，メタロセンポリエチレン(MEPE)の3種類である。HDPEは分岐の少ない直鎖状の分子構造を持ち結晶化度が高いのに対し，LDPEは分岐が多く結晶化度が小さい。結晶化度が高い，つまり密度の高いPEほど融点が高く，剛性が高いが透明性は低い。また，同じLDPEでも，短鎖分岐を持ったLLDPEは，エチレンとα-オレフィンを共重合することにより，直鎖状PEに短鎖分岐を導入して低密度化を図ったものであり，物性はむしろ高密度に近い。その分子構造は，直鎖状PEのように短鎖分岐が存在しないというわけではなく，長鎖分岐が存在しないということである。メタロセンPEはLLDPEの一種で密度が非常に小さいのが特徴である。各ポリマーブレンドは，PEとPPの混合比率を10 wt%ごとに変えながら，2軸押出機によって作製した。それらのポリマーブレンドのラマンスペクトルを測定し，ラマン分光学的視点からこれらのポリマーブレンドの判別が可能かどうか，またPEとPPの相互作用についての検討も試みた。

図6に高密度PE/PP，LLDPE/PE，メタロセンPE/PPの(80/20)のポリマーブレンドのラマンマッピングを示す[17]。図6に示すラマン測定にはKaiser社製Hololab 5000を使用した。これに顕微鏡システムを取り付け，10 μm^{2}の面積を1 μm刻みでラマンマッピングイメージを測定した。レーザーのビームサイズは1 μmであり，観測ポイントは10×10個である。光源には励起波長532 nmのNd/YAGレーザーを用い，検出器としてCCDカメラを使用した。レーザーの照射時間は10秒，積算を2回として測定を行った。ラマンマッピングはPEとPPの結晶性ピーク(1128 cm^{-1}と808 cm^{-1})の強度比を算出し，それをプロットすることにより作成した。このラマンマッピングとSEM観察の両方から，高密度PEとPPのブレンド試料では両者が比較的分散して混ざり合っていることがわかった。しかし，メタロセンPEや直鎖状低密度PEとPP

のブレンド試料では，PE の組成比が高くなるほど互いに混ざり難いことが示された。混和性の高い PE は比較的側鎖が短く，またその数も少ないが，混和性の低い PE はタイ分子が多い，あるいは，かさ高い側鎖が数多く存在している傾向が認められた。すなわち PE の側鎖の大きさや数が混和性に大きく関係していることになる。以上の結果より，PE/PP の系においてもラマンマッピング法を用いて系のモルフォロジーや結晶化度などの評価に有効であることが分かった。

6.5 最後に

本稿では赤外・ラマン分光法を用いた高分子薄膜表面の分子の構造や配向について研究した例について解説した。特に，ラマンマッピング測定法はモルフォロジーや物性値などを同時に観測することができる点で，今後の高分子薄膜の研究に多く利用されることが期待される。また，振動分光法と微小角 X 線回折法などを併せ用いることで，高分子薄膜の表面近傍の結晶構造を理解する上で非常に有益な情報を得ることができる。このことから，高分子の表面解質・解析の研究には赤外分光法やラマン分光法のような分光学的手法と X 線回折法や顕微鏡観察などとの組み合わせによる測定が非常に有効であることが示された。

今後の分光学的研究の発展として，近接場を利用した空間分解能の向上や，放射光を用いた超薄膜の試料（膜厚 2-3 μm）の顕微赤外測定などが期待できる。最近では，AFM とラマン分光法を組み合わせた装置も市販されるようになってきた。今後，このような振動分光法を利用した高分子表面の研究がますます重要になってくるものと思われる。

文　献

1) 筏義人編，高分子表面の基礎と応用，化学同人 (1986)
2) 高原淳，梶山千里，新高分子実験学 10 巻，高分子学会編，第 1 章，共立出版 (1995)
3) 高分子の物性(3)表面・界面と膜・輸送，高分子学会編，共立出版 (1995)
4) 川口正美，高分子の界面・コロイド科学，コロナ社 (1999)
5) 黒崎和夫，三木哲郎，実用高分子表面分析，講談社サイエンティフィク (2001)
6) 田隅三生，FT-IR の基礎と実際　第 2 版，東京化学同人 (1994)
7) 尾崎幸洋，分光学への招待 - 光が拓く新しい計測技術，産業図書 (1997)
8) 尾崎幸洋編，実用分光法シリーズ　赤外分光法，アイピーシー (1998)
9) H. Sato, K. Mori, R. Murakami, Y. Ando, I. Takahashi, J. Zhang, H. Terauchi, F. Hirose, K. Senda, K. Tashiro, I. Noda, and Y. Ozaki, *Macromolecules*, **39**, 1525-1531 (2006)
10) H. Sato, M. Nakamura, A. Padermshoke, H. Yamaguchi, H. Terauchi, S. Ekgasit, I. Noda, and Y.

Ozaki, *Macromolecules*, **37**, 3763(2004)

11) H. Sato, R. Murakami, A. Padermshoke, F. Hirose, K. Senda, I. Noda, and Y. Ozaki, *Macromolecules*, **37**, 7203(2004)
12) J. Zhang, H. Sato, I. Noda and Y. Ozaki, *Macromolecules*, **38**, 4274–4281(2005)
13) H. Sato, J. Dybal, R. Murakami, I. Noda and Y. Ozaki, *J. Mol. Struct.*, **744–747**, 35-46(2005)
14) 佐藤春実，森田成昭，尾崎幸洋，日本接着学会誌，**41**，183−195 (2005)
15) H. Sato, S. Sasao, K. Matsukawa, Y. Kita, H. Yamaguchi, H. W. Siesler and Y. Ozaki, *Macromol. Chem. Phys.*, **204**, 1351–1358(2003)
16) H. Sato, S. Sasao, K. Matsukawa, Y. Kita, T. Ikeda, H. Tashiro, and Y. Ozaki, *Appl. Spectrosc.*, **56**, 1038–1043(2002)
17) T. Furukawa, H. Sato, Y. Kita, K. Matsukawa, H. Yamaguchi, S. Ochiai, H. W. Siesler, and Y. Ozaki, *Polymer J.*, **38**, 1127–1136(2006)
18) S. Morita, S. Ye, G. Li, M. Osawa, *Vib. Spectrosc.*, **35**, 15(2004)
19) G. Li, S. Morita, S. Ye, M. Tanaka, M. Osawa, *Anal. Chem.*, **76**, 788(2004)

7　表面・界面解析のためのX線回折法

小寺　賢*

7.1　はじめに

　高分子材料が外界と接する表面は，接着性，撥水・撥油性，染色性，防汚性，静電性，生体適合性，摩擦・摩耗特性などと密接な関係にある。あるいは，製品に対する高性能・高機能・高付加価値化の要求により，単一素材ではなく高分子材料同士のみならず金属やセラミックス・低分子有機材料と組み合わせた複合材料においては，それらの境界に界面が存在し，界面特性が材料全体の物性に大きく左右する事も知られている。ところで，近年の微細加工技術の進歩により，マイクロマシンや薄膜等，材料のミクロ化が進み，体積・重量に比較して，表面積に依存する物理的・化学的性質がクローズアップされている。そのため，表面・界面が関連するさまざまな分野では，その構造や物性を如何に理解し，制御するかが重要となる。

　物質を構成する原子や分子は，材料内部（バルク）において周囲の原子・分子と影響をおよぼし合いながら安定位置に存在しているが，表面では片側が真空や空気あるいは他の物質となり，バルクとは異なる状態となる。このようにバルクと比較し，物性・構造ともに異なる表面・界面は2次元的な面ではなく，ある厚みを有する3次元的な領域と考えられている。ここで，たとえば直径0.5 nmの原子1 molが1辺4.2 cmの立方体を形作っているとする。この際，バルク分析は6×10^{23}個の原子を対象とするが，表面第一層の原子数は7×10^{15}個となる。つまり表面分析において，バルク分析と同程度のシグナル強度を得るためには，約1億倍以上の高感度が必要となる。

　表面・界面分析には電磁波（光，X線など）や荷電粒子（電子，イオンなど），中性粒子などをプローブとして，これらとの相互作用の結果得られる情報を検出する。さらには，分析対象の表面が物理的・化学的に不均一であったり，微細な構造を有する場合は，深さ方向だけでなく2次元的な空間分解能も考慮する必要がある。

　図1には，さまざまな表面・界面分析手法の空間および深さ分解能を示した。さまざまなプローブの中でも，特にX線は物質との間でさまざまな相互作用を有し，多くの情報を得ることが可能となる。たとえば，X線を用いた高分子材料表面の解析では，X線光電子分光（X-ray Photoelectron Spectroscopy(XPS)）[1~3]がまず第一に挙げられ，最近では蛍光X線やX線反射率[4]，X線吸収微細構造（X-ray Absorption Fine Structure(XAFS)）測定なども行われている。

　X線を結晶性物質に対して照射すると，回折現象が生じる。これを利用し，回折X線の情報から構造解析を行う手法を「X線回折」と言い，精密な定量的構造解析法であり，最大の特徴と

＊　Masaru Kotera　神戸大学　工学部　応用化学科　助手

第 2 章　表面解析技術

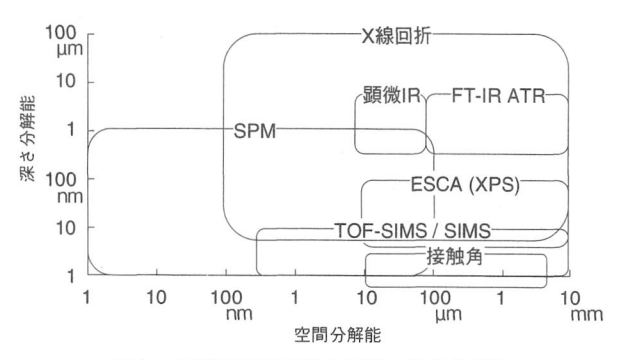

図 1　各種表面分析法の空間・深さ分解能

して大気中・非破壊測定が可能である。高分子材料に対しても，特に結晶領域の構造に関する知見を得る最も有力な手法の一つである。

通常 X 線回折で用いるプローブは，「硬 X 線」と呼ばれる波長 0.1 nm 程度の X 線である。この波長の短さ故，物質への透過能力は高く，レントゲン写真に代表されるように材料内部の情報を得る。しかも，材料中での X 線の吸収は，原子番号に比例して大きくなる。すなわち，軽元素から構成される高分子材料では，入射された X 線はほとんど吸収されることなくバルクにまで達し，得られる回折 X 線は表面構造に影響されず，深さ方向に平均化された情報として検出される。つまり通常の X 線回折法では，表面あるいは界面のみの情報は相対的に無視されることとなり，表面・界面構造の解析には不適であった。しかしながら，上述したように「X 線回折法」によって他法では得られない，表面・界面の構造に関する詳細な知見が得られることの意義は非常に大きいと考えている。ここでは，表面・界面構造解析のための「X 線回折法」に関して，われわれが最近進めている①視斜角入射 X 線回折法，および②放射光マイクロビーム X 線回折法を中心に述べる。

7.2　視斜角入射 X 線回折法

図 2 には，a) 広角 X 線回折，b) 視斜角入射 X 線回折の光学系を模式的に示した。a) では，入射された X 線によって原子から新たに同波長の X 線が弾性散乱され，この散乱波が互いに干渉した際，Bragg の条件を満たすある特定の方向で強め合い，回折として観察される様相を示した。ちなみに X 線においては，一度原子で散乱した X 線が再び他の原子によって散乱されるという多重散乱の影響は小さく，電子線のように多重散乱が無視できない電子線回折等の他手法と比較しても，プローブとしてのメリットが示される。この広角 X 線回折では，前述したように入射 X 線がバルク奥深くまで侵入する（波長に依存するが，おおよそ数 10 μm）。これに対して，X 線の入射角度 a を小さくして材料表面すれすれに入射すると，表面における X 線の光路

が長くなり，吸収が少ないとはいえX線は材料に吸収されて徐々に減衰することから，回折を表面近傍に限定することができる。すなわち，入射角度を微小にし，X線の物質内部への侵入深さを制限することで，表面近傍層の情報が得られる。この手法を，「微小角入射X線回折」，もしくは「薄膜X線回折」という。一方，X線の屈折率は1よりごくわずかに小さいため，b) で示したように入射角をある臨界角 $α_c$ より小さくすると，X線はついには表面で全反射するようになる。この際，回折に与るX線は試料表面にわずかに染み込むエバネッセント波のみに由来する。この場合のX線回折を微小角入射X線回折の中でも特に，「視斜角入射X線回折（Grazing Incidence X-ray Diffraction (GIXD)）」という[5~7]。具体的には，通常のX線回折測定と同様，たとえばその回折ピーク位置（$2θ$）から結晶面間隔（d）が求まるのみならず，分子鎖骨格構造やパッキング状態の推定が可能である。あるいは，結晶化度，配向状態，微結晶サイズ，結晶の乱れなど，各種構造パラメーターに関する知見を得ることもできる。

図3には，アイソタクチック・ポリプロピレン（$it.$PP）に対して，入射角度 $α$ とX線の侵入深さの関係を示した。ここでは，侵入深さを，X線の強度が1/eになるまでの表面からの深さと定義している。$CuK_α$ 線の波長に対して $it.$PP の臨界角 $α_c$ は0.14°となり，この角度を挟んで侵入深さは大きく変化している。たとえば，$α=0.05°$ では理論上表面から約5 nm までの深さの情報が得られることとなり，この侵入深さはXPSでの検出深さにほぼ対応する。一方，入射角が $α_c$ より大きくなると，X線の侵入深さは急激に大きくなり，$α=0.2°$ では約 $10μm$ まで

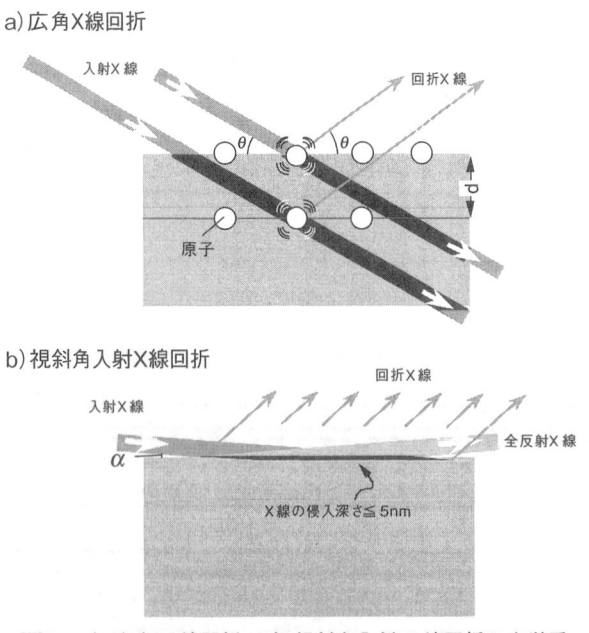

図2 a) 広角X線回折，b) 視斜角入射X線回折の光学系

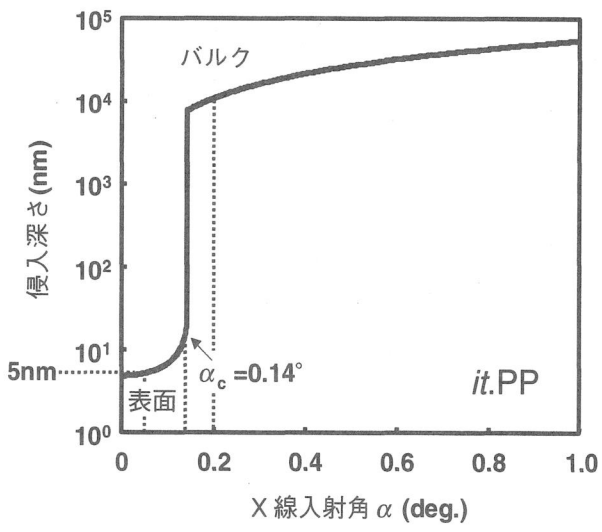

図3 X線入射角αとアイソタクチック・ポリプロピレンに対する侵入深さの関係

侵入する。このことから，入射角αを変化させX線回折を行うことにより，結果として得られる結晶の情報を，XPSレベルからFT-IR ATRレベル，ひいてはバルクまで，材料表面から深さ方向への構造解析が可能となる。

図4には，シリコンウェハに挟んで圧縮成型したit.PPフィルムについて，バルクと表面（$α = 0.05°$）からのX線回折プロファイルを示した[8]。なお，試料は溶融状態から急冷した後，100℃で10分間の熱処理を施した。it.PPには試料作製条件等に依存して，さまざまな結晶多型の存在が知られているが，いずれもα型結晶に帰属する回折ピークのみが得られ，この試料においては表面・バルクともに他の結晶多型の存在は確認されなかった。また，プロファイル全体を比較すると，バルクに比較して表面の方が回折ピークは散漫である。このことは，表面の結晶化度が低いことを意味している。そこで，便宜上 Weidinger, Hermans らの方法を適用することによりX線結晶化度を求め[9]，熱処理温度を変化させた際の結晶化度を図5に示した。熱処理温度に伴い，バルク・表面ともに結晶化度は直線的に上昇したが，いずれの温度においても表面の方が結晶化度は低かった。

また図6には，熱処理温度を100℃に固定し，熱処理に伴う結晶化度の変化を示した。バルクは短時間の熱処理で結晶化が進行している。一方，表面では結晶化速度は遅く，30分以上の熱処理を施してもバルクの結晶化度に漸近するが，完全に一致はしない。すなわち，これらのことは本質的に表面では結晶化度が低いことを示している。

高分子材料表面層の結晶化度が低くなることは，計算機シミュレーションによっても示されており[10]，さらに高分子ブレンドにおいて，結晶化度の低い成分が表面に偏在する事が報告されて

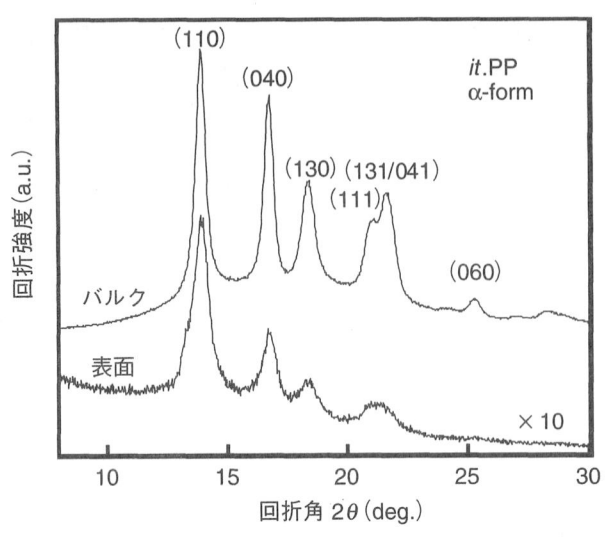

図4 アイソタクチック・ポリプロピレンのバルクおよび表面のX線回折プロファイル

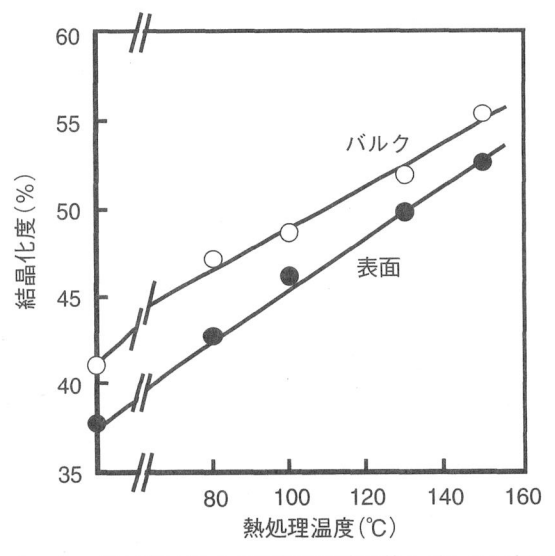

図5 アイソタクチック・ポリプロピレンの熱処理温度に伴うバルクと表面の結晶化度の関係

いる[11]。この理由として，結晶化度の低い成分，あるいは欠陥としての分子末端や精製で除去しきれなかった不純物が表面に偏在しているためと考えられる。つまり，表面自由エネルギーを最小にするため不純物，汚染は表面に局在化し，あるいは分子末端などの欠陥が多くなり，結晶化度を低下させることが考えられる。さらに，熱処理時間を長くするとバルクの結晶化度は上昇するものの，表面のそれは低下してしまう。また，図中数字は水との接触角を示した。このことより，長時間に亘り高温・空気中に暴露したことで，フィルム表面が酸化劣化したと考えられた。

第2章　表面解析技術

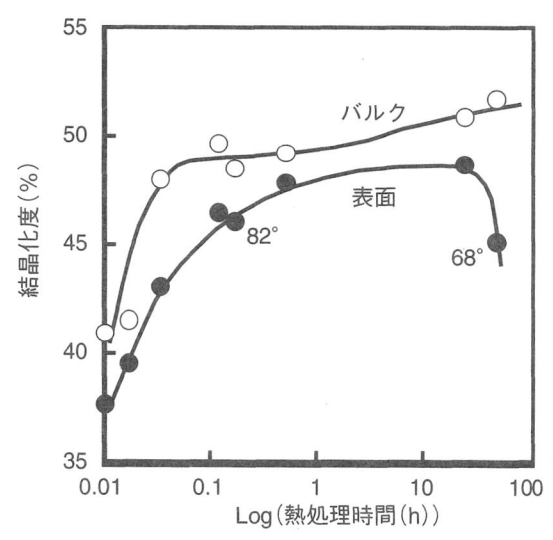

図6　アイソタクチック・ポリプロピレンの100℃での熱処理時間と結晶化度の関係

このように，視斜角入射X線回折法において構造パラメーターを追跡することで，表面の状態分析も可能となる。

これまでは，表面の解析事例について述べてきたが，次に界面解析のためのX線回折について具体例を挙げる。

シリコンウェハ上にアタクチック・ポリビニルアルコール（PVA）水溶液をスピンコート（厚み：60 nm）し，さらにアイソタクチック・ポリスチレン（$it.$PS）をトルエン溶液から重ねてスピンコート（厚み：180 nm）し，高分子／高分子界面を作製した。この組み合わせについては，X線回折を行うにあたり，①結晶性であること，②回折ピークがもう一方のものと重ならないこと，③溶媒がもう一方の高分子を溶解しないこと，④結晶化した際に表面に大きな凹凸を生じないこと，等を考慮し，決定した。ここで，PVAのα_cは0.17°であるのに対して，$it.$PSのα_cは0.158°である。つまり，両者のαの間の角度でX線を入射させると，上層の$it.$PSを突き抜けて，$it.$PS/PVA界面で全反射が生じ，界面近傍のPVAの構造を捉えることが可能となる。

図7には，$it.$PSをスピンコートする前のa) PVA薄膜全体からの，b) PVA薄膜の表面からの，およびc) $it.$PSを重ねてスピンコートした後の$it.$PS/PVA界面のPVAからの，それぞれのX線回折プロファイルを示した[12]。なお，いずれの試料に対しても200℃で10分間の熱処理を施した。このような薄膜試料ではX線による被照射体積が元来小さいため，通常のX線回折測定を行ってもバックグラウンドが得られるのみである。それに対して，入射角度αを0.2°に設定した測定では，a)で示したように厚み60 nmのPVA薄膜であっても，101/10$\bar{1}$反射が明瞭に確認できる。このことからも，本手法を「薄膜X線回折」と呼ばれている理由がわかる。次

に，αを0.05°にすると，b）で示したように，PVA薄膜のさらに表面近傍からの回折が得られた。この際，見かけの積分幅が表面では大きくなっている。つまり，薄膜においてもその表面とバルクを区別することができ，バルクに比較して表面では微結晶サイズが小さく，結晶化が抑制されていることを意味している。ところが，PVA薄膜上に $it.$PS層を重ねて，かつ熱処理を行うと，界面での積分幅はa）で示したバルクの値とほぼ等しくなった。このことは，熱処理を施しても，バルクに比較して表面では微結晶サイズは小さいが，一方，界面では結晶が成長してバルクと同様のサイズになることを意味している。

表面と界面は並べて論じられることが多いが，ここで示したように，接する相手に依存してそれらの構造は大幅に変化する。現在，接触媒体を異にする際の，表面・界面構造の解析を進めている。

7.3 マイクロビームX線回折法

これまでは，X線回折測定の際の光学系を調整（具体的には，材料表面すれすれにX線を入射させる）することで，表面・界面の解析例を示した。この視斜角入射X線回折によって得られる表面・界面の知見は，通常のX線回折の場合と何ら異なることなく，多彩である。しかし，

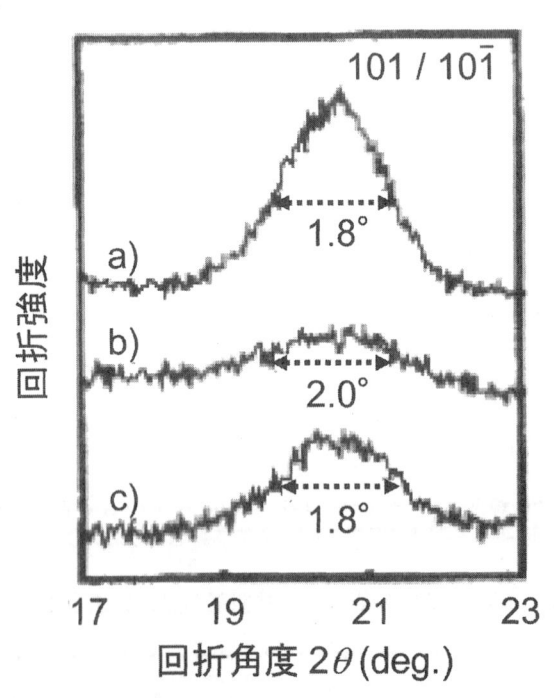

図7　a）ポリビニルアルコール薄膜全体，b）ポリビニルアルコール薄膜の表面，c）ポリビニルアルコール／アイソタクチック・ポリスチレン積層薄膜の界面のX線回折プロファイル

第2章　表面解析技術

この手法の難点を挙げるとすれば，測定に供する表面・界面が平滑でなければならない。経験的に言えば，表面の平均粗さを示す RMS 値で，約 10 nm 程度の平滑性が必要である。このため，現実に使用されている材料の表面・界面解析に関して，この視斜角入射 X 線回折法が適用困難となるケースも多い。そこで次に，入射する X 線のビームサイズを小さくして，バルクと界面を見分ける手法について述べる。この手法では，原理的に荒れた表面・界面に対しても適用可能である。

　可視光線は光学レンズを通して集光することが出来るが，波長が長いために空間分解能に限界がある。同じ電磁波である X 線は上述したように，高い透過能力を有し，波長が短いため高い分解能が期待できる。さらに，大気中・非破壊測定が可能である上，特別な試料調整は不要であるなど，さまざまなメリットを有している。しかし，X 線は電荷を持たないため，電子線のように磁場で集光させることは不可能である。また，X 線の波長領域ではすべての屈折率が限りなく 1 に近いので，いわゆる屈折レンズの作製は困難である。現在では，全反射現象を利用したミラー，あるいは回折現象を利用した位相ゾーンプレート（ZP）によって，X 線ビームをサブマイクロメータースケールまで集光させることに成功している[13]。ビームサイズは光学素子あるいは X 線の波長に依存するが，波長の長い軟 X 線では 40 nm 程度，波長の短い硬 X 線では 100 nm 程度にまで集光させることが可能となっている。このようにして得られた X 線マイクロビームは，さまざまな微小部分析に利用されており，蛍光 X 線分析による元素分布[14,15]，X 線吸収微細構造（XAFS）測定による局所構造解析[16]，イメージング等が行われており，これら X 線マイクロビームを用いた様々な手法を総称して，X 線顕微鏡と呼ばれることもある。われわれは，ZP を用いて硬 X 線を集光して得られるマイクロビームを利用した X 線回折を試みている[17~19]。ZP とは，X 線に対して透明・不透明の輪帯（材質はタンタル）が交互に同心円状に繰り返した円形の透過型回折格子であり，透過・回折した X 線が焦点にて集光するようにしてある。この際，集光効率は高い物でも約 20 ％程度であるため，光源として高輝度 X 線源が必須となる。高輝度 X 線源として，兵庫県西播磨の SPring-8（Super Photon ring-8GeV）[20]に代表される大型放射光施設が挙げられる。このような第 3 世代と呼ばれる放射光施設は，現在 SPring-8 を含めて世界に 3 カ所しか存在しない。

　図 8 には，SPring-8 兵庫県ビームライン（BL 24 XU）にて行われている，マイクロビーム X 線回折測定のためのセットアップを示した。SPring-8 蓄積リングより取り出した放射光を単色化（波長：0.12398 nm）し，直径 100 μm の ZP に入射する。使用した ZP では，20 cm 先で集光するためこの位置に高精度ステージ上の試料をセットし，さらに後方で試料から回折する回折 X 線をイメージングプレート（IP）にて検出する。この際，集光したビームサイズは，縦 0.9 μm ×横 1.7 μm であった。このようにビームサイズが小さくなったため，図 9 に示すように，ラ

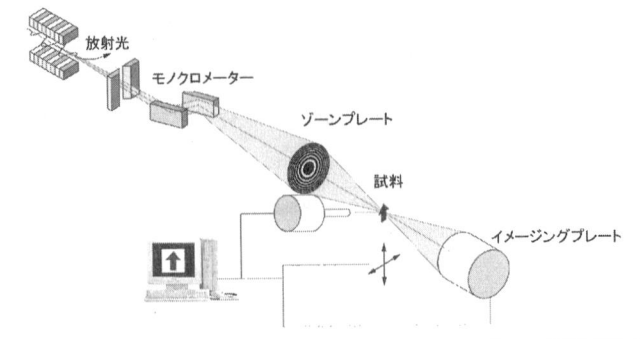

図8 SPring 8兵庫県ID（BL 24 XU）でのマイクロビーム光学系模式図

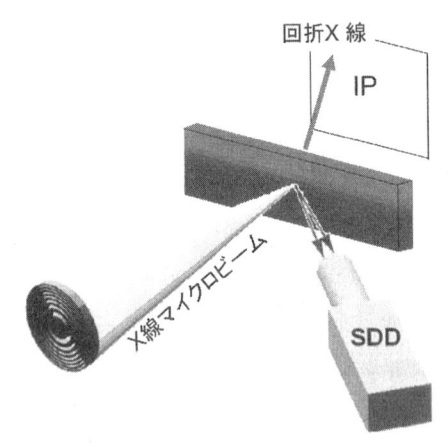

図9 X線マイクロビームによるラミネート界面測定の模式図

ミネートフィルムの断面へ直接X線マイクロビームを入射し，試料をX線に対して移動させることで，界面付近の情報を得ることが可能となる。また，X線マイクロビームの照射位置に関しては，試料より散乱されるトムソン散乱をSDDにて検出することで，確認した。

低密度ポリエチレン（PE）とit.PPそれぞれのフィルムを，両者の融点の間（150℃）で4 MPaにて圧着させ，急冷後100℃で2時間熱処理を施した。X線透過方向に約50 μmに切り出し，測定試料と供した。

図10には，照射位置を変化させながらラミネート界面付近にてX線マイクロビームを入射した際，得られたX線回折プロファイルを示した[21]。図中の距離は，界面付近のある位置(a)からの厚み方向への相対距離を示している。各位置でのX線マイクロビーム照射時間はわずか5分であるが，このような短時間測定は上述した放射光の高輝度という大きな特徴による結果である。図よりまず，界面近傍でPE側の位置(a)ではPEに帰属される回折プロファイルが得られている。次に，ビーム照射位置を(a)より1.56 μmだけit.PP側へ移動させると，PEに加えて

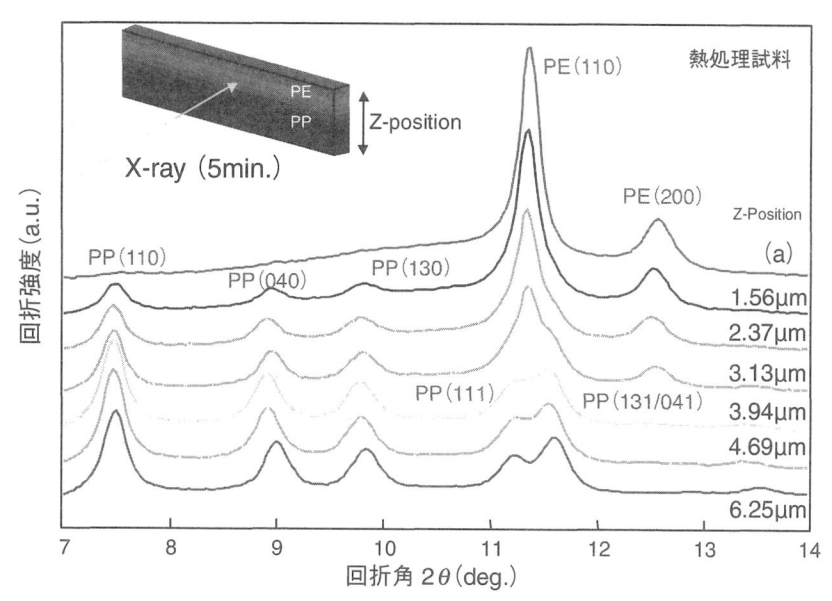

図10 ポリエチレン／アイソタクチック・ポリプロピレンラミネートフィルム界面付近のX線回折プロファイル

it.PP由来の回折ピークが出現した（なお，用いたX線波長が異なるため，回折ピーク位置は図3と異なっている）。以降，位置(a)から離れるにつれてPEの回折ピーク強度は小さくなり，一方，it.PPのそれは大きくなっている。さらに，6.25 μm離れた位置では，ついにit.PP由来の回折ピークのみとなった。このように，ラミネート界面付近において，PEからit. PPへと連続的に変化する様子が観察された。X線回折で得られるのは，結晶領域の情報であることを考慮すると，今回の結果は両者の微結晶が混在した層として，ミクロンオーダーで存在することを示唆している。そこで，X線マイクロビーム自身の大きさも考慮し，回折プロファイルの変化領域より界面厚みと定義すると，今回の試料では約5 μmの厚みを形成していると考えられた。

このラミネートフィルムにおいては，フィルム作製過程において熱圧着・急冷した後，結晶化を促進させる目的で熱処理を施している。表1には，図10の方法で求めたラミネートフィルムの界面厚みと90°ピール強度を示した。熱処理試料に比較して急冷試料は，界面厚みが大きく，高い接着強度を示す。これは熱圧着により相互拡散するが，熱処理を行うことでPE, $it.$PP両者は互いに相分離し，拡散層が減少したため接着強度が減少したと考えられる。

7.4 おわりに

X線回折法による表面・界面解析の一例として，材料表面すれすれにX線を入射する視斜角入射X線回折法，大型放射光施設で得られるマイクロビームX線回折法について示してきた。

表1　各試料における界面厚みと90°ピール

	未処理	熱処理
界面厚み（μm）	20	5
90°ピール強度（N／m）	596	117

はじめにも述べたように，表面・バルクが材料全体の中で占める割合はごくわずかである。そのため，バルクに比較して表面，さらには表面に比較して界面についての知見は乏しい。紙面の都合上割愛させて頂いたが，われわれは複合材料の界面について，その応力伝達状態[22]や，残留応力測定[23]をX線回折法により検討を行っている。高分子材料は，主に軽元素から構成され，金属やセラミックス等他の材料ほど構造の規則性が高くないという制限がある。今回示した手法でいえば，前者は30年程前に提唱され[5]，高分子系への適用はたかだか10数年である。また，X線マイクロビームの技術は，大型放射光施設という限られた場所でしか得られない。このような妨げが，表面・界面解析の遅れになっている理由の一つであると思う。しかし，日本においてもSPring-8のような大型放射光施設の利用が盛んとなってきており，これがブレークスルーとなって，表面・界面解析が今後益々増加し，知見を蓄積されてゆくことを切に望んでいる。

文　献

1) 岩田博夫，松田武久，高分子表面の基礎と応用（上），化学同人（1986）
2) 黒崎和夫，三木哲郎，実用高分子表面解析，講談社サイエンティフィック（2001）
3) G. Beamson and D. Briggs, "High Resolution XPS of Organic Polymers", John Wiley & Sons（1992）
4) 毛利恵美子，松本幸三，松岡秀樹，高分子，**53**, 486（2004）
5) W. C. Marra, P. Eisenberger and A. Y. Cho, *J. Appl. Phys.*, **50**, 6927（1979）
6) 荒木宏侑，表面技術，**41**, 370（1990）
7) 目時直人，応用物理，**64**, 1244（1995）
8) T. Nishino, T. Matsumoto and K. Nakamae, *Polym. Eng. Sci.*, **40**, 336（2000）
9) A. Weidinger and P. H. Hermans, *Makromol. Chem.*, **50**, 98（1961）
10) A. Aabloo and J. Thomas, *Comp. And Theor. Polymer Science*, **7**, 47（1997）
11) P. Brant, A. Karim, J. F. Douglas and F. S. Bates, *Macromolecules*, **29**, 5628（1996）
12) 西野　孝，中野真人，中前勝彦，*Polymer, Prepr. Jpn.*, **48**, 3619（1999）
13) M. Müller, M. Burghammer, D. Flot, C. Riekel, C. Morawe, B. Murphy and A. Cedola, *J. Appl. Cryst.*, **33**, 1231（2000）

14) Y. Kagoshima, K. Takai, T. Ibuki, Y. Yokoyama, T. Hashida, K. Yokoyama, S. Takeda, M. Urakawa, N. Miyamoto, Y. Tsusaka, J. Matsui and M. Aino, *Nucl. Instrum. & Methods A*, **467–468**, 872 (2001)
15) Y. Kagoshima, T. Koyama, I. Wada, T. Niimi, Y. Tsusaka, J. Matsui, S. Kimura, M. Kotera and K. Takai, *Synchrotron Radiation Instrumentation: Eighth International Conference*, 1263 (2003)
16) H. Ade, A. P. Smith, H. Zhang, G. R. Zhuang, J. Kirz, E. Rightor and A. Hitchcock, *J. Electron Spectroscopy and Related Phenomena*, **84**, 53 (1997)
17) 小寺 賢, 飯野 潔, 高分子, **51**, 813 (2002)
18) 小寺 賢, 接着の技術誌, **23**, 37 (2003)
19) M. Kotera, T. Nishino and Y. Kagoshima, *SPring-8 Research Frontiers 2003*, 41 (2004)
20) http://www.spring8.or.jp/ja
21) M. Kotera, T. Nishino, T. Taura, M. Saito, A. Nakai, T. Koyama and Y. Kagoshima, *Composite Interfaces*, **14**, 63–72 (2007)
22) M. Kotera, T. Nishino and K. Nakamae, *Composite Interfaces*, **9**, 309 (2002)
23) T. Nishino, M. Kotera, N. Inayoshi, N. Miki and K. Nakamae, *Polymer*, **41**, 6913 (2000)

第3章　表面改質応用技術

1　生体適合性付与

鈴木嘉昭*

1.1　はじめに

　人工血管，人工腎臓，人工心臓などの人工臓器に用いられる材料は高分子化学の進歩と共に発展し，おのおの必要とされる機能を付与した合成高分子が開発された。初期の頃は人工血管を例にとれば，血管状の成形がなされた血液流路という機能のみの人工血管の時代であった。第2世代として血液が固まりにくい性質を付与させた抗血栓性人工血管や細胞が接着しやすいファブリックと呼ばれる素材を用いた人工血管が開発された。その後，生体由来材料（タンパク質，細胞）を組み合わせ，機能をそれらにゆだねるハイブリッド型人工血管などの研究が行われたが，この技術の限界が示唆され，不十分ながらも第2世代の人工血管が患者へ使用されているという状況である。他の人工臓器もこの人工血管と同様に，形状加工化→機能化→ハイブリッド化あるいはマイクロ加工化（高機能化）などの特定の機能を付与させる段階を歩んでいる。第1世代，第2世代ではほぼ右肩上がりの臨床成績の伸びが得られた時代であったが，高機能化の段階では世界的にも革新的な研究成果が望まれている。

　医療用材料の開発にはもう一つの潮流があり，それは現存する材料の力学特性を生かして，表面あるいは表層のみを改質して目的とする機能を付与させるいわゆる表面改質である。医用材料の生体適合性（抗血栓性，細胞接着性）の付与を目的に現在まで様々な表面改質が行われている。これらの方法はバルクの性質を生かし，かつ血液あるいは細胞と接触する表面または局所の機能化が可能である。本節では特にイオンビーム照射による医用材料を目的とした表層の改質およびそれらの応用例を中心に述べる。

1.2　生体適合性

1.2.1　生体適合性とは

　人工材料が生体内組織と接触した場合，生体の防御反応として人工材料は異物として認識される。これらの異物反応は接触する組織によって大きく2つに分類される。1つは血液と接触した場合，他方は組織（細胞）と接触した場合の反応である。人工臓器用材料における生体適合性と

---

*　Yoshiaki Suzuki　(独)理化学研究所　先端技術開発支援センター　先任研究員

は主にこれら2つの事柄を示す。

1.2.2 血液適合性

人工材料が血液と接触すると種々の反応が生じるが，人工臓器などに使用される材料で血液と接触するものに対して最も重要な要素は血液凝固反応である。けがなどによって血管が損傷し，出血すると血栓が形成される。また血管内に異物が侵入するとその異物表面でも血栓が生じる。血液凝固反応は血液凝固因子と呼ばれる物質が次々と活性化して，最終的にはフィブリノーゲンというタンパクがフィブリンに転換することで血栓生成が起こる。血栓形成に関わるもう1つの要素は血小板が関与する反応である。血液中で血小板は人工材料表面を認識して粘着する。その後，血小板は凝集反応，放出反応を生じ，血栓形成へと移行する。この血小板反応は接触する人工材料表面の性質に大きく依存する。人工材料を用いて血栓形成を抑制させる場合，血液接触初期段階で血小板の粘着を生じさせない表面の設計を主眼に行われ研究されている。

1.2.3 組織適合性

組織適合性とは広い意味では体内でアレルギー反応，細胞毒性，発熱反応，石灰化など人体に危険性を及ぼす反応を引き起こさないことである。人工皮膚，人工硬膜，人工骨など主に構造材料として人体に使用される素材は，細胞あるいは細胞外マトリックスと呼ばれるタンパク質などと接触する。人工材料にとって組織との接触とは，細胞およびタンパク質との接触を主に意味する。血液細胞（血球）は血管内を移動するのに対して組織細胞は細胞同士あるいは基質に接着して存在している。細胞は基質依存性であり，基質への接着なしには生存できない性質を有する。組織と接触する人工材料にとって細胞との接着性の有無は非常に重要な組織適合性の一つである。人工臓器には細胞が接着して欲しいものと，接着して欲しくないものがあり，人工材料の細胞接着の制御を行うことは重要な要素となる。

1.2.4 その他医療材料に必要とされる条件

血液適合性あるいは組織適合性以外に生体内で基本的に材料側に求められる性質は，生体内で材料物性が劣化しない（生体内で分解を目的とした生分解性材料を除く），周囲に炎症や異物反応などの生体反応をおこさない，発ガン性がない，アレルギー反応がない，溶出しない，消毒が可能である，などがあげられる。これらの条件は医療材料として使用する場合，最低限必要とされる条件である。

1.3 イオンビーム照射による生体適合性の制御

1.3.1 イオンビーム照射（イオン注入法）

イオン注入法（イオンビーム照射技術）とは，添加を目的とする粒子を高真空（10^{-4}Pa）中で，イオン化し数十kVから数MVに加速して固体基板に添加する方法である[1]。イオン源で作られ，

加速されたイオンビームは質量分離されるため,イオンの純度が極めて良い。加速エネルギー,照射量など制御性が高く,再現性,均一性がよい加工が可能である。質量分析器によって目的のイオンのみ照射されるため,照射材料の構造変化に対するイオンビーム照射効果が解析しやすい利点を有する。イオン注入法は添加効果を目的にした例ではすでにシリコンへの不純物添加法として確立された技術である。またイオン注入法は表面改質法の中で最も高いエネルギーのイオンを用いることを特徴とする。

イオンを用いた表面改質技術にもいくつかの方法があり,それは用いるイオンのエネルギーで分類される。低い順から蒸着,プラズマ処理,イオンプレーティング,イオン注入という呼び名で呼ばれる。イオンを用いる表面処理ではプラズマ処理が最も利用されているが,イオン注入技術ではイオンのエネルギーが高いために,照射されたイオンは表面を通過して数ミクロンの層(表層)を改質する。この最大のメリットは,プラズマ処理は表面上の改質であるのに対して,イオン注入は表層であるため体内に埋め込んだ場合,剥離などの危険性が無いという最大のメリットがある。イオンを用いた表面処理技術で,体内で長期間使用可能な改質ができる方法といえる。

1.3.2　イオンビームによる材料改質

イオンビーム照射法による材料改質では,改質を目的とする材料は固体であれば任意に選択できる。用いられるイオンは,イオン注入装置のイオン源の性能に左右されるが,イオン化さえできれば照射可能である。イオンが材料表層に照射された場合,この効果は照射損傷効果,添加効果に大きく二分される。照射損傷効果は標的材料の構造制御に利用され,添加効果は化合物形成などに主に利用されている。

金属材料などの表層改質の歴史は古いものの,医療材料を目的としたイオン注入による研究は数十年前に始まり,初期の頃は人工関節への応用を目指し金属材料へのイオンビーム照射による改質が主な研究であった。医用材料を目的とした高分子材料の改質に関しては約20年前に始まったばかりである。扱われる材料は近年では高分子材料,生分解性高分子,タンパク質など多岐にわたり,その裾野を広げつつある。またイオン注入器の発展もめざましく,以前は直進性のイオンビーム照射装置しかなかったが,近年,3次元イオン注入装置(PBII:Plasma Based Ion Implantation)が開発され球面,立方体,パイプ内面へのイオンビーム照射も可能となった。

1.3.3　細胞・血小板接着制御

(1)　細胞接着表面

セグメント化ポリウレタンやポリスチレンといった高分子材料にNe^+,Ar^+などの希ガスイオンや,窒素や酸素のイオンを照射すると,細胞接着性表面ができる。セグメント化ポリウレタンは人工心臓の内面に使われる材料で通常は細胞がまったく接着しないが,イオンビームを照射し

第3章　表面改質応用技術

て血管内皮細胞などを培養すると照射したところだけ細胞が接着する。円形に照射すれば円形状の細胞コロニーが，線状に照射すれば線状の細胞コロニーができる[2]。ほとんどの合成高分子材料は，イオンビーム照射すると細胞接着性が増加する。なぜ細胞が接着するのか，官能基ができるということもあるが，アモルファスカーボンの生成が大きな要因と考えられる。イオンビームを照射すると，高分子の炭素がバラバラになり，炭素同士が集まってアモルファス・カーボンを形成する。これを細胞が認識して接着する。高分子材料には豊富に炭素が含まれイオンビーム照射によって炭素は一時期自由の身となり，その後仲のよい炭素同士が結合して特有の炭素構造を形成し，細胞接着を生じる。炭素材には実際，細胞が非常によく接着する。

たとえば延伸ポリテトラフルオロエチレン（ePTFE）は医療現場で多用されている材料であるが，この材料はC（炭素）とF（フッ素）の結合でできている。この材料にイオンビームを照射するとCF結合は分解され炭素同士が結合してアモルファスカーボンを生成して細胞の接着性が付与される。

図1(a)に位相差型顕微鏡により観察したePTFE（延伸ポリテトラフルオロエチレン）にAr$^+$イオンを加速エネルギー150 keVで5×10^{14}ions/cm^{2}照射した部分（円形約120μm）への線維芽細胞の接着状態を示す。細胞は照射面を認識して接着した。図1(b)に走査型電子顕微鏡により観察した接着状態を示す。イオンビーム照射によってePTFE表層は凸凹となるが，アモルファスカーボンが生成し，この構造を細胞が認識するものと考えられた。またこの性質を利用した人工硬膜への応用も報告されている[3]。

イオンビームは直進性を有する。この性質を利用してマイクロパターン化した金属製マスクを高分子表面に装着した後，イオンビーム照射することでミクロンオーダーの細胞接着面のパターン化も可能である。

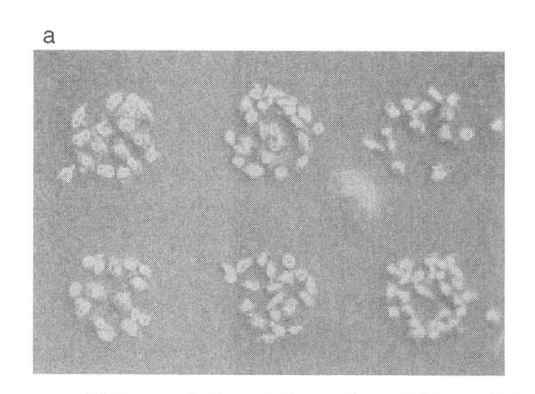

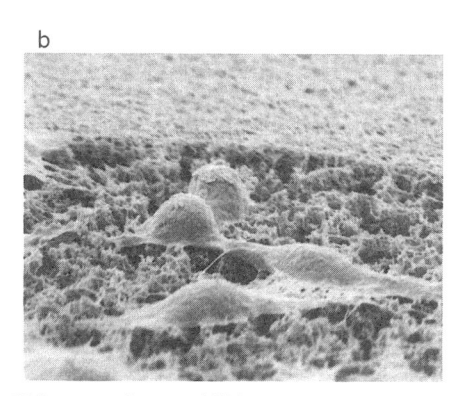

図1　ePTFEにAr$^+$イオンビーム照射した部分（円形約100μm）への線維芽細胞の接着状態
(a)：位相差型顕微鏡，(b)：走査型電子顕微鏡による観察

(2) 細胞非接着表面

生体内では時として細胞が接着しない表面も必要とされる。イオンビーム照射を細胞外マトリックスと呼ばれるタンパク質（コラーゲン，ラミニン，フィブロネクチン）やゼラチンへ行うと細胞の接着しない表面が形成される[4]。これはタンパク質に存在する細胞の接着部位がイオンビームによって破壊されるためである。またキトサンという生体高分子（多糖類）にイオンビーム照射しても細胞の接着しない表面が形成される。

図2にキトサンに O_2^+ イオンビームを加速エネルギー 150 keV で 1×10^{13} ions/cm^2 照射した部分（線形約 50 μm）への線維芽細胞の非接着状態を示す。キトサンへのイオンビーム照射の場合，1×10^{14} ions/cm^2 以上照射すると細胞接着性を示すようになり，照射量によって細胞接着表面，細胞非接着表面の両方が形成される。

(3) 血小板粘着制御

血小板の粘着を制御することは，血液と接触する人工臓器にとって非常に重要である。人工血管などは血小板の粘着を阻止して血液凝固を抑制し，かつ皮細胞の接着を誘導して内面が血管内皮細胞で覆われることが理想的である。細胞外マトリックスと呼ばれる生体高分子にイオンビーム照射して血小板粘着を抑制する試みも行われた[5,6]。

タイプIコラーゲンに He$^+$ イオンビーム照射することで血小板と細胞の接着挙動が異なる。図3上段にコラーゲン（Type I）に He$^+$ イオンビームを加速エネルギー 150 keV で照射し，多血小板血漿を接触させた後の血小板粘着状態の照射量依存性を示す。血小板の活性は照射量により異なり 1×10^{13} ions/cm^2 照射したコラーゲンは血小板の粘着活性はやや減少する。1×10^{14} 照射したコラーゲンは最も血小板粘着の抑制を生じた。1×10^{15} 照射コラーゲンでは再び血小板の活

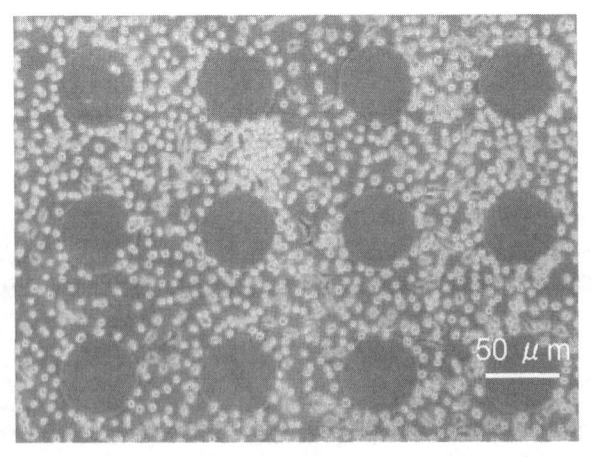

図2　キトサンフィルムに O_2^+ イオンビーム照射した部分（円形約 50 μm）への線維芽細胞の接着状態

第3章　表面改質応用技術

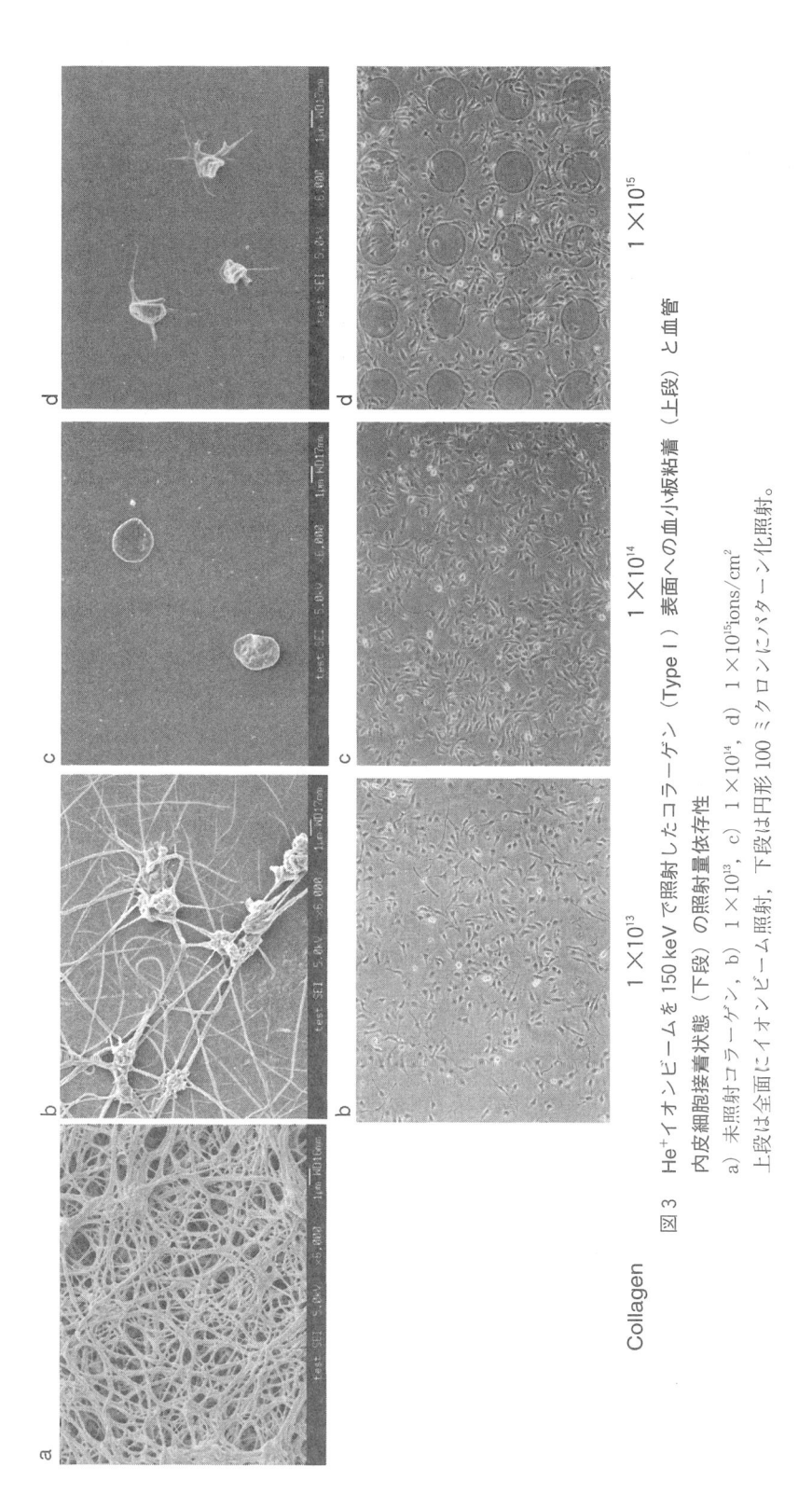

|1×10¹³　　　　　　　　　　1×10¹⁴　　　　　　　　　　1×10¹⁵|

Collagen

図3　He⁺イオンビームを150 keVで照射したコラーゲン（Type I）表面への血小板粘着（上段）と血管内皮細胞接着状態（下段）の照射量依存性
a）未照射コラーゲン，b）1×10^{13}，c）1×10^{14}，d）1×10^{15} ions/cm²
上段は全面にイオンビーム照射，下段は円形100ミクロンにパターン化照射。

性化が生じる。金コロイド法にて測定した血漿中における未照射およびイオンビーム照射（$1 \times 10^{13} \sim 1 \times 10^{15}$ ions/cm^2）したコラーゲンへのタンパク質吸着量を測定した結果，イオンビーム照射したコラーゲンへのタンパク質（アルブミン；Alb, Fng, vWF, γグロブリン Fc 部分；IgG-Fc）吸着量はイオンビーム照射量 1×10^{14} ions/cm^2 で最小となった。フィブリノーゲン（Fng）や von Willebrand factor（vWF），フィブロネクチンなどの吸着は血栓形成を促進する。イオンビーム照射したコラーゲンの抗血栓性は血漿タンパク質の吸着量を減少することで血小板との相互作用が抑制され発現すると考えられた。

図3下段に細胞接着状態を示す。細胞接着は照射量により異なり 1×10^{14} ions/cm^2 以下で照射したコラーゲンは細胞接着性が維持され，1×10^{15} 照射した場合，接着阻害を生じた。これは前述のようにコラーゲンに含まれる細胞接着部位をイオンビームが破壊したことによると考えられる。

コラーゲンに He$^+$ イオンビームを加速エネルギー 150 keV で 1×10^{14} ions/cm^2 照射した表面は血小板の粘着を抑制すると同時に細胞の接着を維持し，また生体内で血液凝固を抑制すると共に細胞接着性の発現によって自己修復性を持つことが犬を用いた動物実験でも明らかになった。現在，この表面は小口径人工血管（内径 3 mm）[7]および冠動脈ステント[8]として動物実験レベルの研究が行われている。

(4) 細胞シートへの応用

イオンビーム照射によって照射されたイオンは標的材料中でガウス分布を示す。入射したイオンは原子，電子と相互作用してエネルギーを失うが，深さ方向のエネルギー損失もある位置で極大値を示す。結合力の比較的弱い高分子材料にイオンを照射した場合，このエネルギーの集中するごく限られた領域で局在的な結合の切断を生じる結果，照射後，水溶液中でイオン照射層の母材からの解離が起こる。この性質を利用し，イオンビーム照射により薄膜を形成し，その表面上で細胞を培養することで細胞シート，細胞チップを作成する試みが行われている[9]。

図4に細胞チップ形成過程の模式図を示す。図5にポリ乳酸に He$^+$ イオンビームを加速エネルギー 150 keV で 1×10^{15} ions/cm^2 パターン化照射した後，細胞培養を行い，その後水溶液中で剥離した細胞（血管内皮細胞）チップを示す。(3)で述べたようにイオンビーム照射部はポリ乳酸に関しても細胞接着性の改善も同時に生じる。その後培養液中で母材から剥離して細胞チップが形成される。この細胞チップは培養液中で浮遊しながら細胞増殖を続けていた。現在はこの技術を用いて共培養への応用も試みられ今後の展開に期待できると考えられた。

1.4 人工臓器への応用

イオンビームによって改質された材料で，現在，臨床使用されているものは人工関節があげら

第3章　表面改質応用技術

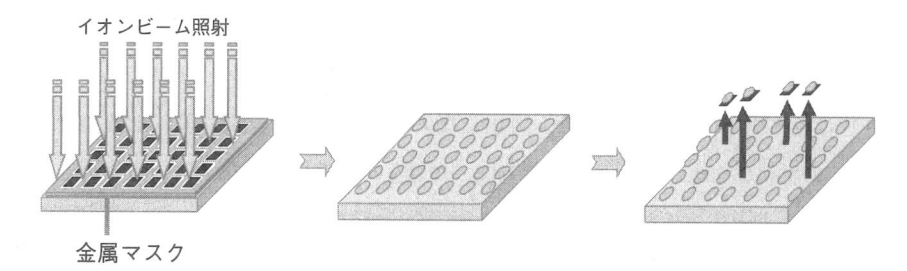

Step I
デザインされたパターン化金属マスクを介してポリ乳酸にイオンビーム照射する。

Step II
目的の細胞を培養する細胞はイオン照射面に選択的に接着する。

Step III
数個の細胞集団が自発的に剥離して細胞が伸展した状態でマニピュレーションできる。

図4　細胞チップ形成過程の模式図

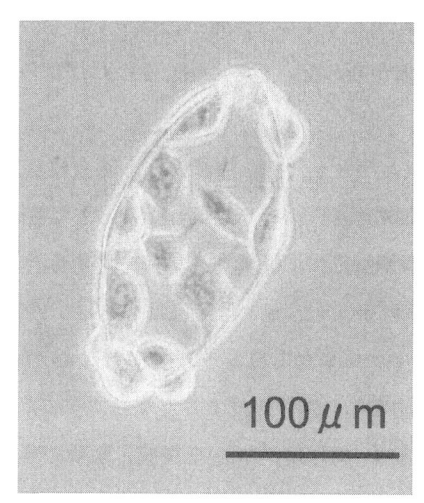

図5　ポリ乳酸に He$^+$ イオンビームを加速エネルギー 150 keV で 1×10^{15} ions/cm^2 パターン化照射した後細胞培養を行い，その後水溶液中で剥離した細胞（血管内皮細胞）チップ

れる。高分子材料のイオンビームによる改質に関する研究が始められて以来，高分子，生体高分子（タンパク質）を用いて，小口径人工血管[10]，脳動脈瘤治療用ガイドワイヤー[11]，人工硬膜[12]，脳動脈瘤治療用材料，血管修復材料，冠状動脈用ステントへの応用などが現在検討されている。その中で臨床応用された代表的な例を紹介する。

1.4.1　人工硬膜への応用

頭蓋骨と脳の間には3層の膜（硬膜，くも膜，軟膜）が存在する。硬膜は頭蓋骨直下の文字通り，最も硬い膜で，脳全体および脊髄を保護する膜である。開頭を伴う脳神経外科手術において，この硬膜に必ず欠損が生じる。この欠損部位の修復に代用硬膜が用いられる。クロイツフェルト・ヤコブ病が問題になる以前は代用硬膜として死体硬膜が最も使用されてきた。死体硬膜の

使用禁止の通達以後，唯一人工物として使用を許可されているのは，米国のW. L. Gore社が製造しているテフロン系の材料である延伸ポリテトラフルオロエチレン（ePTFE）のみである。このePTFEは生体内では非常に安定で，劣化しないという点では非常に優れた素材である。しかしながらこの材料は組織適合性（細胞接着性）が低く，頭蓋骨との接着，周辺組織との接着が生じないという欠点を有し，この性質が様々な術後のトラブルを起こしている。脳外科医はこのePTFEを用いての硬膜修復を余儀なくされているが，その手術手技ではウオータータイトといわれる縫合術（水漏れしないほど密に生体硬膜と縫い合わせる）によって硬膜の修復を行っている。近年はフィブリングルーという血液製剤由来の接着剤が多用されて，縫合の後に多量の接着剤で髄液の漏れを防止している。ePTFEはこのフィブリングルーの接着性も悪く，約5％以上の術後の髄液の漏れを生じているのが現状である。髄液が漏れた術後の患者は，感染による髄膜炎の防止のために，髄液の漏れが無くなるまで自然治癒するまでの期間，髄液を頭蓋内から一定量抜き取ったり，あるいは髄液が漏れない姿勢に保たなければならないという過酷な状況を強いられる。

　医療用ePTFEにイオンビーム照射を行い，生体外組織適合性実験，物性評価，未照射およびイオンビーム照射ePTFEの動物実験によって硬膜補修材として評価した。日本白色家兎（オス3.0～3.5 kg）を使用し，全身麻酔下にて埋め込み・摘出手術を行った。頭皮を切開して頭骨を露出し，ついで頭骨の左右に10 mm×15 mm程度の穴をあけ，硬膜を露出した。さらに，片側の硬膜は，頭骨にあけた穴の中央に当たる位置を4 mm×5 mm程度切除し，脳を露出した。露出した硬膜にフィブリン糊を塗布し，頭骨の穴よりもやや大きめに切っておいた試料を，イオンビーム照射面を脳側に向けて載せ，周囲約1 mmを硬膜と頭骨の間に挟み込んだ。さらにその上からフィブリノーゲン（フィブリン糊A液）を塗布した後，トロンビン溶液（フィブリン糊B液）を加えて凝固させた。試料は縫合せず，このまま頭皮を縫合し埋め込み手術を終えた。

　埋め込み手術直後，未照射試料はしっかり固定されず不安定であったが，イオンビーム照射試料，特にAr^+ $5×10^{14}$ions/cm^2，Kr^+ $1×10^{14}$ions/cm^2照射試料はフィブリン糊と接触した直後から確実に接着し，多少力を加えても動かないほどであった。数週間から数ヶ月後，試料を摘出した。未照射試料では髄液漏れがあったが，イオンビーム照射試料ではいずれも髄液漏れは認められなかった。埋め込み2週間の摘出した試料（未照射試料およびAr^+イオンビーム照射試料：加速エネルギー150 keV，照射量 $5×10^{14}$ions/cm^2）の組織写真を図6に示す。イオンビーム照射面には組織が接着していたが，未照射面には組織の接着は生じなかった。

　イオンビームを照射したePTFEは生体組織と確実に接着して脳髄液の漏れを確実に防止できた。動物実験にて行ったイオンビーム照射で最適な条件（Ar^+イオン，加速エネルギー150 keV，照射量 $5×10^{14}$ions/cm^2）にて作成した試料を東京女子医科大学脳神経外科にて同大学の医学倫

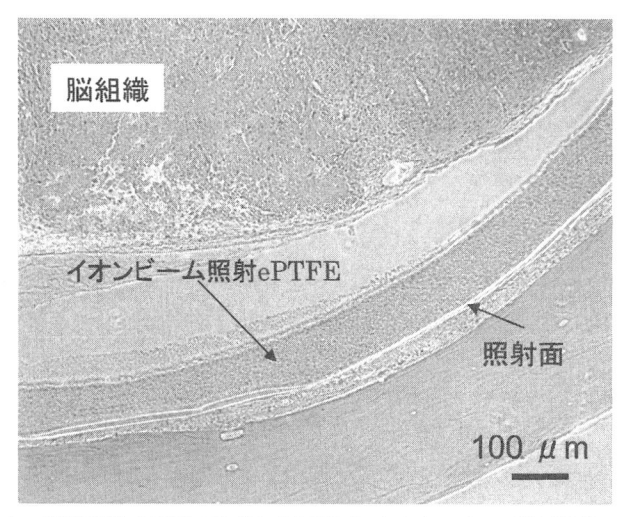

図6 硬膜置換2週間の摘出した試料（Ar$^+$イオンビーム照射試料：加速エネルギー 150 keV，照射量 5×10^{14} ions/cm^2）の組織写真

理委員会の承認を得た後，経鼻的下垂体腫瘍摘出手術中に髄液漏れを伴った100症例以上に使用したところ，1例は髄液漏れを生じたが他は完全に術後髄液漏れを防ぐことができた。加えて本材料は生体由来接着剤を使用することで使用直後から接着性を示すため，綿密な縫合術は不要ですべての症例で手術時間の短縮をもたらした。

1.4.2 脳動脈瘤治療用材料への応用

破裂脳動脈瘤によるくも膜下出血は毎年人口10万人に対して約12人発生する。日本の人口1億2千6百万人の内，約1万5千人発生している。約50％が初回くも膜下出血により死亡し，治療しなければ25〜30％は再出血で死亡する。救命のためには未破裂脳動脈瘤の段階で手術を行うことが必要である。この疾患の治療法は開頭術による動脈瘤の根本部分を金属製のクリップで血流を遮断するクリッピング，あるいは血管内から動脈瘤までカテーテルと呼ばれるチューブを導入して動脈瘤内に非常に柔らかい金属コイルを詰め込んで血栓化して破裂を防止する方法がとられている。しかしながらワイドネック型動脈瘤（なだらかな隆起状の動脈瘤）は動脈瘤の根本をクリッピングすることができず，またコイルを挿入しても，下流側にコイルが流れてしまい治療が不可能である。このワイドネック型動脈瘤の治療は開頭後に何らかの素材で動脈瘤を含めた血管全体をラッピング（包帯のように包み込む）によって破裂防止を行っている。現時点で動脈瘤の破裂を確実に防止できる臨床使用可能な人工材料は存在しない。脳外科医は苦慮したあげく細胞接着性のないePTFEなどに，患者自身の組織を手術糸で縫い合わせることで細胞接着性を向上させて破裂防止効果を期待して使用している例もある。

これらの動脈瘤の破裂を確実に防止できる素材をePTFEへのイオンビーム照射により作成し

た。生体外組織適合性実験，物性評価，未照射およびイオンビーム照射 ePTFE の動物実験によって破裂防止効果を評価した。イオンビーム照射 ePTFE と血管外壁との接着を評価するため，ウサギ内頸動脈へのラッピング実験を行なった。日本白色家兎（オス 3～4.5 kg）を使用し，ソムノペンチル（20 mg/kg）による静脈麻酔後，速やかに気管内挿管し，手術台に固定した。頸部を消毒後，正中切開を行い内径動脈を露出した。イオンビーム照射面が血管外周壁に接するように巻きつけ，フィブリン糊にて接着し塗り込み，端をクリップで留めた。留置試料は 1 週間，1 ヵ月，3 ヵ月後，再び全身麻酔下において手術部位を露出し，血管壁及び周辺組織との接着状態を目視にて確認した。

頸動脈ラッピング後，フィブリン糊で固定する際，未照射 ePTFE はフィブリン糊との親和性が不完全で不安定であったが，イオンビーム照射試料はフィブリン糊を塗布した直後から確実に接着した。図 7 に未照射およびイオンビーム照射（150 keV，5×10^{14}ions/cm^2）試料の 3 ヶ月間留置後の組織学写真を示す。未処理 ePTFE の表面には血管外壁が全く接着しておらず，空隙が存在し，また血管壁の肥厚が生じた。それに対してイオンビーム照射表面には，試料と血管外壁との間は細胞を介して良好に接着しているのが観察され，肥厚も抑制された[13]。

東京女子医大において未破裂脳動脈瘤，破裂動脈瘤の 100 例を超える治療に用いた結果，1 例を除き動脈瘤破裂，再破裂を防止できた。

1.5 医用材料の表面改質の今後の展望

イオンを用いた表面処理技術はプラズマ処理，イオン注入を経て，収束イオンビーム（Focused Ion Beam: FIB），プラズマイオン注入法（Plasma-Based Ion Implantation; PBII）の時代に入ってきている。FIB 法はイオンビームを収束させ，ミクロンオーダーでのイオンビーム加工が出来る。PBII 法では，試料はプラズマ中に置かれ，プラズマに対して負の高電圧パルスを印加することによりイオン注入を行い，複雑な形状を有する試料への均一なイオンビーム加工が可能であ

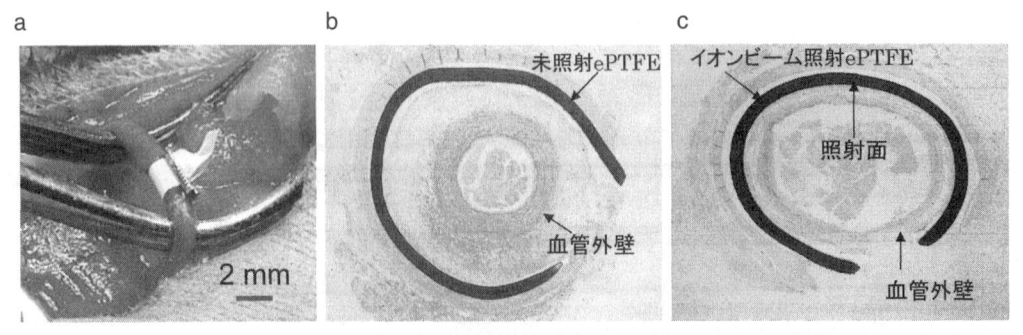

図 7 ウサギ頸動脈ラッピング方法（a）および未照射（b）およびイオンビーム照射 ePTFE（厚さ 100 μm，150 keV，5×10^{14}ions/cm^2）（c）試料の 3 ヶ月間留置後の組織学写真

る。PBIIによる医療用材料の改質はカテーテルと呼ばれる医療用チューブの改質に用いられはじめ，組織適合性を付加することによってカテーテル外面と皮膚の接着性が改善され，感染防止効果が期待できる。

　イオンビームによる医用材料の研究は歴史的には非常に浅く，また研究施設も世界的にも数施設しかなく，発展途上と言っても過言ではない。将来はこれら研究者人口の増加とともに学際領域の交流が深まることで発展することを期待する。

　イオンを用いた表面改質は新たな装置の開発とともに発展してきた。とりわけ電子工学の発展はめざましく，ともすれば装置の発展の方が材料研究より進んでいる感が強いが，将来はナノレベルでの医療用材料の表面改質も夢でない時代が来ると予想される。

文　　献

1) 難波進，"イオン注入技術"，エレクトロニクス技術全書8，工業調査会（1975）
2) Y. Suzuki, *et al.*, *Nucl. Instr. and Meth.*, **B 65**, 142（1992）
3) Y. Suzuki, *et al.*, *Nucl. Instr. and Meth.*, **B 206**, 538（2003）
4) 鈴木嘉昭　他，人工臓器，**23**，700（1994）
5) K. Kurotobi, *et al.*, *Colloids and Surfaces B: Biointerfaces*, **19**, 227（2000）
6) K. Kurotobi, *et al.*, *Nucl. Instr. and Meth.*, **B 206**, 532（2003）
7) Y. Suzuki, *et al.*, *Nucl. Instr. and Meth.*, **B 27/128**, 1019（1997）
8) K. Kyo, *et al.*, *Transactions of the Materials Research Society of Japan*, **29**, 595-598（2004）
9) 世取山翼　他，高分子論文集，**60**（2），57（2003）
10) K. Kurotobi, *et al.*, *Artificial Organs*, **27**（6）570（2003）
11) Y. Murayama, *et al.*, *AJNR Am J Neuroradiol*, **20**, 1992（1999）
12) 高橋範吉　他，脳神経外科，**31**，1081（2003）
13) 世取山翼　他，脳神経外科，**35**，471-478（2004）

2 接着性の改良

小川俊夫*

2.1 まえがき

　二つの物質が接近して分子間力が働くとき，二つの物質は接着力で強く結合する。あるいは二つの物質が化学反応して化学結合が生ずると，大きな結合力となる。前者の場合についてまず考えてみる。分子間力が働くには二つの物質がある距離まで接近しなければならない。接近の距離を正確に測定する方法は知られていないが，両者がぬれる状態になれば分子は十分に接近していると考えられる。ぬれの評価は接触角で行われることは良く知られている。今Aの固体にBの液体が滴下されたとき，Bの液滴の接触角がゼロになると，Aの固体はBの液体にぬれたことになり，このような状態でB液体が固化すればAとBの間に強固な結合が起こったことになる。なお，化学結合が発生する場合はぬれとは直接関係ない。それでは固体Aを液体Bがぬらす条件はどのような時であるかである。この問題を明快に説明できるのは図1に示すZismanのプロット[1]である。表面張力のわかった液体たとえば，n-デカン，ベンゼン，フォルムアミド，ジヨードメタンなど水を含む多くの有機化合物で接触角を測定し，図1のようなプロットをすれば，必ず$\cos\theta = 0$になる表面張力が求まる。その値またはそれ以下の表面張力を持つ液体は固体Aを常にぬらすはずである。ところが，ポリエチレンやポリプロピレンは表面張力が30 mN/m程度であるが，水の表面張力は72.6 mN/mであるから，水がこれらポリマーをぬらすことはない。ポリエチレンなどをぬらす液体はベンゼンや飽和炭化水素である。たとえば，エポキシ系やフェノール系接着剤の表面張力は45 mN/m前後であり，接着剤がポリエチレンにぬれないから接着は起こらない。そこで固体Aの表面張力を大きくして45 mN/m以上の値にしてやればポリエチレンと接着剤はぬれて，接着が起こるはずである。この模様を示したのが図2である。表面張力を大きくさせる作業が表面処理であり，これによって接着性の改善がなされることになる。

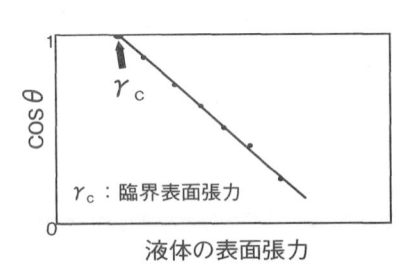

図1　Zismanのプロット
γc以下の表面張力の液体は全て固体をぬらす

＊　Toshio Ogawa　金沢工業大学　環境・建築学部　バイオ化学科　教授

第3章 表面改質応用技術

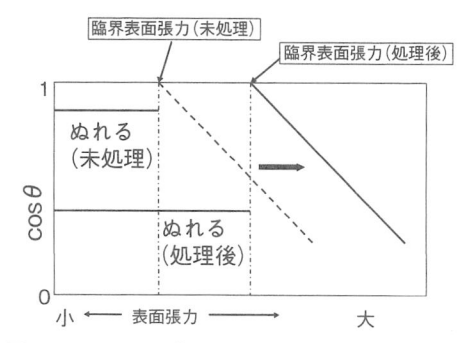

図2 Zisman のプロットからみた表面処理の目的

この他に，表面処理効果を増大させるためのグラフト重合がある。さらに，接着を強固にするには前述したような化学結合を起こさせる例えばシランカップリング剤の使用も考えられる。

2.2 表面処理

表面の処理は材料によって大きく異なる。少なくとも金属は本来の表面張力は 1000 mN/m にも達するが，表面汚染によって 100 mN/m 以下に低下しているのが普通である。それにしても表面張力は大きいのでポリマーに比べれば金属の接着は基本的に容易である。ポリマーの表面張力を大きくするには水の表面張力が大きいことからもわかるように，酸素分子が結合すると大きくなる。このためポリマーの表面を活性化させて酸素を結合させる表面処理が専ら行われている。ポリマーの表面処理を行う方法には，コロナ放電処理，プラズマ放電処理，火炎処理，大気圧プラズマ放電処理，紫外線照射，電子線照射，グラフト重合などがある。これら処理のほとんどは電子，イオン，ラジカル，活性分子，活性原子よりなるプラズマ状態を作り，その中でポリマー表面が活性化されるものである。表面処理によってどのような官能基が生成しているかについては，表面処理の項で詳述されているので，ここでは簡単に述べる。ポリエチレンなどのポリオレフィンにこのような処理を施すと，処理の程度に応じて水酸基，ケトン基，カルボキシル基[2]が生成する。この他にもエポキシ基，パーオキサイドなどの酸素含有官能基が生成し，これらが接着に寄与してくる。

2.3 表面処理による接着力の改善

2.3.1 ポリエチレン（LDPE）とポリエチレンテレフタレート（PET）の接着

接着剤を使用しない場合，上記2種類のポリマーの接着は LDPE 側の表面処理なしには全く起こらない。LDPE の表面処理をすると接着が起こり，コロナ放電処理を LDPE に施すと図3のようにコロナ放電処理エネルギーの増加とともに PET との接着強度は上昇[3]してゆくことがわか

る。しかし，接着強度は130 N/m程度であり，接着強度は接着剤を用いた場合の500～700 N/mよりもかなり低い。PETはその分子構造からエステル基の寄与により接着は強固になることが期待できるにも拘わらず接着力があまり大きくないのはPETにも問題があるように思われる。無処理のPETは著者らのXPS分析結果では$O/(C+O)×100=25$ %であった。O'Hareら[4]の分析結果でも23.7 %であった。PETの分子構造から予想される値は28.4 %である。すなわち，PET表面は分子構造から予想されるよりも酸素量が少ない状態であり，これは表面層に何らかの汚染物があって，これが接着を阻害している恐れがある。そこでPETにもコロナ表面処理をしたところ，酸素量は$2×10^4 J/m^2$で35 %に達した。その結果LDPEとPETの剥離強度[5]は図4に見られるように700 N/mに上昇した。これは接着剤を用いてPETには表面処理を施さずに接着した

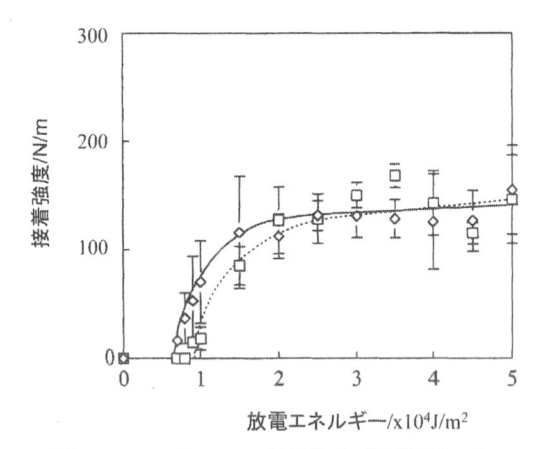

図3　LDPEとPETの接着強度（接着剤なし）
電極間距離（誘電体－上部電極間距離），◇：1 mm，□：2 mm

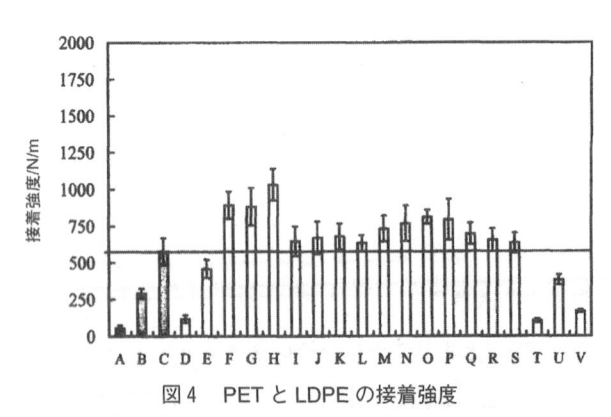

図4　PETとLDPEの接着強度

A, B：ポリマーは未処理，接着剤使用，C：LDPEはプラズマ処理，接着剤使用
D–S：PET, LDPEともにコロナまたはプラズマ処理（D, Eの場合PET側未処理），接着剤使用せず，
T–V：LDPE紫外線処理，PETコロナ処理，接着剤使用せず

第3章　表面改質応用技術

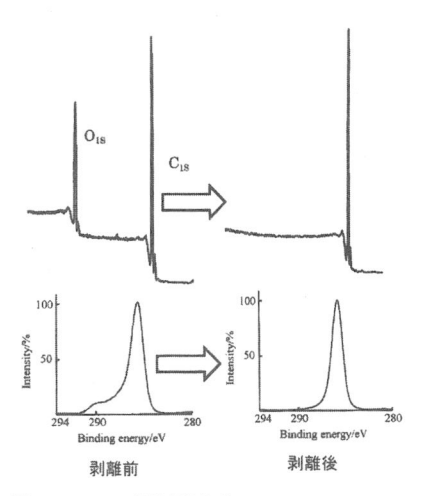

図5　LDPE側剥離前後のXPSスペクトル

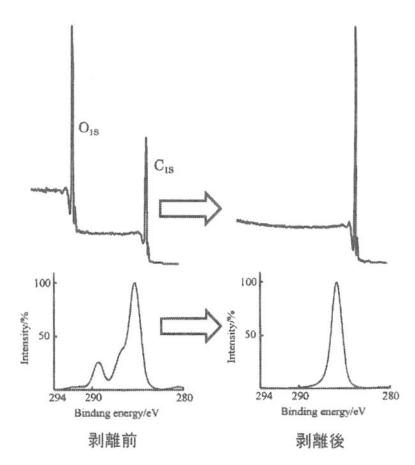

図6　PET側剥離前後のXPSスペクトル

場合（図4のC）よりもむしろ接着強度が高いことを意味し，如何に表面処理が接着に重要かを示している。このような良好な接着が行われたときの，剥離試験面のXPS分析を行った結果を図5，6に示す。剥離前，つまり表面処理時点ではLDPE，PETともに酸素に由来する強いピークが532 eVに存在する。ところが剥離後では酸素に由来するピークは全く認められず，炭素に由来する285 eVのピークしか存在しない。このことは，剥離がLDPEとPETの界面で起こっているのではなく，LDPE内で起こっていることを物語っている。この状態を模式的に示せば，図7に示されるようなLDPE内での凝集破壊である。

コロナ放電処理を行う際の湿度であるが，湿度を増加させると酸素含有官能基も増加する。これに伴って，接着力の向上も期待できる。湿度を変化させてLDPEをコロナ放電処理してから

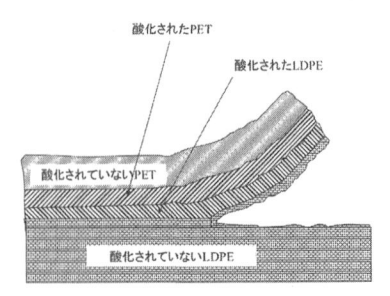

図7　LDPE／PET剥離面の状態模式図

PETと接着剤なしにラミネートした。これについて剥離試験を行った結果が図8である。乾燥状態では400 N/mの剥離強度しか得られないものが高湿度状態[6)]での処理では900 N/mにも達することがわかり，表面処理の際の湿度の影響が如何に大きいかがわかる。湿度の増加とともに接着力が増すということは，酸素含有官能基も生成しやすくなることを意味する。同時にあまり処理を過酷にすると低分子の酸素含有化合物も大量に生成し，インクによる印刷などでは，表面の鮮明さを落とす場合もあり得るので，官能基が大量にできれば全て良い点だけではなくなる。

同じく接着剤を使用せずに熱圧着でLDPEとPETを接着しようとするものであるが，圧着温度の影響について考察してみる。LDPEの融点は108℃であるが，図9のようなラミネータではこれよりかなり高い温度での圧着が有利[7)]であることが図10よりわかる。すなわち，1回だけラミネータを通した場合では170℃まで接着強度は温度とともに上昇した。しかし，面白いことにLDPE/PETを2度，3度とラミネータを通過させると接着強度はある温度までは増加するが，それより高くなれば接着強度は却って低下することが認められた。これは1回目のラミネータの通過では実験の範囲内で温度の上昇とともにLDPEとPETの密着度は良くなり，図11のような

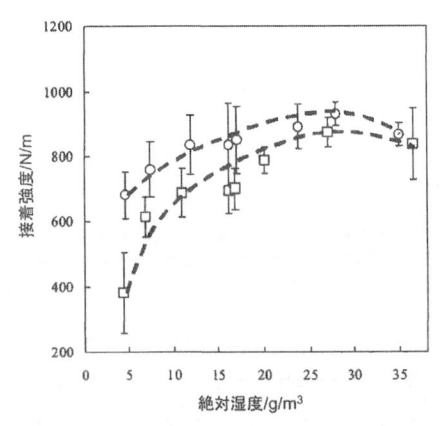

図8　LDPEとPETの両者にコロナ放電処理したときの接着強度に及ぼす湿度効果
LDPE：○：5.7×10^4 J/m^2，□：6.4×10^4 J/m^2，PET：5.4×10^4 J/m^2

第3章　表面改質応用技術

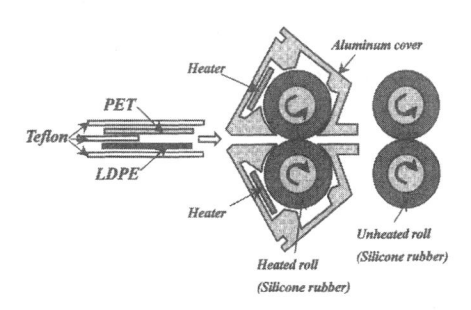

図9　ここで使用したラミネータ

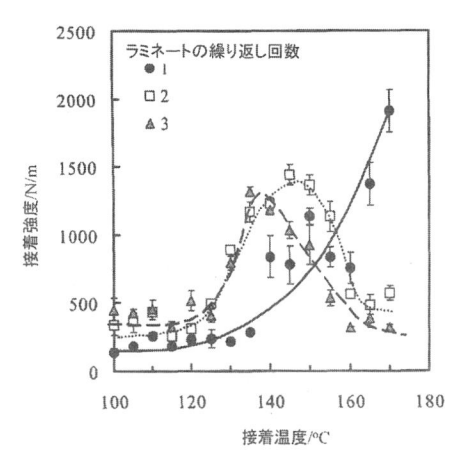

図10　LDPE/PET ラミネート温度と接着強度の関係

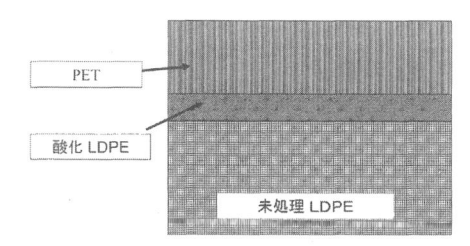

図11　LDPE/PET において適度な接着温度の場合の界面

良好な接着が起こる。事実接着後剥離試験を行ってから剥離面のXPS分析を行ってみると，温度の上昇とともに剥離面の酸素量は低下していて，凝集破壊に近づくことが図12よりわかる。ところが良好な接着状態のラミネートフィルムについてさらにラミネータを通過させると，却って接着力が低下する。これは図13のように，一度良好な接着に至ったものが，100℃以上の温度に上げられると，接着界面の水素結合が破壊されて，表面処理された部分がフィルム内部にまで拡散して結果的に接着力が低下すると考えられる。

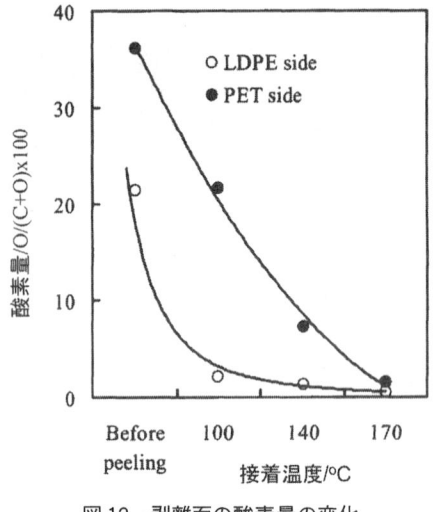

図12 剥離面の酸素量の変化

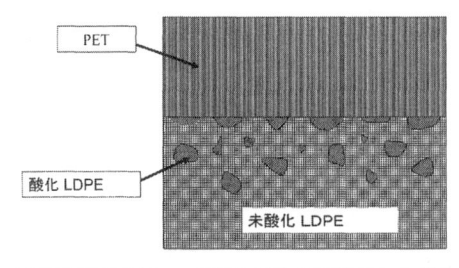

図13 LDPE/PETにおいて過熱気味の接着をした場合の界面

2.3.2 LDPEとその他ポリマーとの接着

2.3.1においてLDPEとPETの接着について論じたが,他のフィルムでもほぼ同様なこと[8]が起こる。図14はLDPEとNYLON 6あるいはポリエチレンナフタレート(PEN)の場合の接着強度を示すもので,いずれの場合もLDPE側だけを表面処理した場合である。両者を比較するとナイロン6は非常に接着力があることがわかる。これらフィルムの剥離面のXPS分析結果をみると,図15, 16に示されるように,LDPE/PEN系では剥離が界面付近で起こっているが,LDPE/NYLON系ではLDPE内のほぼ凝集破壊であることが明瞭にわかる。

2.3.3 銅箔と芳香族ポリイミドの接着

芳香族ポリイミドはフレキシブルプリント基板(FPC)として多く用いられているが,その使い方の一つに接着剤を用いて図17のように銅箔とポリイミドフィルムを貼り合わせる方法がある。ただ,芳香族ポリイミドフィルムは硬くて耐熱性が優れている反面,接着性が劣る問題がある。ここでは図18に示す構造のポリイミドフィルムにコロナ放電処理を施して接着性を改善した例[9]を紹介する。コロナ放電処理を施してから,シート状のアクリル系接着剤を用いて銅箔と

第3章　表面改質応用技術

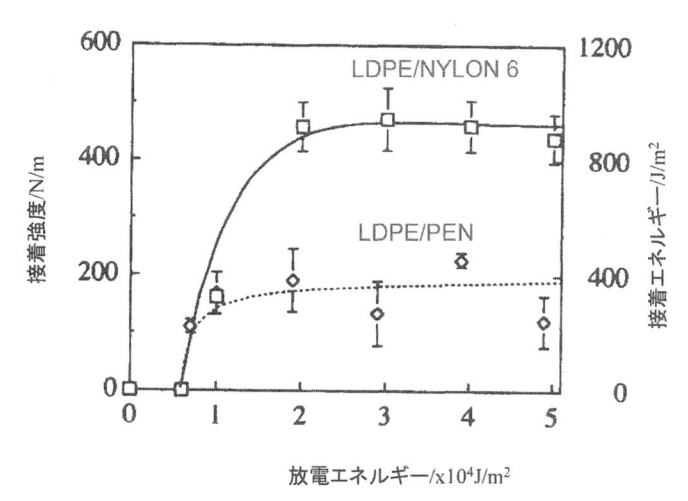

図14　LDPEのコロナ放電処理と接着性

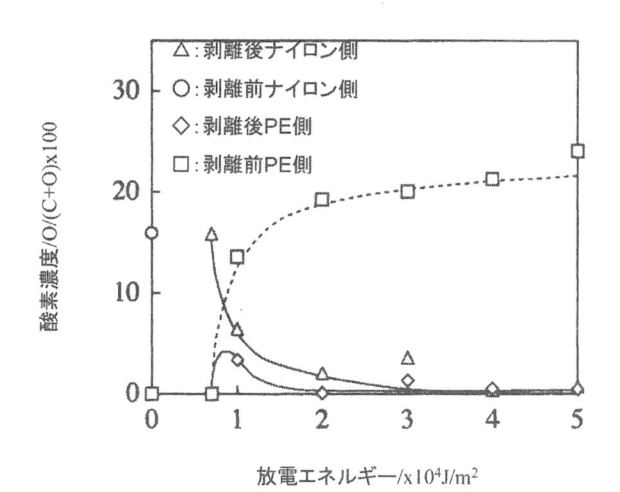

図15　LDPE/NYLON 6系における剥離面の酸素濃度

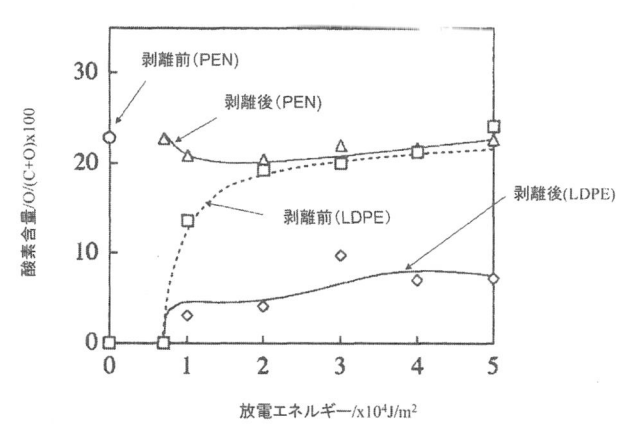

図16　LDPE/PENの剥離前後の表面酸素量の挙動

図17 芳香族ポリイミドの例

図18 芳香族ポリイミドフィルムと銅箔を接着剤を用い貼り合わせた積層フィルム

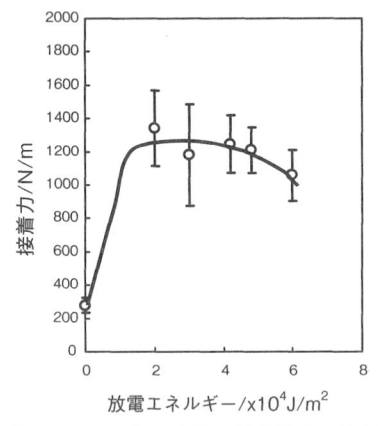

図19 コロナ処理条件と接着強度の関係

接着した結果，接着力は図19のようにコロナ放電処理における放電エネルギーとともに上昇した。この場合剥離はポリイミドと接着剤の間で常に起こっていることは目視およびXPSスペクトルから明白であるので，コロナ放電処理が接着に大きく寄与していることがわかる。また，多変量解析の結果接着力 F は生成官能基量と次の関係があることが見出された。

$$F = 277 \cdot X_1 + 19.7 \cdot X_2 - 15.7 \tag{1}$$

ここに，X_1 はカルボキシル基量，X_2 はアミノ基量である。このように接着力はコロナ放電処理によって生成した官能基量に直接的に関係し，しかもカルボキシル基量に大きく影響されることを物語っている。なお，水酸基はこの場合コロナ放電処理によってほとんど変化しなかったので計算から除外してある。ポリイミドのコロナ放電処理では結果的にイミドが加水分解を受ける形で官能基が生成して，それが接着に寄与したものと考えられる。

第3章　表面改質応用技術

2.3.4　ポリプロピレン（PP）の塗料接着性の改良

　表面処理を行うとインクや塗料の付着性が改善される。PPは未処理の状態ではほとんど接着能力がないが，プラズマ処理を行うと塗料の付着性が増加する。塗料の付着性について碁盤目法（JIS K 5400）を改良して次の関係を求めた。すなわち，塗料のPP表面への残存率とそのときの粘着テープの剥離強度の関係を調べてみると図20のような関係になり，塗料のPP表面の残存率が増すほど剥離強度[10]も増大した。このことから，碁盤目試験を行ったときにPP表面に塗料の残存割合が大きいほど，塗料の接着力が強固であることを示している。そこで，PPのプラズマ処理を気体圧力の異なる条件下で実施した。その結果，図21に示されるように，ある気体圧力の範囲でPPへの塗料の残存率は大きく良好な接着が行われていることを示している。塗料残存率の大きいプラズマ処理領域では水の接触角は著しく低下し，また，表面酸素量も著しく高いことがXPS分析により確認されている。この場合たまたまプラズマ処理の結果であるが，表面の酸素結合量などから，コロナ放電処理でも同様なことが期待できる。

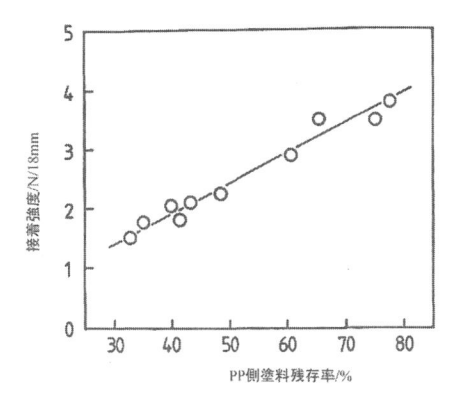

図20　塗料のPP側残存率と塗膜剥離強度の関係

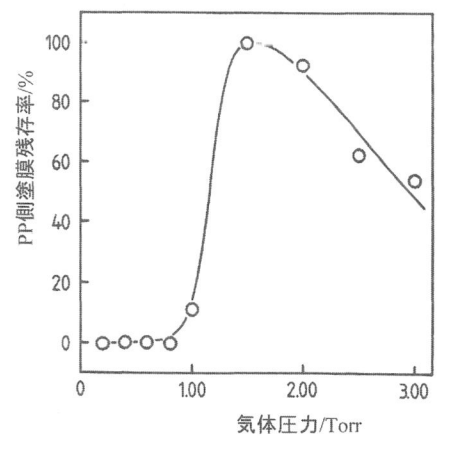

図21　PP側塗膜残存率とプラズマ処理時における気体（空気）圧力の関係

2.4 グラフト重合による接着性の改善

多くの材料でグラフト重合が試みられているが，ここでは接着力までを考察した例[11]を紹介したい。材料はフレキシブルプリント基板として用いられている下記芳香族ポリイミド（商品名：カプトン，デュポン社）である。

ポリイミドにまず Ar プラズマ処理を施した。その後に紫外線を照射させながらモノマーをグラフト重合させた。それに銅の無電解メッキをした後，さらにその上に電解メッキをしてから剥離強度を測定した。剥離面は銅とポリマーの界面である。この結果は図22に示されるように剥離強度はプラズマ処理時間とともに増加した。同時にグラフト量もプラズマ処理時間とともに増加した。グラフト重合をすることによって剥離（接着）強度はグラフト重合しない場合に比べて3倍も増加した。この場合は1-Vinylimidazole（図23）をモノマーに用いた場合であるが，4-Vinylpyridine や2-Vinylpyridine を用いた場合でも同様な結果が得られている。このように，通常の表面処理の上にグラフト重合を加えればより強固な接着の向上が期待できる。

2.5 シランカップリング剤による接着性の改善

シランカップリング剤を使用する場合としては通常金属表面に塗布してフィルムと金属の接着性をあげることが多い。逆にフィルム内にシランカップリング剤を含ませてアルミニウムとの接

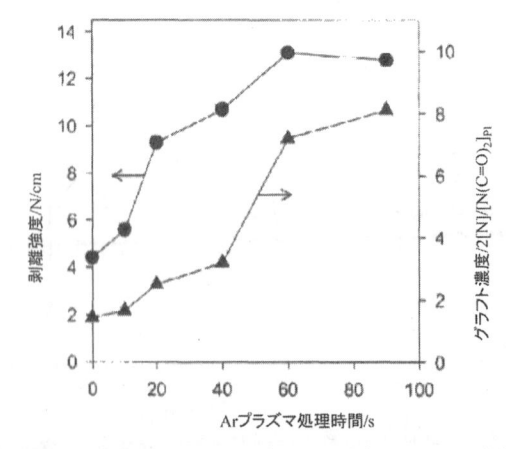

図22 ポリイミドに1-Vinylimidazole でグラフト重合したときの銅箔との剥離強度

第3章　表面改質応用技術

1-Vinylimidazole (VIZ)

4-Vinylpyridine (4VP)

2-Vinylpyridine (2VP)

図23　グラフト重合用モノマー

着性は改善している例[12]がある。すなわち，以下のようなスチレン部分を含むシランカップリング剤を用意し，これと通常のスチレンを混合してアルミニウム上で重合させ皮膜を形成した。これの剥離試験を行って破壊エネルギーを求めた。その結果は図24のようにシランカップリング剤の割合が多くなるほど破壊エネルギーが増大し，シランカップリング剤が接着に大きく寄与していることがわかる。このことはアルミニウム上の水酸基とシランカップリング剤が図25の反応をして，強固な化学結合が形成されたためと考えられる。この場合シランカップリング剤はポリマーの一部となっているから，安定で再現性も良かった。

スチリルシランカップリング剤

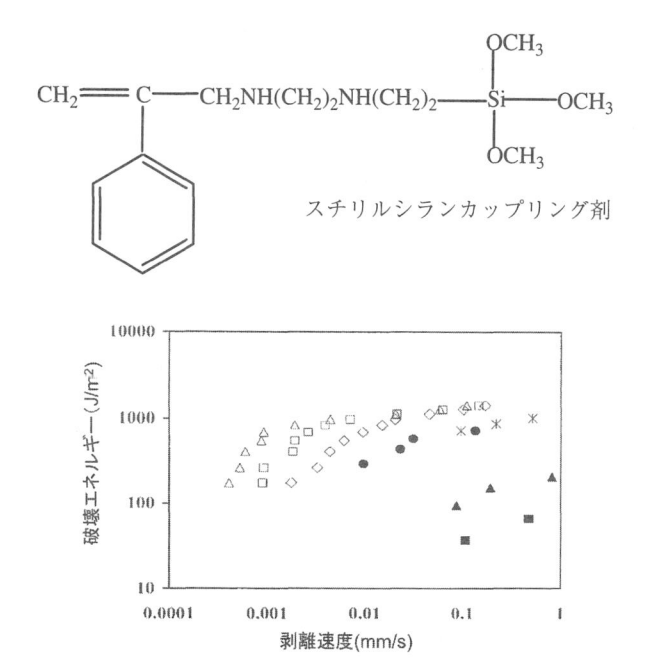

図24　シランカップリング剤の量を変えた場合のAl/PS間の破壊エネルギー
シランカップリング剤／スチレン（モル比）
■：0.035, ▲：0.069, ●：0.104, ＊：0.139, ◇：0.173, □：0.349, △：0.694

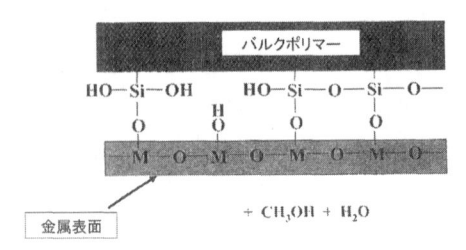

図25 シランカップリング剤とAlの反応モデル

2.6 おわりに

　接着性は二つの材料の問題であり，決して一方の材料だけのことではないが，工業的な事項になるとどうしても，他方の材料は変更できず，片方の材料で接着問題を解決する努力をしなければならないことが多い．樹脂の場合の改良で最もコストのかからない方法は表面処理であろう．多少のコスト高を容認できるならば，共重合体にするとか，あるいは極性基含有ポリマーのブレンドという方式も考えられる．ところで，接着性の良し悪しはマクロ的な剥離強度で決定される．ところが，接着力の根源は極性基であるという極めてミクロな面から考察するのが普通である．両者の間にはポリマーの化学構造だけではなく，接着状態によって大きく変化するから，エンジニアリング的要素も十分に配慮しないと具体的な接着問題の解決にはならないことが多い．マクロとミクロの両面から接着は考えられなければならない．

文　　献

1) W. A. Zisman, *Ind. Eng. Chem.*, **55** (10), 18 (1963)
2) L. J. Gerenser, J. F. Elmer, M. G. Mason, J. M. Pochan, *Polymer*, **26**, 1162 (1985)
3) 小川俊夫，小林正登，菊井憲，大澤敏，日本接着学会誌，**33**, 334 (1997)
4) L. A. O' Hare, J. A. Smith, S. R. Leadley, B. Parhoo, A. J. Goodwin, J. F. Watts, *Surf. Interface Anal.*, **33**, 617 (2002)
5) 小川俊夫，佐藤智之，大澤敏，高分子論文集，**57**, 708 (2000)
6) 小川俊夫，友野直樹，大澤敏，佐藤智之，日本接着学会誌，**36**, 449 (2000)
7) 小川俊夫，佐藤智之，大澤敏，日本接着学会誌，**38**, 9 (2002)
8) 小川俊夫，小林正登，大澤敏，大藪又茂，日本接着学会誌，**34**, 298 (1998)
9) T. Ogawa, S. Baba, Y. Fujii, *J. Appl. Polym. Sci.*, **100**, 3403 (2006)
10) 小川俊夫，丹野智明，志保沢正幸，日本接着学会誌，**28**, 280 (1992)
11) G. H. Yang, E. T. Kang, K. G. Neoh, Y. Zang, K. L. Tan, *Colloid Polym. Sci.*, **279**, 745 (2001)
12) D. H. Berry, A. Namkanisorn, *J. Adhesion*, **81**, 347 (2005)

3 超撥水／撥油性の付与

辻井　薫*

3.1 はじめに

　本節では，高分子表面改質のなかの，超撥水／撥油性の付与技術に関する解説を行う。その内容は，固体表面の微細な凹凸（粗な）構造による濡れの促進効果に関する説明である。本書の主題は「高分子の表面改質」であるが，これから述べる材料は必ずしも全て高分子である訳ではない。予めお断りしておきたい。

　本稿では主として，凹凸構造の一種としての微細なフラクタル構造が原因となる，超撥水／撥油表面について述べる。フラクタルとは言うまでもなく，B. B. Mandelbrot が提唱した幾何学の概念である[1]。フラクタル幾何学には，非整数次元と自己相似という二つの特徴がある。非整数次元とは，1次元，2次元，3次元以外に，その間の中途半端な次元を持つという意味であり，複雑な構造ほど高い次元を有することになる。一方自己相似とは，ある構造の一部がもとの全体構造をそっくり含むという入れ子構造のことである。例えば，大きな凹凸構造の中に小さな凹凸構造があり，更にその小さな凹凸構造の中にもっと小さな凹凸構造があり…，といった構造である。この様なフラクタル概念は，いち早く表面科学，コロイド科学に取り入れられ，応用されてきた[2,3]。初期におけるその応用は，一種の分類学としての応用であり，構造の複雑さを表現する物指しにフラクタル次元が使用されてきた。例えば，コロイド粒子の凝集構造や多孔質材料の構造の複雑さを，フラクタル次元を用いて定量化するといった使い方である。

　自己相似の入れ子構造は，それが表面であれば，大変大きな表面積を与えるという結果をもたらす。事実，表面が2次元と3次元の中間の次元を持つ場合には，純数学的にはその表面積は無限大となる。実際の物理世界は数学の世界とは異なり，表面積が無限大になることはないが，それでも非常に大きな表面積になるであろうことは容易に想像できる。この大きな表面積を固体表面の濡れに応用して，筆者らは超撥水・超親水表面，更には超撥油表面の実現に成功している[4~10]。フラクタル概念を，複雑さの分類学としてではなく，機能性材料開発のツールに利用した結果である。

　本稿では，その超撥水／超撥油性発現の原理，その実現，そして実用化への課題について述べる。更に，その膜を実用化に近づけるために最近行った，耐久性に優れた超撥水／高撥油性プラスチック膜の開発についても触れたい。

＊　Kaoru Tsujii　北海道大学　電子科学研究所附属ナノテクノロジー研究センター　教授

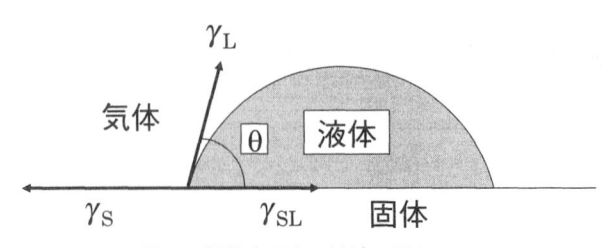

図1　固体表面上の液滴の濡れ
接触角 θ は，固体と液体の表面張力および固／液の界面張力の釣り合いで決まる。

3.2　濡れを決める二つの因子

濡れは，化学的因子と表面の微細な構造因子の二つに支配されている。先ずその説明から始めよう。濡れを定量的に表わす物理量として，接触角が使われる。図1に液滴が固体表面上にのっている様子を示す。接触角（θ）とは，固体と液体が接する点における液体表面に対する接線が固体表面となす角で，液体を含む方の角度で定義する。この接触角は，固体と液体の表面張力および固／液の界面張力の釣り合いによって決まる。よく知られている様に，この釣り合いを表わす式として，次の Young の式が成り立つ。

$$\gamma_S = \gamma_{SL} + \gamma_L \cos\theta \text{ 又は } \cos\theta = (\gamma_S - \gamma_{SL})/\gamma_L \tag{1}$$

ここで（γ_S，γ_L，γ_{SL} は各々固体，液体の表面張力および固／液の界面張力である。テフロンの様なフッ素系材料は表面張力が小さく，水との界面張力が大きい。それ故よく水をはじき，撥水性材料によくフッ素材料が使われる。以上の説明は，平らな表面の濡れであり，濡れの二つの因子のうちの化学的因子に関するものである。この因子を支配するのは物質そのものであり，固体を構成する物質と，その表面を濡らす液体の組み合わせによって決まる。

蓮や里芋は決してフッ素材料を利用している訳ではないが，その葉の上ではほぼ完全に水をはじく。その原理は，表面の微細な凹凸構造にある。上述の化学的因子は平らな表面上の接触角を決めるが，表面の微細な凹凸構造はその接触角を強調する。つまり表面が粗くなることによって，濡れる表面はより濡れる様になり，はじく表面はよりはじく様になるのである。この表面の凹凸（粗な）構造による濡れの強調効果に対して，いくつかの取り扱いがある。次項では，その紹介をしよう。

3.3　粗い（凹凸）表面の濡れ

3.3.1　Wenzel の取り扱い[11]

固体表面が微細な凹凸構造を有しており，その上に置かれた液体がその固体表面と完全に接触する場合を，Wenzel が取り扱っている[11]。表面の凹凸構造によって，実表面積が見掛けの表面

積に比べて大きくなると，濡れが強調される。表面張力とは，単位表面積あたりの過剰表面自由エネルギーのことであるから，もし微細な凹凸構造によって表面積がR倍大きくなったとすると，(1)式中の固体の表面張力と固／液の界面張力にRを乗じる必要がある。

$$\cos\theta_R = R(\gamma_S - \gamma_{SL})/\gamma_L = R\cos\theta \tag{2}$$

ここで θ_R は粗い表面上での接触角である。Rは常に1より大きな正の数であるから，$\cos\theta$ が正（$\theta<90°$）か負（$\theta>90°$）かによって，$\cos\theta_R$ はより大きな正又は負の値となる。つまり表面が粗くなることによって，濡れる表面はより濡れる様になり，はじく表面はよりはじく様になるのである。

3.3.2 Cassie-Baxter の取り扱い[12]

撥水表面の凹凸構造が深くなり，毛管現象によって水が深い溝の底まで到達できず，水滴の下に空気が残る場合には，Cassie-Baxter の取り扱いとなる。Cassie-Baxter の理論では，固体表面は微細なモザイク状の二種類の物質1と2から成ると仮定される。その各々の純粋成分の液体との接触角を θ_1，θ_2 とすれば，次の式が成り立つ。

$$\cos\theta_R = f_1\cos\theta_1 + f_2\cos\theta_2 \tag{3}$$

ここで，f_1 と f_2 は固体表面上での物質1と2の面積分率で，$f_1 + f_2 = 1$ である。今，深い凹凸構造の超撥水表面上で水が溝の底まで到達できない場合には，第2成分が空気であるとみなせる。その場合には，(3)式は(4)式となる。

$$\cos\theta_R = f - 1 + f\cos\theta \tag{4}$$

何故なら，空気中の水の接触角は180°とみなせるからである。ここで，固体成分1を示す下付記号を省略した。図2に，Wenzelの式とCassie-Baxterの式をグラフに表した。Wenzel式は原点を通る直線となり，Cassie-Baxter式は原点を通らず，また $\cos\theta_R = 1$ の軸に達しないという特徴的な振る舞いを示す。また，f＝1でない限り，この直線は第4象限を通る。第4象限は，$\cos\theta$ が正で $\cos\theta_R$ が負の領域である。これは，平らな表面上での接触角が90°より小さい（濡れる）のに，凹凸表面上では90°より大きい（はじく）ということを意味している。式の上ではこの様な状態が出現するが，現実には不可能な現象である。何故なら，現実の物質で真に空気と物質のモザイク表面を作ることは出来ず，必ず深い溝のある構造（例えば針や柱が密に立っている構造）で代用せざるを得ないからである。平らな表面上で濡れる液体であれば，針や柱の側面を伝って液体は溝の底まで到達するであろう。従って，Cassie-Baxter式の第4象限の部分は，仮想的なもので，実現できない状態であるとみなす必要がある。

3.3.3 濡れのピン止め効果[13]

固体表面が角張った屈曲を持つ時，そこに近づいた液滴は，濡れのピン止め効果と呼ばれる現象を呈する。図3に，その様子を示す。この固体表面上での液体の平衡接触角を θ とし，表面の

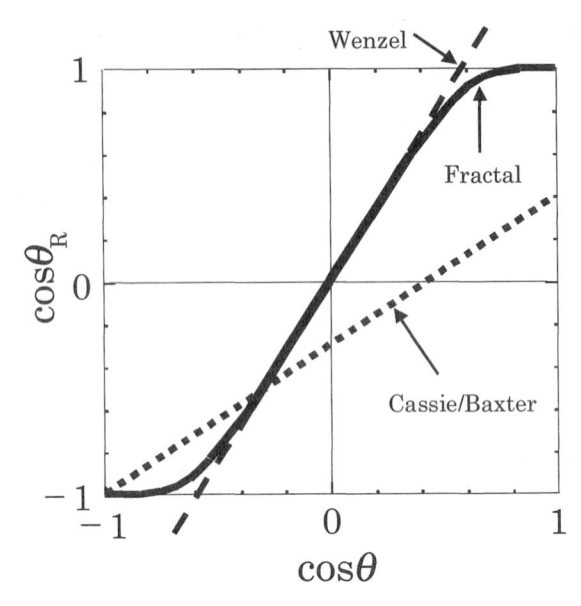

図2 粗い表面の濡れを表す3種の理論式の $\cos\theta$ と $\cos\theta_R$ の関係
Cassie/Baxter式では，一例としてf＝0.7の場合を描いてある。

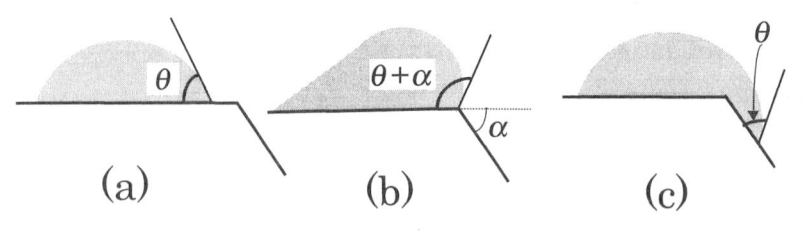

図3 濡れのピン止め効果を説明する図
角張った表面に液滴がきた時，接触角が $\theta+\alpha$ に達する
まで屈曲部を通過できない。

屈曲角を α とすれば，角張った稜における接触角が $\theta+\alpha$ になるまでこの液滴は先に進めない。何故なら，それより先に前進すると，屈曲した先の面での接触角が θ より小さくなってしまうからである。従ってこの稜の場所では，接触角は θ から $\theta+\alpha$ までの任意の値をとることが出来る。屈曲角 α が十分大きい時，平衡接触角が小さくても超撥水性を示す可能性がある。特に，表面が多数の針（柱）状構造に覆われている時，ピン止め効果が発現しやすい。

3.4 フラクタル表面の濡れ

3.4.1 フラクタル表面の濡れの理論

3.3.1項で述べた様に，表面の凹凸構造は見かけの表面積に比べて実表面積を増加させ，濡れを強調する。実表面積を増大させるという観点からみれば，フラクタル表面は一つの理想的な表

面である。フラクタル構造では，先に述べた様に凹凸構造が入れ子になっており，大変大きな表面積を与えるからである。もし表面をフラクタル構造にすることが出来れば，極端に濡れたりはじいたりする性質が期待できるであろう。この様な発想を基に，我々は先ずフラクタル表面の濡れを理論的に解析し，次いでその理論によって得られた結果を実験的に実証した[4~10]。

表面の凹凸構造がフラクタルである場合には，(2)式の表面積増倍係数 R は $(L/l)^{D-2}$ と書くことができる。従って，フラクタル表面上での接触角は(5)式で表される[4,5]。

$$\cos\theta_R = (L/l)^{D-2}\cos\theta \tag{5}$$

ここで L と l はフラクタル（自己相似）構造が成り立つ最大および最小の大きさで，D はフラクタル次元である。(5)式から，自己相似性の成り立つ範囲が広い（L が大きく，l が小さい）程，またフラクタル次元が大きい程，濡れに対する効果が大きいことが理解できる。さて(5)式は近似式であり，式の導出の際に，固／液界面では固体表面と液体は完全に接触していると仮定している。しかし，例えば疎水性表面上での水の接触の場合には，毛管現象によって微細な凹みの奥にまで水は侵入することができず，Cassie-Baxterの取り扱いの場合と同様に空気が吸（付）着して残る。また親水性表面では，固体表面上の窪みに水の吸（付）着が起こる（毛管凝縮）。これらの効果を考慮した理論が必要である。これまで固／液界面として扱っていた部分は，本当はそれ以外に気体および液体の表面を複雑に含むことになる。それら総ての表面および界面の自由エネルギーの和，つまり全界面張力が最小になる様に，空気や水の付着が起こるであろう。この様な考察から図2の結果が導かれる[4]。この図から，ある程度撥水性や親水性を示す物質であれば，表面をフラクタル構造にすることによって，接触角が殆ど180°や0°の超撥水表面や超親水表面を作製することが可能であることが解る。

3.4.2 超撥水表面の実現

(1) アルキルケテンダイマー（AKD）の超撥水表面

フラクタル構造を利用すれば，フッ素材料を使わなくても超撥水表面の出来る可能性のあることが理論的に示された。そこで我々は実験的にそれを実現することに着手した。製紙用中性サイズ剤の原料は，アルキルケテンダイマー（AKD：構造式は図4）と呼ばれる一種のワックスである。このワックスを融液から結晶化させて SEM 観察すると，大きな凹凸の中に更に小さな凹凸の形状が見え，構造がフラクタル的であることが分かっていた（写真1）。写真1から，大きな30-40μm程度の丸い凹凸の中に小さな板状の凹凸があるという，紫陽花の花の様な入れ子構造が見て取れる。そこで上記の理論の結果を実現するための材料として，この AKD を選択した。AKD の精製，結晶化の条件等を工夫することにより，程無く水滴がころころと表面を転がる超撥水材料を開発することに成功した。写真2（a）には，AKD 表面上に接触角174°で置かれた直径約1mm の水滴を示した[4,5]。この写真の超撥水性が表面の凹凸構造に由来することは，

$$\begin{array}{c} \text{RCH=C-CH-R} \\ || \\ \text{O}-\text{C}=\text{O} \end{array}$$

図4　AKDの構造式
($R = n-C_{16}$)

写真1　自発的に形成されるAKDのフラクタル構造の電子顕微鏡写真

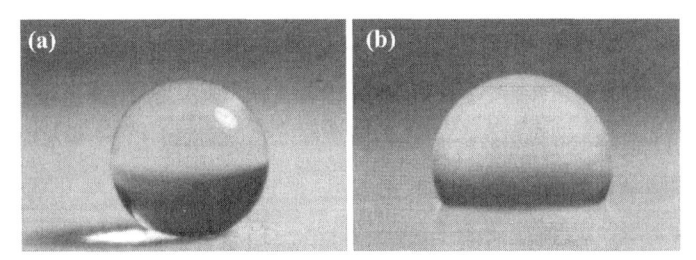

写真2　超撥水性AKD表面上の水滴（a）と，その表面を平らにした場合の水滴（b）
接触角は（a）174°，（b）109°

剃刀で切って平らな面にすると109°程度の接触角しか示さないことから理解できる（写真2 (b)）[4,5]。

　このAKD表面を使って，上記のフラクタル表面の濡れの理論の妥当性を実験的に検証してみよう。そのためには，平らな表面とフラクタル表面の両方の接触角を測定して$\cos\theta$と$\cos\theta_R$の関係を実験的に求めることと，それとは独立に表面のフラクタル次元（D）および(5)式のLとlを測定することが必要である。前者の実験を水とジオキサンの混合溶媒を用いて（つまり液体の表面張力を種々変化させて）実行した。AKD表面のフラクタルパラメータの決定は，写真1の断面を種々の倍率でSEM観察し，ボックスカウンティング法を適用することによって行った。その結果，(5)式におけるパラメータが，$L=34\mu m$，$l=0.2\mu m$，$D=2.29$であることが

第3章　表面改質応用技術

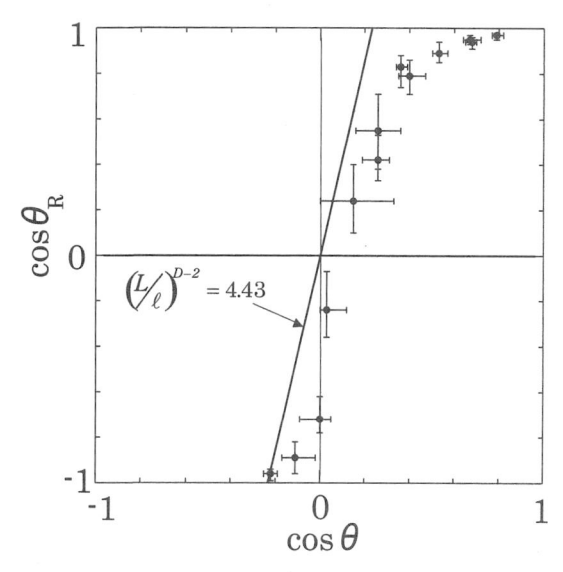

図5　フラクタル表面の濡れの理論と実験結果の一致

分った。因みに、L は図5のSEM像の紫陽花の花状の大きな凹凸構造に、l は板状結晶の厚さにほぼ対応している。これらの数値を使って $\cos\theta$ 対 $\cos\theta_R$ の勾配 $(L/l)^{D-2}$ を計算すると4.43となる。図5に、$\cos\theta_R$ 対 $\cos\theta$ のプロットと、理論的勾配4.43を描いた。両者の勾配は良く一致しており、理論による予測が実験的に証明された[4,5]。

(2) 耐久性超撥水表面への挑戦

我々の研究に端を発して、表面の微細凹凸構造が濡れに大きな効果を発揮することが理解され、その後数多くの超撥水表面に関する研究がなされた。最近では lotus effect（蓮の葉効果）と呼ばれて、世界中で研究が盛んになっている。しかし残念ながら、まだ超撥水表面が実用化された例はない。その最大の理由は、超撥水表面の耐久性にある。例えば、先のAKDワックスの場合には、融点が低い（約65℃）こと、有機溶媒に溶けること、脆いこと等が原因で、2～3ヶ月で超撥水性を失ってしまう。他の材料に関しても、それぞれ何らかの耐久性の問題を有しており、それが実用化を阻んでいる。

筆者らは極最近、AKDワックスの耐久性を向上する目的で、耐熱性と耐溶剤性を有するポリマー（ポリアルキルピロール）を電解酸化重合法で合成し、少なくともこれら2つの項目に関する耐久性を有するフラクタル表面を得ることに成功した[8,9]。ポリアルキルピロール膜の電気化学的合成は、1-n-オクタデシルピロールと p-トルエンスルホン酸ナトリウムのアセトニトリル溶液を用いて、種々の反応条件下で行った。最適条件下で得られた、最も撥水性の高いポリアルキルピロール膜に対しては、電子顕微鏡（SEM）観察とラマン分光測定を行った。耐熱性・耐溶媒性の検討は、膜を高温で長時間エージングしたり、有機溶媒や油に浸したのち洗浄／乾燥し、

写真3 超撥水ポリアルキルピロール表面の電子顕微鏡写真（a）とその断面写真（b），および超撥水表面上の水滴（接触角は154°）（c）
スケールバーは，15μm（a），（b）および500μm（c）

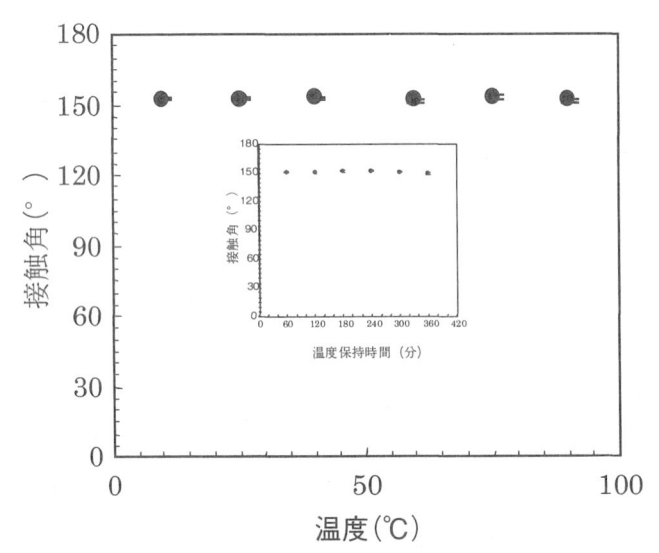

図6 超撥水性ポリアルキルピロール膜の耐熱性
各温度における試験時間＝2時間；挿入図における試験温度＝80℃

再び膜の接触角を測定することによって行った。

ポリアルキルピロール表面の電子顕微鏡像と，表面上の水滴を写真3に示す。この膜上の水の接触角は154°であった。またその膜の構造は，柱状の突起物が緻密に並ぶ興味深い表面形状であることが分かった。更に，膜の断面をボックスカウンティング法で解析したところ，表面のフラクタル次元は2.18であった。この膜のラマンスペクトルでは，980 cm^{-1}，1340 cm^{-1}，1575 cm^{-1} にラジカルカチオン，C−N伸縮，C=C伸縮による，ポリピロールの骨格で見られるラマンバンドが観測され，この超撥水性膜はポリアルキルピロールと同定された。このポリアルキルピロール膜は，80℃の高温に6時間エージングしても，アセトンなどの有機溶媒や油に10分間浸しても接触角に変化は見られないなど，優れた耐久性の超撥水性を示した（図6）。しかし，このポリマーの薄膜はまだ機械的に脆く，引っ掻きなどの刺激に弱い。現在は，その改良の研究を続けている。

3.4.3 超（高）撥油表面の実現

もし平らな表面上での油の接触角が90°以上の固体表面を作ることが出来たなら，同じ原理を使って超撥油表面の実現も可能であると思われる。平らな時に油に対する接触角が90°以上になるためには，どの程度の低表面張力の固体表面が必要であろうか？　それを見積もってみよう。接触角が90°になる条件は，(1)式より $\gamma_S = \gamma_{SL}$ である。固／液の界面張力 γ_{SL} は，固体および液体の表面張力を使って近似的に次式で表わせる。

$$\gamma_{SL} = \gamma_S + \gamma_L - 2\sqrt{\gamma_S \gamma_L} \tag{6}$$

上記の条件式 $\gamma_S = \gamma_{SL}$ に(6)式を代入すると，$\gamma_S = \gamma_L/4$ という結果が得られる。油の表面張力は20〜30 mN/mであるから，その油の接触角が90°になる固体の表面張力は5〜7 mN/mということになる。この様に低い表面張力は，現在 CF$_3$−基（〜6 mN/m）しか知られていない。もしフラクタル表面上に CF$_3$−基を隙間無く並べることが出来れば，超撥油表面が実現されるであろう。

その試みが，陽極酸化アルミニウムの表面をフッ化モノアルキルリン酸（n-CF$_3$(CF$_2$)$_m$−CH$_2$CH$_2$−OP(=O)(OH)$_2$：m=7 or 9）で処理することによって行われた[6,7]。表面処理されたアルミニウム上における，菜種油を写真4に示す。接触角は150°程度となり，超撥油表面を得ることが出来た。各種の油（溶剤）に対する接触角を測定した結果，表面張力が24〜25 mN/m程度の油まで，120°以上の接触角が得られることが分かった。しかし，この表面の臨界表面張力はまだ14〜15 mN/mであり，CF$_3$−基の値〜6 mN/mから距離がある。また，この陽極酸化アルミニウム表面のフラクタル次元は2.16〜2.19であり，それほど大きくはない。もしフラクタル次元をもっと大きくし，CF$_3$−基をもっと密に並べる工夫が出来れば，より理想的な超撥油表面が実現されることが予想される。

この超撥油表面も，酸化アルミニウム表面の腐食の進行という耐久性の問題がある。そこで，先のポリアルキルピロール膜の表面を，フッ化アルキルシランカップリング剤で撥油処理することによって，撥油性を付与することを試みた[10]。その結果，サラダ油に対する接触角が134°で，水の接触角が154°の超撥水／高撥油表面を作製することに成功した。この膜の耐熱性，耐溶剤性も良好であった。

写真4　超撥油性酸化アルミニウム表面上における菜種油
接触角は 150°

3.5　おわりに

　水も油も完全にはじく表面が出来たら！　その技術的／社会的インパクトの大きさは計り知れないであろう。それは汚れの付かない表面になるはずであるから，壁／屋根材，自動車／電車／航空機等の車体材料，台所の流し周辺材料などの構造材から，傘／衣服／テーブルクロスなどの日常品に至るまで，大変幅広い応用が期待される。少なくとも原理的には，微細なフラクタル表面形状によって，その様な表面の作製は可能であることを本稿で示した。これまで超撥水表面の研究は数多くなされているが，超撥油表面の研究は極めて少ない。我々は今後，耐久性に優れた超撥水／超撥油表面を開発したいと考えている。これらの研究を出来るだけ早く完成し，実用化するのが筆者らの夢である。

文　献

1) B. B. Mandelbrot, "The Fractal Geometry of Nature", Freeman, San Francisco (1982)
2) D. Avnir ed., "The Fractal Approach to Heterogeneous Chemistry", John Wiley and Sons, Inc. (1989)
3) 金子克美，表面科学, **12**, 34 (1991)
4) T. Onda, S. Shibuichi, N. Satoh and K. Tsujii, *Langmuir*, **12**, 2125 (1996)
5) S. Shibuichi, T. Onda, N. Satoh and K. Tsujii, *J. Phys. Chem*., **100**, 19512 (1996)
6) K. Tsujii, T. Yamamoto, T. Onda and S. Shibuichi, *Angew. Chem. Int. Ed*., **36**, 1011 (1997)
7) S. Shibuichi, T. Yamamoto, T. Onda and K. Tsujii, *J. Colloid Interface Sci*., **208**, 287 (1998)
8) H. Yan, K. Kurogi, H. Mayama and K. Tsujii, *Angew. Chem. Int. Ed*., **44**, 3453 (2005)
9) K. Kurogi, H. Yan, H. Mayama and K. Tsujii, *J. Colloid Interface Sci*., in press (2007)

10) H. Yan, K. Kurogi, and K. Tsujii, *Colloids Surfaces A*, **292**, 27 (2007)
11) R. N. Wenzel, *Ind. Eng. Chem.*, **28**, 988 (1936)
12) A. B. D. Cassie and S. Baxter, *Trans, Faraday Soc.*, **40**, 546 (1944)
13) P. G. de Gennes, F. Brochard–Wyart and D. Quere, "Capillarity and Wetting Phenomena : Drops, Bubbles, Pearls, Waves", Springer, New York, Chapter 9 (2003)

4 帯電防止

後藤伸也*

4.1 はじめに

　高分子化合物，いわゆるプラスチックの帯電防止処理には，カーボンブラックや金属粉などの導電性物質を多量に添加する方法や，イオン風を吹き付け静電気を中和する除電機などにより帯電を除去する方法が挙げられるが，中でも汎用的に用いられているのが界面活性剤を帯電防止剤として利用するケースである。水あるいはアルコールなどで薄めた界面活性剤の溶液を作り，帯電防止剤処理が必要な成形品に塗布すれば，簡単に帯電防止効果を得ることができるし，あらかじめプラスチックに少量を練込み添加することにより，界面活性剤が経時的にブリードアウトし，帯電防止効果を得ることができる。

　本稿は界面活性剤を帯電防止剤として応用する場合の特性について述べる。

4.2 界面活性剤を応用した帯電防止剤

　界面活性剤とは一つの分子内に親水基と親油基を併せ持つ化合物の総称で，模式的に図1の様に表され，乳化，洗浄，起泡の他，異物質間界面への作用により日常の様々な分野で幅広く応用されている。

　界面活性剤の親油性の強さは，通常アルキル鎖長の長さにより決定され，親水基の強さは，その構造により多岐に変化し，それらの親油／親水のバランスを設計することにより様々な要求特性に対し，その目的にあった界面活性剤の設計が可能となる。

　界面活性剤が帯電防止能を発現するのは，プラスチック表面に膜として形成された界面活性剤

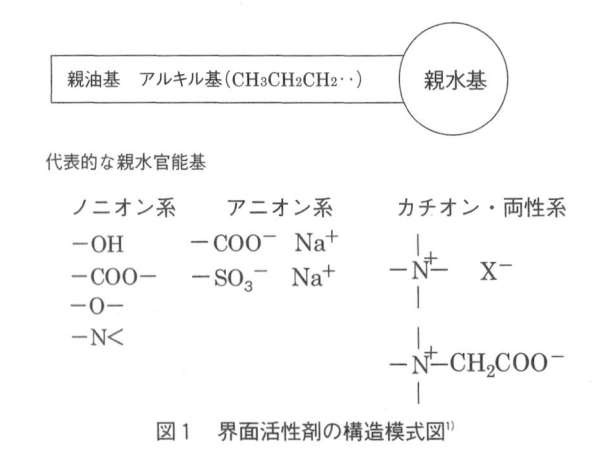

親油基　アルキル基($CH_3CH_2CH_2\cdots$)　　親水基

代表的な親水官能基

ノニオン系	アニオン系	カチオン・両性系
$-OH$	$-COO^- \ Na^+$	
$-COO-$	$-SO_3^- \ Na^+$	$-\overset{\mid}{\underset{\mid}{N^+}}-$ 　X^-
$-O-$		
$-N<$		$-\overset{\mid}{\underset{\mid}{N^+}}-CH_2COO^-$

図1　界面活性剤の構造模式図[1]

---

*　Shinya Gotoh　花王㈱　化学品研究所　主任研究員

第3章 表面改質応用技術

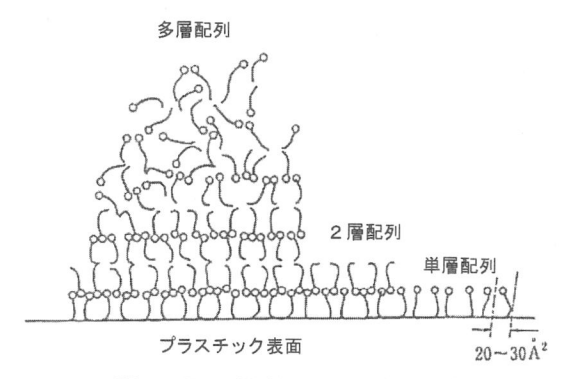

図2 界面活性剤の表面配列模式図[2]

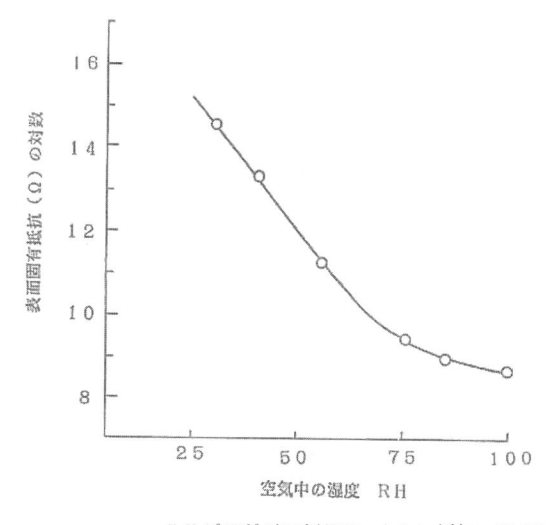

図3 帯電防止剤の湿度依存性[1]

が，その吸湿により導電層として機能を発現するからである。模式図ではあるが図2にその存在状態を示す。また，吸湿により帯電防止効果を発現する界面活性剤は環境湿度の影響を受けるが，図3に環境湿度と表面抵抗値の関係を示す。

プラスチック表面を帯電防止処理する方法には，界面活性剤を水溶液やアルコール溶液として表面に塗布して帯電防止効果を得る表面塗布型と，あらかじめプラスチックに練り込んでおいて，内部からの滲み出しによって表面に界面活性剤層を形成させる内部練り込み型に大別される。

表面塗布型の特長としては，基材・形状を選ばず均一に塗布を行うことにより帯電防止効果が得られること，また耐熱性を必要としないため使用できる界面活性剤を幅広く選択することが可

能であるが，短所としては塗布装置／乾燥工程が必要となり，コスト上昇の原因になってしまう。

一方内部練り込み型帯電防止剤は，樹脂に少量添加するだけで帯電防止効果が得られ，作業の簡便さ，コストに好ましい特長があるものの，樹脂加工を伴うため耐熱性が必要である，帯電防止効果発現までに時間を要す，など短所も併せ持つ。

界面活性剤には非イオン系，アニオン系，カチオン系及び両性に大別され，よく帯電防止剤として応用される剤を表1に示す。また図4は，界面活性剤のタイプ別に得られる表面抵抗値を比較しているが，イオン性を持つカチオン系，アニオン系界面活性剤が，非イオン性界面活性剤に比べ良好な数値を示すことが判る。

4.3 ブリード挙動

表面塗布して帯電防止効果を得ようとする時の界面活性剤の選定は，使用する溶媒（水やアルコール等）に可溶することが最も重要であり，特に要求される特性が無い限り乾燥後の帯電防止効果を確認すればある意味それで終了する。しかし，プラスチック内部から界面活性剤の表面移行により帯電防止効果を得る場合には，使用する界面活性剤の構造や分子量などにより，そのブリード挙動は千差万別に変化する。

この項では，代表的な界面活性剤の樹脂内部からの移行に関する挙動から考察する。

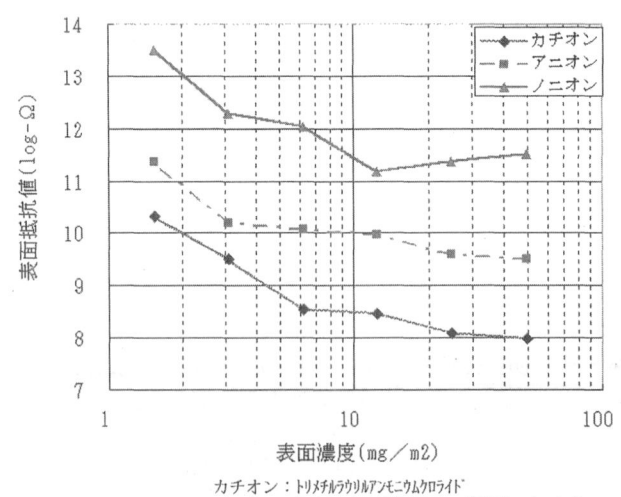

カチオン：トリメチルラウリルアンモニウムクロライド
ノニオン：N,N-ジエタノールステアリルアミン／C18アルコール＝1／1
アニオン：アルカンスルホネートNa
ＰＥＴフィルムに各表面濃度で塗布

図4 界面活性剤タイプ別抵抗値[1]

第3章　表面改質応用技術

表1　帯電防止剤として用いられる界面活性剤[1]

分類	物質名	代表的な化学構造	使用例 練込(主用途)	塗布
非イオン	N,N-ビス（2-ヒドロキシエチル）アルキルアミン	$R-N<\begin{array}{l}CH_2CH_2OH\\CH_2CH_2OH\end{array}$	HD-PE, PP	
	N,N-ビス（2-ヒドロキシエチル）アルキルアミド	$R-CON<\begin{array}{l}CH_2CH_2OH\\CH_2CH_2OH\end{array}$	PP, HD-PE	
	ポリオキシエチレンアルキルアミンの脂肪酸エステル	$R-N<\begin{array}{l}(CH_2CH_2O)_n\text{-}OC\text{-}R\\CH_2CH_2OH\end{array}$	PP, OPP	
	グリセリン脂肪酸エステル	R-COO-CH$_2$-CH(OH)-CH$_2$-OH	PP, LD-PE	
	ポリグリセリン脂肪酸エステル	R-COO-CH$_2$CH(OH)CH$_2$-O-(CH$_2$CH(OH)CH$_2$-O)$_n$H	PP, LD-PE	
	ソルビタン脂肪酸エステル	(ソルビタン環 CHCH$_2$OOC-R)	LD-PE	○
	ポリオキシエチレン脂肪アルコールエーテル	R-O(CH$_2$CH$_2$O)nH	PP, LD-PE	○
アニオン	アルキルスルホン酸塩	R-SO$_3$Na	PS, ABS, PET, PC 等	
	アルキルベンゼンスルホン酸塩	R-C$_6$H$_4$-SO$_3$Na		
カチオン・両性	テトラアルキルアンモニウム塩	$R-N^+(CH_3)_3\ X^-$	PVC (ClO$_4^-$ 塩)	○
	アルキルベタイン	$R-N^+(CH_3)_2-CH_2COO^-$		○

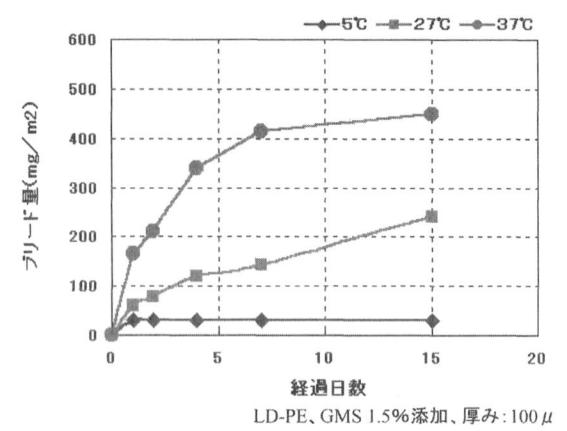

図5 温度とブリード量
LD-PE、GMS 1.5%添加、厚み:100μ

4.3.1 環境温度とブリード

　帯電防止効果は，環境が夏場のような高温・高湿度において得やすいが，逆に冬場の低温・低湿度下では難しいのが現状である。これは，練り込まれた帯電防止剤が樹脂のミクロブラウンにより表面に移行するが，樹脂がガラス転移点温度以上の非凍結状態であれば，環境温度の高い方が分子運動が盛んになり界面活性剤の表面滲み出し量が増大する。参考までに環境温度とブリード量の関係を図5に示す。また，延伸フィルムなど帯電防止効果が得られにくい成形品では，帯電防止剤の添加量を増やし，環境温度を高くして故意にエージングしているケースもある。

4.3.2 樹脂との相溶性

　樹脂と界面活性剤等異なる2成分間の相溶性を示す指数として，物質の極性を計算式で求めるSP値（Solubility Parameter）がしばしば用いられる。それぞれのSP値を計算し，その値が同一であれば，それらは相溶性の高いことを意味する。図6に代表的な樹脂と帯電防止剤のSP値を示している。軟質塩化ビニルはポリマーに対し，可塑剤として50％以上のフタル酸ジアルキルを含有するが，この場合殆どブリードもせず含有量が保たれるのは，それらのSP値が極めて近いことに大きく起因する。

　一方，帯電防止剤は樹脂に練り込まれたあと，樹脂の分子運動により表面移行し効果を発現する。そのためにSP値で樹脂とは若干の差異のある界面活性剤を応用し，樹脂から排除（ブリードする）されるよう設計されている。樹脂とSP値が大きく異なる界面活性剤を応用することで，より低添加量で早い帯電防止効果が得られるように考えられるが，結果は逆で添加量を増やしても効果の得られない場合が多い。これは，模式図ではあるが図7に示すように帯電防止剤が樹脂中でミセル（集合体）を形成し，結果見掛け分子量が増大し，表面移行性が悪くなってしまうと推測できる。

第3章　表面改質応用技術

```
プラスチック              SP           帯電防止剤
                         ┼ 8.0
ポリエチレン
ポリプロピレン


                         ┼ 9.0
ポリスチレン                            N,N-ビスヒドロキシエチルステアリルアミン
メチルメタアクリレート                   ステアリン酸モノグリセライド
ポリ酢酸ビニル                          N,N-ビスヒドロキシエチルラウリルアミン
ポリ塩化ビニル
                                      ソルビタンモノオレート
                                      ポリ(5)オキシエチレンラウリルアミン
                         ┼ 10.0      ソルビタンモノラウレート
                                      N,N-ビスヒドロキシエチルラウリン酸アマイド


ポリエチレンテレフタレート
                         ┼ 11.0
```

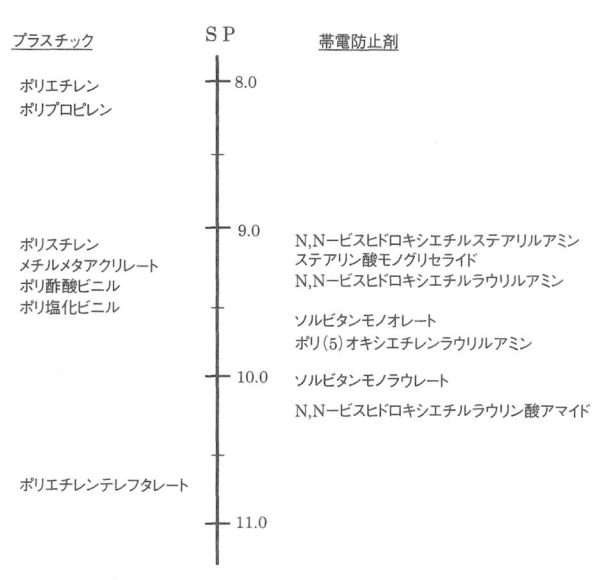

図6　プラスチックと帯電防止剤の溶解度パラメーター[2]

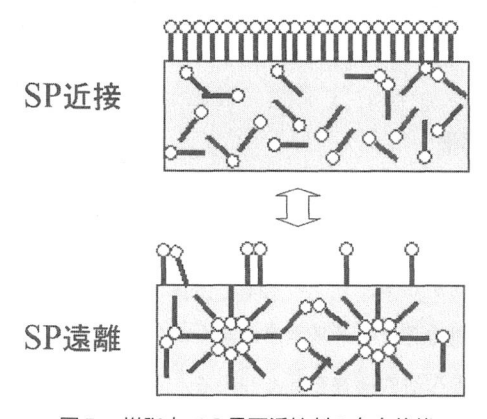

図7　樹脂中での界面活性剤の存在状態

　一方，近似のSP値を持つ界面活性剤でも，化合物の特性（分子構造）によりそれらのブリード挙動が異なってくる。表2は，代表的な内部練込み型帯電防止剤の種類を変え，モデル的にLD–PEに1.5％添加し，37℃で9日間後にそれぞれのブリード量を測定した結果である。

　表中にはそれぞれの界面活性剤の分子量，SP値，粘度を因子として挙げているが，粘度は分子間の凝集を表す尺度として液状状態の80℃における数値を示している。

　分子量がブリードに及ぼす影響は大きく，表2中のDEAとDEA–MSの比較がそれにあたるが，これらはSP値，粘度（分子凝集力）は殆ど同じであるが，分子量の違いでブリード量が大きく異なっている。

表2 ブリード量の比較

	分子量	SP (Fedos)	粘度 (80℃, cp)	ブリード量 (mg/m²)
GMS	358	10.3	44	430
DG-MS	554	10.2	70	130
SO-MS	528	10.8	120	70
DEA	364	9.1	15	400
DEA-MS	622	9.2	15	130

LD-PE に 1.5％添加，厚み＝100μ 37℃＊9日保管
GMS：グリセリンモノステアレート
DG-MS：ジグリセリン1.5ステアレート
DEA：N, N-ビスヒドロキシステアリルアミン
SO-MS：ソルビタンモノステアレート
DEA-MS：N, N-ビスヒドロキシステアリルアミンの脂肪酸モノエステル

また，殆ど同じ分子量を持つ DG-MS と SO-MS の比較では，SO-MS が若干極性差が大きく，ミセル化が生じると推測できることと，分子間凝集力が高く（粘度が高い）なることで，ブリード量が少なくなったと考察できる。

4.4 薄膜の重要性とその解析

プラスチック表面で良好な帯電防止効果を得るために界面活性剤が均一な薄膜であることは極めて重要である。模式図的には前述の図2の如く表現されるが，薄膜の形成は，練り込まれた，或いは塗布された帯電防止剤が効率よくその効果を発現することに大きく寄与し，低添加量での帯電防止効果発現，成形後短時間で効果発現が可能な即効性の達成，などに有効である。またプラスチック表面に存在する界面活性剤量を低く抑えることが可能となり，印刷やヒートシール等への影響を最小限に抑えるためにも極めて重要である。

界面活性剤を応用した多くの帯電防止剤は複数成分を組み合わせた複合系として市販されているが，これらは表面に存在する界面活性剤の薄膜化を目的として組み合わされている場合が多々あると言える。

以下に，帯電防止効果に界面活性剤の薄膜化が影響を及ぼしたと思われる例を示すとともに，最新の分析機器により行った表面解析結果を例示する。

4.4.1 帯電防止剤複合の例

ポリオレフィン系樹脂用内部練り込み型帯電防止剤であるエレクトロストリッパー TS-2（花王㈱社製）は，N, N-ビスヒドロキシエチルステアリルアミン（以下 DEA）と高級アルコール（以下 Alc）の併用系[3]である。

第3章　表面改質応用技術

この系の場合，主たる帯電防止効果は DEA により発現するが，それ単独では帯電防止効果の無い Alc が併用されることにより帯電防止効果の向上が認められる。従来，Alc 併用による帯電防止効果向上は，Alc による DEA のブリード促進効果として捉えていたが，近年の分析機器の発達は，表面拡散の向上により生じる効果と解析している。

図8はポリプロピレンに DEA 単独と，Alc 併用品を同量添加して帯電防止効果を経時的に測定した結果であるが，高級アルコールを併用した場合の帯電防止効果発現の早いことが判る。

このときの表面における DEA の分布状態を SIMS（二次イオン質量分析法）にて比較したのが図9である。DEA 単独の場合には，部分的に高濃度な箇所（図9写真で，白く見える箇所）が観察されるのに対し，Alc を併用するとそのような箇所は見えなくなり均一な分布が示唆された[2]。

更にこの現象を解明すべく表面の分布状態を表面塗布による処理と，AFM（原子間力顕微鏡）により観察している[1]。

図10は，DEA 単独と，その Alc 併用品について溶液濃度を変化させて塗布し，1日後に表面抵抗値を測定した結果である。同じ表面濃度で比較して DEA 単独に比べ，Alc 併用品の表面抵

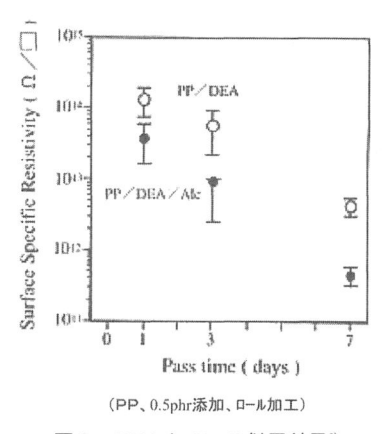

（PP、0.5phr添加、ロール加工）

図8　DEA と Alc の併用効果[2]

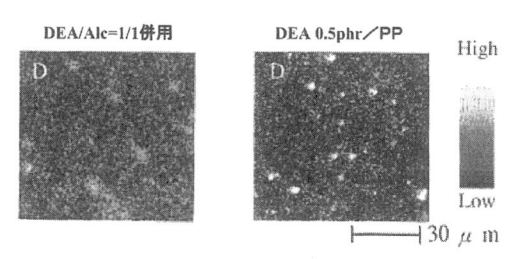

図9　SIMS（二次イオン質量分析）による DEA 分布状態[2]
成形7日後測定

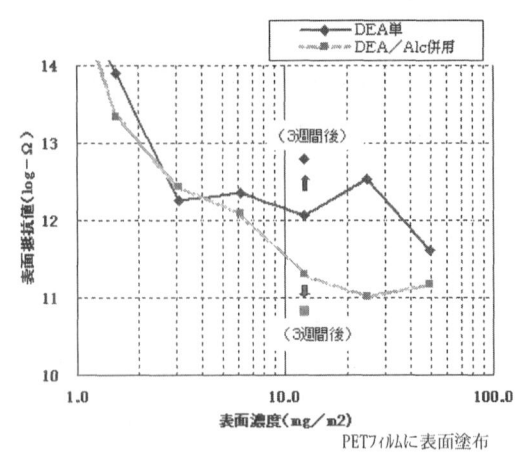

図10 DEA/Alc併用効果[1]

抗値は低いことがわかるが，図中にマーキングしているように3週間の経過でその差は更に大きくなる傾向が観られた。

この試料をAFMで観察した結果を図11に示す。本図はAFM表面観察結果を横軸に対し縦軸を誇張して表示しているが，DEAとAlc併用では均一な分布状態と思われるものの，DEA単独の場合には凝集によるためか部分的に高濃度と思われる凸部が観られ，先のSIMSによる解析結果と一致する。

この場合塗布で処理しているため，表面濃度は同一と思われ，薄膜の形成がより低い表面抵抗値を発現すると考えられる。

DEA単独　　　　　　DEA/Alc併用

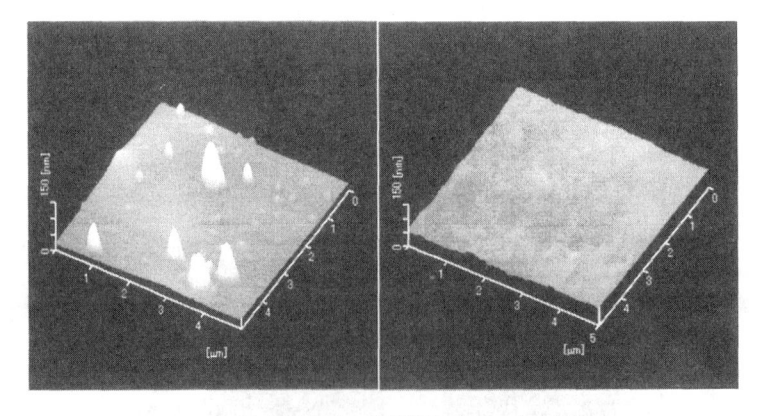

PETフィルムに表面濃度12.4mg/m2塗布
塗布3週間後にAFMにて観察
縦横5μm、高さ150nmで拡大表示

図11 AFM観察結果[1]

4.4.2 フレーム処理（コロナ放電処理）の効果

　フレーム処理やコロナ放電処理は，ポリオレフィン系樹脂の表面エネルギーを向上させ，ラベル接着強度向上や印刷性向上の手段として広く用いられることは周知であるが，この処理に伴い帯電防止効果の発現も促進されることもよく経験する。従来，フレーム処理やコロナ放電処理により非極性であった表面に生成する酸化物（極性基）が，同じ極性物質である界面活性剤の表面移行（引き上げ効果）により，表面の帯電防止剤濃度が上昇し，帯電防止効果が促進されると推測されてきた。

　表3は，HD-PE/ブロー成形品で，帯電防止剤としてN,N-ビスヒドロキシラウリルアミン（以下DELA）を添加したときのフレーム処理の有無による帯電防止効果と表面帯電防止剤量を比較した結果である。

　添加量が0.5 phrの系では表面濃度が高いものの帯電防止効果は不十分なのに対し，添加量0.25 phrでは表面帯電防止剤量が少ないにも関わらず，フレーム処理を施すことによって良好な帯電防止効果を示している。また，このときの表面帯電防止剤濃度はフレーム処理／未処理で大きな差異は無かった。

　この結果から，フレーム処理により表面に生成する酸化物（極性基）が，同じ極性物質であるDELAの表面拡散を促進し，帯電防止効果が向上したと推測できる。

4.4.3 凝集の防止

　表面における界面活性剤の凝集は薄膜の形成を阻害し，帯電防止効果の持続性に大きく影響を及ぼす。図12は帯電防止剤として様々な分野で応用されているグリセリンモノステアレート（以下GMS）をポリエチレンに添加した場合の時間の経過と帯電防止効果を表したものである。加工後，GMSの滲み出しにより良好な帯電防止効果を示すものの，2週間後には帯電防止効果が悪化してしまう。この原因を解明すべく2週間経過後のSEM（電子顕微鏡）による表面観察結果が図13である[1]。

　ポリエチレン表面で形成されていたGMSの連続膜が，時間の経過で凝集・結晶化し，島構造を取った結果，導電経路が絶たれた様子が伺える。

　市販の帯電防止剤では，GMSの性能を最大限発現させるために，表面での結晶化を防止する目的でDEAなどを被膜形成剤として併用し，帯電防止効果の持続性を向上させている[4]（図12中にGMS系の複合型帯電防止剤エレクトロストリッパーTS-8（花王㈱社製）の抵抗値経時変化をプロット）。

表3 フレーム処理と帯電防止効果[1]

DELA添加量 (phr)	フレーム処理	表面濃度 (mg/m²)	表面固有抵抗 (Ω)	汚れ付着
0.5	無	5.11	1×10^{14}	△
0.25	無	2.26	$> 8 \times 10^{15}$	×
0.25	有	3.24	6×10^{12}	○

DE-LA/HD-PE ブローボトル（成形直後評価）

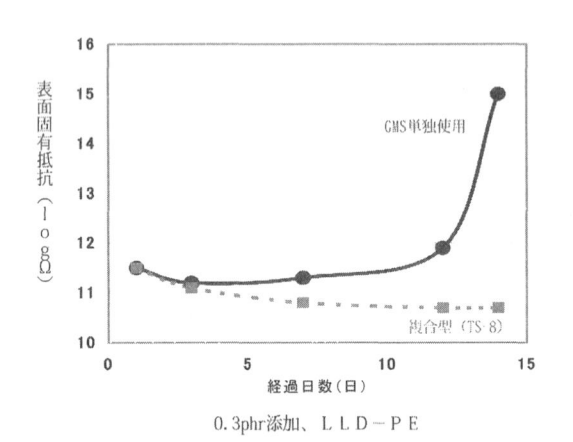

図12 GMS使用時の表面抵抗経時変化

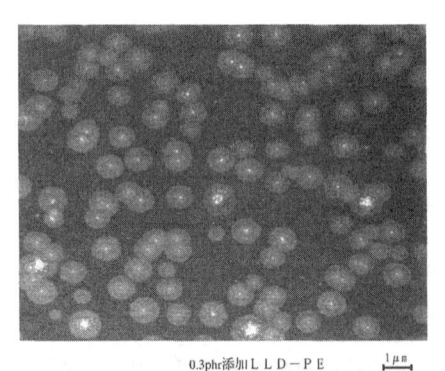

図13 表面で凝集したGMS[1]

4.5 即効性を得るために

表面塗布型の帯電防止剤であれば塗布溶液の乾燥と同時に帯電防止効果が発現するが，練り込み型の場合は練り込まれた帯電防止剤が表面に滲み出し，表面で拡散，連続膜化し，帯電防止効果を発現するまでにある程度の時間が必要である。しかし，使用する立場で考えれば成形後短時

間で帯電防止効果が得られるほうが好ましいことは言うまでもない。

即効性を得ようと帯電防止剤を増量して対応すれば，成形後短時間で帯電防止効果が発現し目的を達成するものの，時間の経過でブリード過多となりブルーム白化など表面特性を悪化させてしまう。

また，押出成形と射出成形では即効性を達成するための機構が異なり，次に帯電防止剤で工夫している例を，成形法別に分けて説明する。

4.5.1 押出成形

押出成形の場合は，金属親和性の高い界面活性剤の応用が挙げられる。

ロール加工機などで樹脂にアルキルスルホン酸塩の練り込みを行うと，ロール表面を油膜状にアルキルスルホン酸塩が覆う現象（プレートアウト）が観察される。これはアルキルスルホン酸塩と金属製ロールとの親和性の高さにより生じる現象と解釈できる。

押出成形で即効性を得るために，金属である成形機内壁へのアルキルスルホン酸塩のプレートアウトを応用して表面濃度を上げる手段が考えられ，図14にはその模式図を示している。

一定速度で流れるアルキルスルホン酸塩が練り込まれた樹脂は，管壁へのプレートアウトを伴うと考えられ，ある程度堆積した後は管内壁から剥がれ，樹脂表面への転写が行われる。このようなメカニズムにより成形直後から高い表面帯電防止剤濃度となり，即効性が得られる。

樹脂の種類など状況により変化するが，この場合，極性が高いアルキルスルホン酸塩を表面で薄膜化するための他界面活性剤の併用が好ましい。

4.5.2 射出成形

射出成形の場合は，帯電防止剤が添加され，高温に加熱された樹脂が密閉された金型内に注入されることで，押出成形とは異なる効果発現機構が考えられる。

図15にその模式図を示すが，高温の樹脂から発生する帯電防止剤の飛散蒸気は，樹脂に優先して金型内に注入され，冷却された金型内壁に凝縮する。その後，遅れて入る樹脂の表面には凝縮した帯電防止剤が転写される。この機構により射出成形直後から高い表面帯電防止剤濃度が得られ，即効性の発現に繋がる。

射出成形で使用される帯電防止剤は，飛散蒸気を多く得るために比較的分子量が低い方が好ま

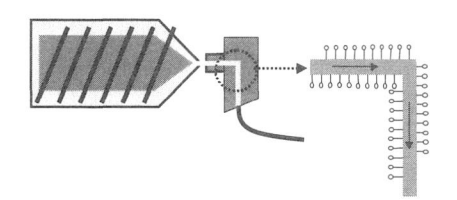

図14 押出成形における即効性モデル

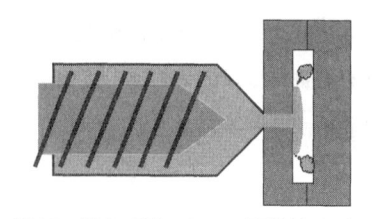

図15　射出成形における即効性モデル

しく，さらに内部ブリードとの相乗効果を得るために，SP差が若干大きい帯電防止剤が用いられる。

4.6　おわりに

　界面活性剤を帯電防止剤として応用するときのブリード挙動と，その解析結果を中心に述べてきたが，他にも内部添加された界面活性剤が表面移行し，帯電防止剤として機能を発現するまでには樹脂の結晶構造や，成形方法の違いなどブリードに影響する因子は多岐にわたる。

　他のブリードに関わる因子については，文献[1,2]を参照していただくとして，本稿は実際の帯電防止処理における一助としてお役立てて頂きたい。

文　　　献

1）　後藤伸也，"界面活性剤による帯電抑制"，表面技術小特集，56（8），p 13（2005）
2）　後藤伸也　他，第2章1界面活性剤系帯電防止剤，村田雄司監修，帯電防止材料の応用と評価，シーエムシー出版，p 9（2003）
3）　船津　実　他，特公昭46-1253
4）　後藤伸也　他，特許第3611949号

5　バリア性向上

大谷寿幸*

5.1　ガスバリアフィルム

ライフスタイルの変化，生活水準の向上に伴い，より自然で，より安全な食品，医薬品，化粧品が求められている。このニーズに応えるべくガスバリア性包装材への期待はますます高まっている。

これらとして，ポリ塩化ビニリデン，ポリビニールアルコール，エチレン-ビニールアルコール共重合体，ポリアクリロニトリル等のガスバリア性樹脂も需要が急増しているが，これらガスバリア性樹脂単体ではガスバリア性包装材料に要求される全ての性能を満足することは難しい。特に有機物単体で酸素バリア性と水蒸気バリア性の両立は非常に難しい。

そこで近年注目されているのが，従来から包装材料に用いられてきたポリエチレンやポリプロピレン，ポリエステルなどの汎用樹脂フィルム上に，AlやSiO$_2$などの無機薄膜の形成したガスバリアフィルムである。

5.2　アルミニウム蒸着フィルム

各種プラスチックフィルム上に真空蒸着法を用いてアルミニウムを20～70 nm程度の厚みで形成したものがアルミニウム蒸着フィルムである。プラスチックフィルムとしては，二軸延伸ポリエチレンテレフタレート（PET），二軸延伸ポリプロピレン（OPP），無延伸ポリプロピレン（CPP），ポリエチレン（PE），二軸延伸ナイロン（ONY），セロハンなどが挙げられる。また，アルミニウム蒸着フィルムの用途としては，冷菓，ポテトチップス，茶，コーヒー，ココア，スープ，チョコレート，半生菓子，医薬品，電子部品などのバリア性包装材料である。

アルミニウム蒸着フィルムの特徴としては，
① 優れたガスバリア性，防湿性を有する。
② 赤外線，可視光線，紫外線をほとんど完全に遮断する。
③ 金属光沢を有する。
④ 帯電防止効果を有する。
⑤ 不透明なため内容物が見えない。
⑥ 電磁波を反射するため，電子レンジ適性がない。

などが，挙げられる。

---

*　Toshiyuki Oya　東洋紡績㈱　総合研究所　化成品開発研究所　堅田フィルム開発部　第4グループリーダー

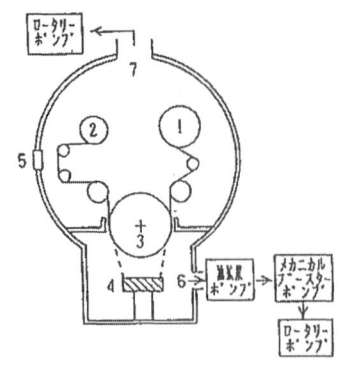

1. 原反フィルム（巻き出し）
2. 蒸着フィルム（巻取り）
3. クーリングキャン（下部で蒸着）
4. 蒸発源
5. 蒸着膜厚監視窓
6. 下室排気口（真空度 10^{-4} torr）
7. 上室排気口（真空度 10^{-2} torr）

図1　バッチ式真空蒸着装置

5.2.1　真空蒸着装置

真空蒸着装置には，バッチ方式と連続方式の二方式がある。バッチ方式とは，プラスチックフィルムロールを1本ずつ真空蒸着処理するものであり，プラスチックフィルム幅3m以上，プラスチックフィルムロールの巻径1,200mm以上のものが標準である。蒸着速度は，ポリエチレンテレフタレートフィルムの場合，400〜600m/min. である。このバッチ方式真空蒸着装置は図1のような構成をしている。このように装置は上，下の2室に分かれており，上室はプラスチックフィルムの巻き出し，巻き取り室であり，1Pa程度の真空度である。下室は蒸着源とその加熱装置があり，1×10^{-2}Pa程度の真空度である。このように上下2室構造とすることのメリットとして，

① プラスチックフィルムから発生する水分などの揮発成分を上室で真空排気し，下室の蒸着部への回り込みを極力少なく出来る。

② 蒸発源からの熱が上室に来ないので，プラスチックフィルムへの熱負荷が少ない。

ことが挙げられる。

一方，バッチ方式はプラスチックフィルムロール1本ごとに大気開放，真空引きの作業工程があるが，連続方式ではこの時間が削除可能である。この装置の概念図を図2に示す。

5.2.2　蒸着源

単位時間，単位面積当たりの蒸発粒子数は，その材料の加熱温度に依存する。材料により温度とそのときの蒸気圧は異なり，融点が低い材料であるからといって蒸気圧が高い材料とはならない。その一例を表1に示す。

また，蒸着材料を加熱する方法としては，①誘導加熱法，②抵抗加熱法，③電子ビーム加熱法の3方式がある。

(1) 誘導加熱法

第3章　表面改質応用技術

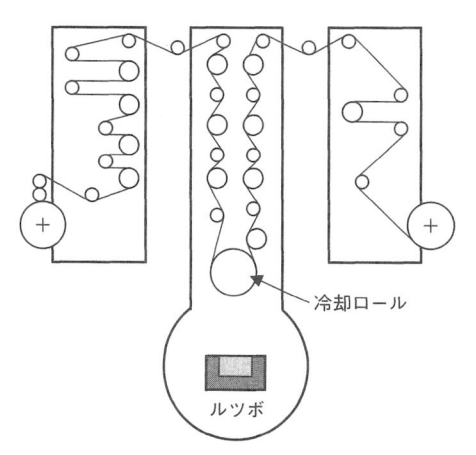

図2　連続真空蒸着装置

表1　各種金属の蒸気圧，融点

金属	原子量	蒸気圧—温度（℃）			融点（℃）
		133 Pa	1.3 Pa	0.013 Pa	
Al	27.0	1472	1148	927	660
Au	197.0	1786	1403	1140	1063
Ag	107.9	1330	1028	824	961
Ni	58.7	1408	1129	934	1455
Cu	63.5	1617	1264	1025	1083
Cr	52.0	1695	1364	1130	1905
Zn	65.4	490	345	250	420

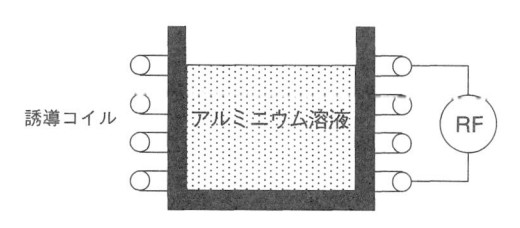

図3　誘導加熱法のルツボ構造

　この方式は，図3のようにカーボン製の坩堝にあらかじめ必要量のアルミニウムを仕込んでおき，坩堝周辺に配置したコイルに数十 kHz の高周波を印加して坩堝に流れる高周波誘導電流によって加熱を行う。この方式の特徴としては，

　① 蒸発速度が安定して，膜厚分布がよい。

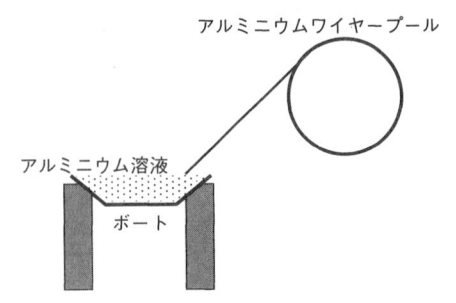

図4　抵抗加熱法のボート構造

② 坩堝からのアルミニウムの飛散（スプラッシュ）が少ない。
③ ランニングコストが安い。
④ アルミニウムでも蒸発可能。

ということが挙げられる。

(2) 抵抗加熱法

図4のように30 mmϕ程度のワイヤーを連続的に蒸着装置内の金属製ボートに供給する。加熱は金属製ボートに通電することでジュール加熱する。この方式の特徴は，

① 誘導加熱法よりも長尺プラスチックフィルムへの蒸着が可能である。
② アルミニウムの利用効率が高く，消費量が少ない。
③ 昇温時間が短く，また，加熱の消費電力が少ない。
④ 蒸着装置内の加熱部の設置スペースが少ない。
⑤ ボート材料の混入が少量ではあるが存在する。

ということが挙げられる。

(3) 電子ビーム加熱法

電子銃から発生された電子線は磁場により偏向され，坩堝内のアルミニウムの表面に均一に照射される。電子ビームは通常，数 keV～数十 keV の高エネルギーであり，これと蒸着材料とのエネルギー交換により加熱が行われる。この方式の特徴としては，電子ビームの投入電力を大きくすれば，誘導加熱法や抵抗加熱法では蒸着できないような高融点材料でも蒸着可能である。

5.2.3 バリア性能

アルミニウム蒸着フィルムのガスバリア性は，アルミニウムの膜厚，プラスチックフィルムの種類，蒸着時の真空度により変わってくる。どのような種類のプラスチックフィルムを用いても，アルミニウムの膜厚が厚くなるにつれてガスバリア性は向上していく（図5）。しかしながら，PETやONYは膜厚が20 nm程度でバリア性は十分飽和してくるのに対して，オレフィン系のOPP，CPP，PEは十分なバリア性を発現できていない。この素材間の差は，アルミニウム蒸

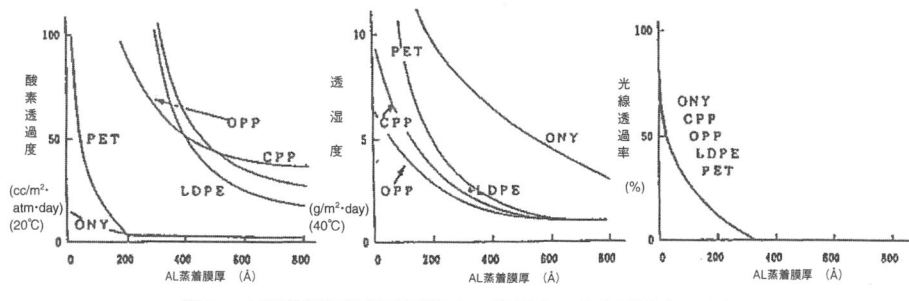

図5　Al蒸着膜厚と酸素透過度，透湿度，光線透過率の関係

着薄膜のピンホールに起因すると考えられる。オレフィン系フィルムは様々な添加物が含まれておりこれらに起因してピンホールが発生しやすい。また，オレフィン系のフィルムはいずれも表面張力が低く，アルミニウム薄膜が連続薄膜になりにくいことにも起因している。

5.3 透明蒸着フィルム

アルミニウム蒸着フィルムと同等の高いガスバリア性と，透明性，電子レンジ適性を併せ持ったバリアフィルムとして，無機酸化物薄膜をプラスチックフィルム上に形成した透明蒸着フィルムが近年注目を集めている。アルミニウム蒸着フィルムと同種のプラスチックフィルム上に酸化ケイ素，酸化アルミニウム，これらの混合酸化物の薄膜を形成したものが主流である。他にも錫，鉛，チタン，コバルト，クロムなどの酸化物が検討されてきたが，食品包装用や医薬品包装用に用いる際には，安全性，衛生性の観点から，これらの酸化物薄膜は適さない。

透明蒸着フィルムの薄膜形成方式は，物理蒸着法（PVD法）と化学蒸着法（CVD法）に大別される。PVD法には加熱蒸着法，スパッタリング法，イオンプレーティング法などがあり，蒸着源を加熱蒸発させたり，運動量をもったイオンなどの粒子を材料に衝突させて叩き出す，といった物理的なエネルギー印加により蒸着原料を気化させた後にプラスチックフィルム上に薄膜として形成させる方法である。これらのうち，包装用途では安価であることが重要となることから，大面積のプラスチックフィルムに高速度で薄膜形成が可能である加熱蒸着法が用いられる。一方，CVD法はガス状の原料を真空槽中に導入して，プラズマなどによるエネルギー印加でこの原料ガスを分解して，気相中およびプラスチックフィルム表面にて化学反応を起こして，薄膜を形成する方式である。

5.3.1 酸化ケイ素蒸着フィルム

透明な酸化物の代表である二酸化ケイ素（SiO_2）を蒸着材料として用いても加熱蒸着法ではバリア性は有さない。表2に，電子ビーム蒸着，スパッタリング，プラズマCVDによるSiO_2薄膜のバリア性およびSiO_2薄膜の密度測定結果を示すが，電子ビーム蒸着によるSiO_2薄膜はポーラ

高分子の表面改質・解析の新展開

表2　SiO$_2$薄膜の成膜方法による差異

Deposition Methods	PE-CVD	Sputtering	EB-Evaporation
OTR (mL/m^2·day·MPa)	40	5	150−700
Depo. Rate (nm/sec.)	0.5	0.1	200
Specific Gravity	2.10	2.10	1.95
Si-O-H bond 930^{-1}cm IR Absorption	None	None	Exist

基材：PETフィルム　12μm

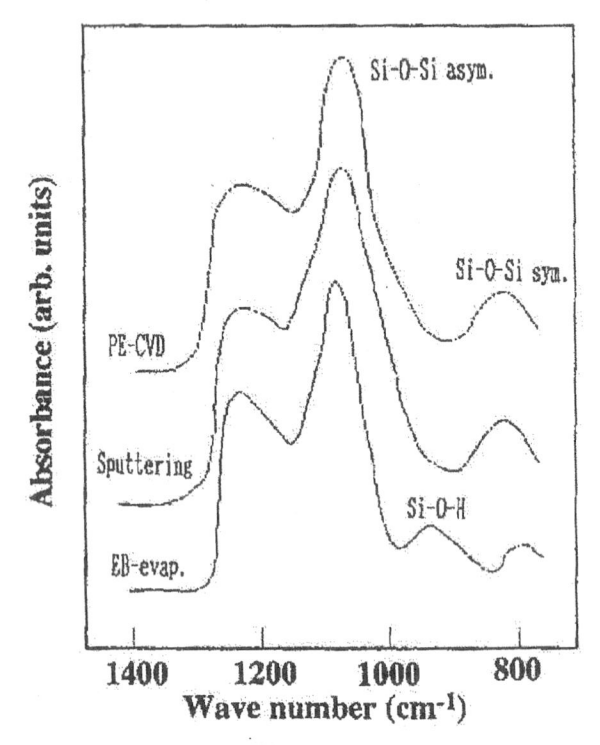

図6　SiO$_2$薄膜のFTIRスペクトル

スな薄膜構造となっている。これは図6のSiO$_2$薄膜のFTIR測定結果に示すように，電子ビーム蒸着雰囲気中の水分に起因する水素によりSiO$_2$のネットワークが終端されているためと推定できる。

そこで，SiO$_2$のような完全酸化状態ではなく，部分的に酸素欠損構造を有する薄膜とすることでネットワークを緻密化し，緻密な薄膜構造を得る。蒸着材料としては，フレーク状のSiOやSi+SiO$_2$を用いて，電子ビーム加熱法にて成膜する。この成膜中にO$_2$ガスを導入することで形成されるSiO$_x$（X<2）のXの値を制御する。Xの値すなわち酸化度により，バリア性と酸化物薄膜の黄色の着色は相反関係にある（図7）。Xの値が小さくなる（酸化ケイ素薄膜の酸化度

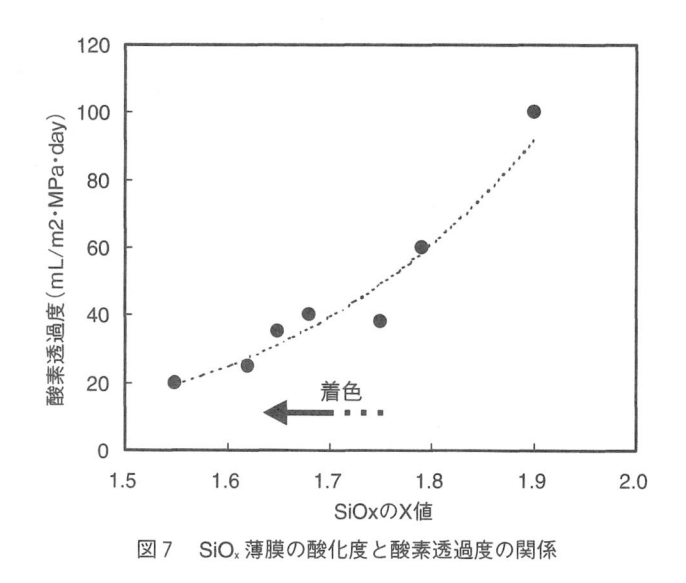

図7 SiO$_x$薄膜の酸化度と酸素透過度の関係

が低くなる）につれて、光の吸収端が短波長側から長波長側へシフトするために黄色の着色が変化する。これらを両立させるために通常，X＝1.5〜1.8程度に選ばれることが多い。

また，蒸着材料がフレーク状であるため，アルミニウムのようにワイヤー状にして材料供給することが難しい。また，蒸発速度を上げるために電子ビームの投入電力を高くすると，蒸着材料からの飛沫（スプラッシュ）が発生し，プラスチックフィルムがダメージを受けるため，アルミニウム蒸着のように蒸着速度を上げることが難しい。

5.3.2 酸化アルミニウム蒸着フィルム

酸化アルミニウム（Al$_2$O$_3$）蒸着フィルムの蒸着材料には，金属アルミニウムを用いて，蒸着中に酸素ガスを導入して酸化を促進させて酸化アルミニウム薄膜を形成するのが一般的である。さらに，蒸着空間にプラズマを印加し，より活性雰囲気にすることで，酸化アルミニウム薄膜の構造をより緻密化する検討もなされている。

SiO$_x$薄膜と比較して，無色透明ではあるが，酸化アルミニウムは非常に硬くて脆い酸化物であることから，包装材料に用いた際に，薄膜にクラックが生じやすい傾向にある。

5.3.3 酸化ケイ素-酸化アルミニウム混合蒸着フィルム

前述のようにSiO$_2$を蒸着材料に用いた酸化ケイ素薄膜はポーラスな薄膜構造のためガスバリア性を有しない。これはSiO$_2$の網目構造が水素原子により終端されるためと推定されるが，この分断された網目構造を修飾するものとして酸化アルミニウムは非常に有効である。図8に示すように薄膜中の酸化アルミニウム含有率が増えるにつれて，薄膜の密度がバルク酸化物の密度に近づいていくことがわかる。これより，図9のように，酸化アルミニウムで，より密なネットワークが形成されたものと推定できる。薄膜中の酸化アルミニウム含有率とバリア性に関して，図

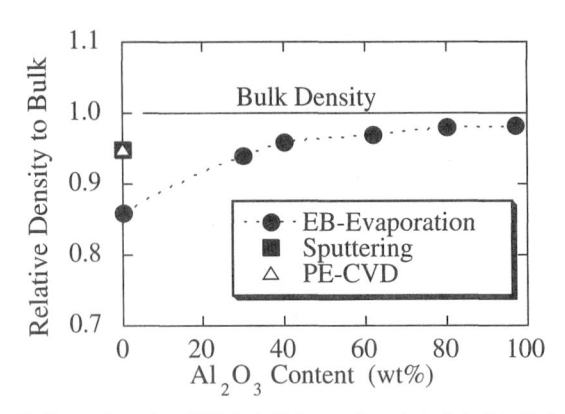

図8 酸化ケイ素-酸化アルミニウム薄膜中の酸化アルミニウム含有率に対する薄膜密度の関係

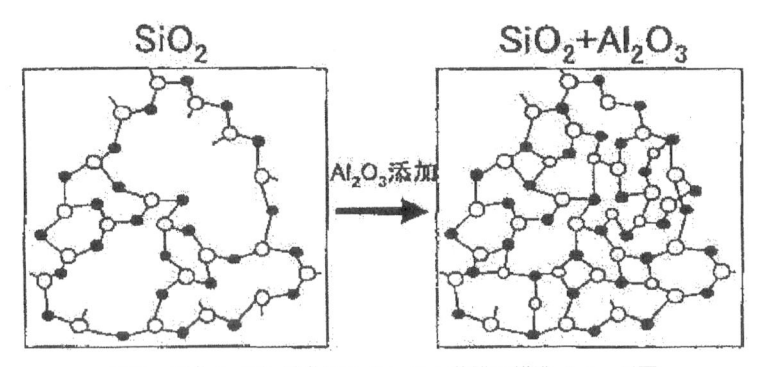

図9 酸化ケイ素-酸化アルミニウム薄膜の構造イメージ図

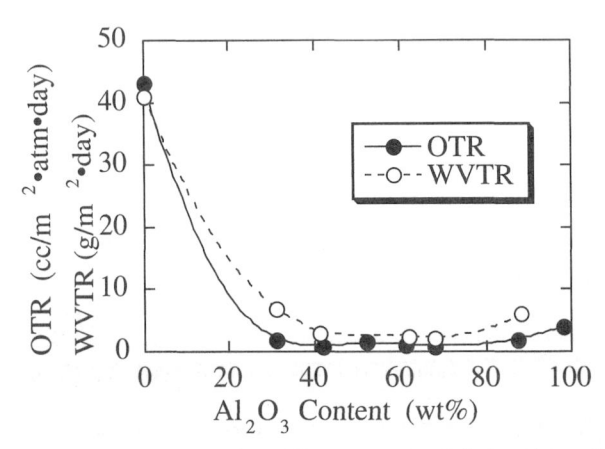

図10 酸化ケイ素-酸化アルミニウム薄膜中の酸化アルミニウム含有率に対するガスバリア性の関係

第3章 表面改質応用技術

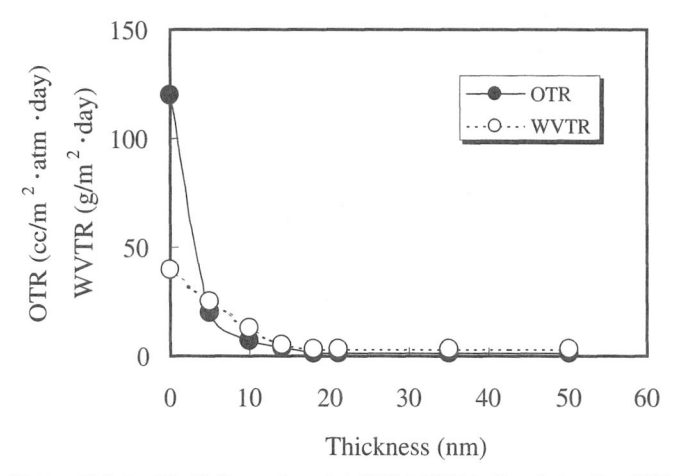

図11 酸化ケイ素-酸化アルミニウム薄膜の膜厚とガスバリア性の関係

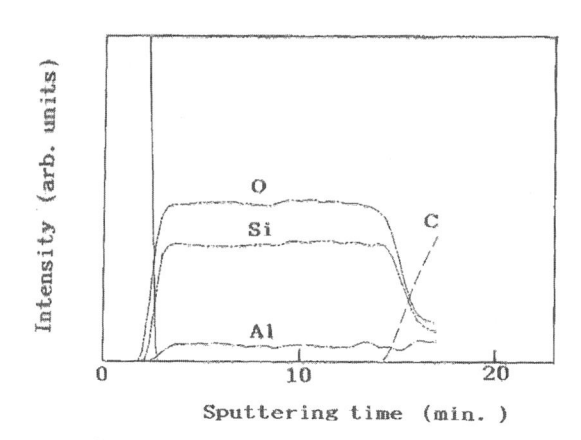

図12 オージェ分光法による酸化ケイ素-酸化アルミニウム薄膜の厚さ方向の組成測定

10に示すが，30 wt%程度の添加で十分なバリア性を発現することがわかる。また，膜厚とガスバリア性の関係を図11に示すが，15 nm程度の膜厚で十分である。

酸化ケイ素と酸化アルミニウムのように蒸気圧曲線が全く異なる酸化物を混合薄膜を作製するのは，それぞれの材料を独立した蒸発源から組成比に見合った蒸発速度で蒸発させ，プラスチックフィルム表面で混合させる。図12にこの薄膜の厚さ方向のAuger分析結果を示すが，厚さ方向のプロファイルは非常に均一であり，蒸発したSiO_2とAl_2O_3が原子レベルで混ざり合っている。さらに，図13にこの酸化ケイ素-酸化アルミニウム薄膜のFTIRスペクトルを示すが，SiO_2のスペクトルとAl_2O_3のスペクトルの単純な重ね合わせになっておらず，独特のピークを有することから，単なる混合物ではなく，化学的な結合状態をもっていることがわかる。

この酸化ケイ素-酸化アルミニウム薄膜によるバリア性フィルムの延展性試験後のガスバリア

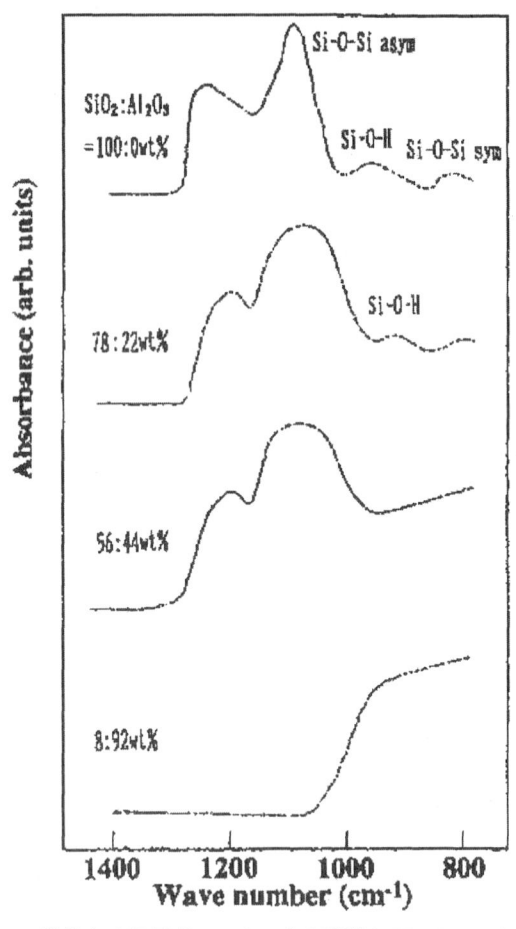

図13 酸化ケイ素-酸化アルミニウム薄膜のFT-IRスペクトル

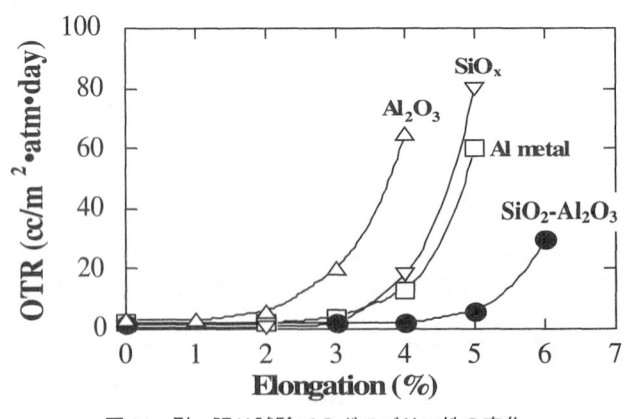

図14 引っ張り試験でのガスバリア性の変化

性を図14に示すが，アルミニウム蒸着フィルム，酸化ケイ素蒸着フィルム，酸化アルミニウム蒸着フィルムのいずれよりも延展性に優れることがわかる。

5.3.4 CVD法による酸化ケイ素蒸着フィルム

CVD法はヘキサメチレンジシロキサンなどの有機シラン化合物またはシランを原料ガスとして，キャリアガスのHeまたはAr，酸化させるためのO_2ガスとともに真空槽に導入して，高周波またはマイクロ波によりプラズマを発生させ，気相反応およびプラスチックフィルム表面反応により酸化ケイ素薄膜を堆積する。

表2にも示したが，CVD法によって作製したSiO_2薄膜はガスバリア性を有しており，加熱蒸着法で作製したSiO_xは有色透明であるのに対して，ほとんど完全に無色透明である。しかしながら，加熱蒸着法に比べて，蒸着速度を十分に早くすることが難しく，プラズマ発生の高周波電力またはマイクロ波電力を高くすると気相中での粉体の発生，異常放電によるプラスチックフィルムへのダメージなどを生じてしまう。

5.4 まとめ

ライフスタイルの変化に伴い，様々なガスバリア包装材料の研究開発が行われてきた。より高いガスバリア性を発現させて，食品包装のみならず，医薬品包装などへの展開も進められている。また，究極的なバリアフィルムとして有機エレクトロルミネッセンス用バリア薄膜も精力的に研究開発がなされているが，食品包装用にくらべて，約5桁低い透湿度が要求されており，大きなブレークスルーが待たれる。

また，プラスチックフィルム上に形成した無機薄膜は，そのフィルムの取扱い，加工適性から，今以上の耐屈曲性の向上が非常に強く望まれている。

これらの技術課題を克服していくことで，さらに大きな市場へと成長していくことが期待できる。

6　防曇性付与

指田和幸*

6.1　はじめに

　透明なプラスチックは，窓，眼鏡レンズ，ケース等の各種包装材料など日常生活用品に多く使用されている。これらの生活用品は，表面温度がその雰囲気の露点温度より低くなった場合や湿度が高い場合に曇りを生じる。曇りの発生原因は表面に細かな水滴が結露したものであり，これが光の透過を低下させたり，乱反射させて曇った状態に見える。この様な曇りを防止するために防曇剤が使用されている。

　防曇剤を使用したプラスチック製品には，食品包装材料や農業用フィルムがある。食品包装材料は，スーパーや食料品店で食品（主に肉類，魚や野菜）を包装した容器が曇ると，内容物の食品が曇りにより見え難くなり，消費者が内容物の状態を確認できなくなる。一方，農業用フィルムは，主にトンネル栽培や農業用ハウスに使用される。最近では，季節に関わらず各種の野菜や果物が市場で販売されているが，これらの多くは農業用ハウスで栽培されたものである。農業用ハウスでは，ハウス内の温度と外気との温度差が有り，フィルム表面に結露が生じ易い。結露が生じ曇りが発生すると，日光の透過が妨げられ作物の生育が悪くなったり，結露した水滴が作物に落下し病害虫が発生する問題が生じる。このため，農業用フィルムでの結露を防止するために防曇剤が使用されている。

　本稿では，内部添加防曇剤の化学構造による分類とその特性についての概論を述べる。

6.2　防曇性付与方法

　プラスチック表面に防曇性を付与する方法には一般に以下の方法がある。

① 結露防止表面構造の形成

　　結露が起こらないように表面温度を露点以上の温度にする。自動車のリヤーガラスや浴室・洗面室のガラス等に熱線が装着され，結露を防止しているのはこの例である。

② 疎水性表面構造の形成

　　完全に水をはじく疎水性表面であれば，結露した水滴がはじかれるか流れ落ちて曇りが生じない。

③ 吸水性表面構造の形成

　　表面を親水性にし，さらに吸水可能な表面構造にする。例えば，親水性多孔質表面構造等がある。しかし，多孔質による表面の白化による透明性の低下や表面強度の低下がある。

---

　*　Kazuyuki Sashida　理研ビタミン㈱　化成品改良剤開発部　部長

④ 親水性表面構造の形成

　水蒸気が表面で結露し，水滴を形成するが，表面の水に対する濡れ性が良好であれば，水滴を形成すると同時に水が表面上にひろがり薄い水膜を形成する。水膜は，光の乱反射が起こらずに見かけ上曇りが無い表面が得られる。一般的に防曇剤がこの用途に使用される。

6.3　プラスチック表面の親水化方法

　本来疎水性表面であるプラスチックを親水性表面に変えるためには，プラスチックの外部から親水性表面を形成させる方法と，プラスチックの内部に防曇剤を添加し，内部から表面へ拡散させる方法がある。

① 外部処理

外部から親水性表面を形成させるには，以下の方法がある。

・化学的処理：親水性を有する界面活性剤のコーティングや薬品処理による親水性官能基の導入
　　　　　　　がある。また，表面グラフト化による親水性官能基の導入もある。
・物理的処理：紫外線照射，コロナ放電，プラズマ処理等による親水性官能基の導入がある。

② 内部処理

　内部から親水性表面を形成させるには，プラスチックに防曇剤（界面活性剤）を添加することが一般的に行なわれている。

6.4　界面活性剤について―防曇剤としての利用―

　界面活性剤は，完全に混じり合わない物質同士の境界面（界面）に作用し，界面の性質を変える機能を有している。

　1例として，石鹸の構造を図1に示す。

　界面活性剤は，分子内に親水基部位と疎水基部位の両方を有している化合物であり，疎水基と親水基のバランスにより，乳化・洗浄・消泡等の種々の機能を発揮する。

　この疎水基と親水基のバランスをHLB（Hydrophilic-Lipophilic-Balance）と呼び，防曇剤として使用される界面活性剤のHLBは一般的に4～15（HLB値が大きいと親水性を示す）と広い

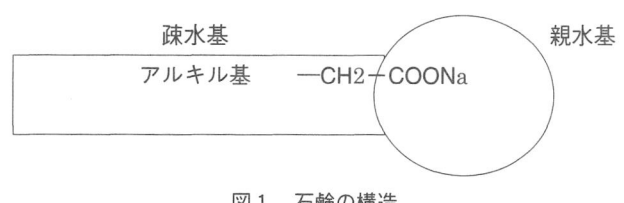

図1　石鹸の構造

範囲にわたっている。

　ラップ等の食品包装材料や農業用フィルムに用いられるプラスチックには，ポリ塩化ビニル樹脂（PVC），ポリ塩化ビニリデン樹脂（PVDC），ポリエチレン樹脂（PE），ポリプロピレン樹脂（PP），エチレン酢酸ビニル共重合体樹脂（EVA），ポリエチレンテレフタレート樹脂（PET）などがあり，いずれのプラスチックも表面疎水性材料である。

　プラスチックに防曇剤を添加（練り込み）した時の状態の模式図を図2に示す。

　添加された防曇剤は，プラスチック表面に拡散し表面で配向し多層構造を形成する。これによりプラスチック表面は親水性となる。親水性化されたプラスチック表面は水への濡れ性が良好になり，凝縮水滴とはならずに薄い水膜となり曇りが生じない。また，農業用フィルムではハウスの傾斜に従い凝縮した水が流れ落ち，フィルムの曇りや作物への害が予防できる。

　凝縮水が水膜状に広がる現象はプラスチック表面の濡れであり，表面にある物質を他の液体（＝凝縮水）で置換する現象である。プラスチック表面での固体／気体の界面が，凝縮水によりプラスチック表面が固体／液体に置換することであり，その固体（プラスチック表面）は液体（凝縮水）で濡れたことになる。

　熱力学的には，下記式で表される界面自由エネルギー変化（ΔG）が負の値であれば，濡れが起こる。

$$\Delta G = G_{SL} - (G_S + G_L) \tag{1}$$

ここで，G_S，G_L，G_{SL}，それぞれの固相／気相，液相／気相，固相／液相の界面自由エネルギー

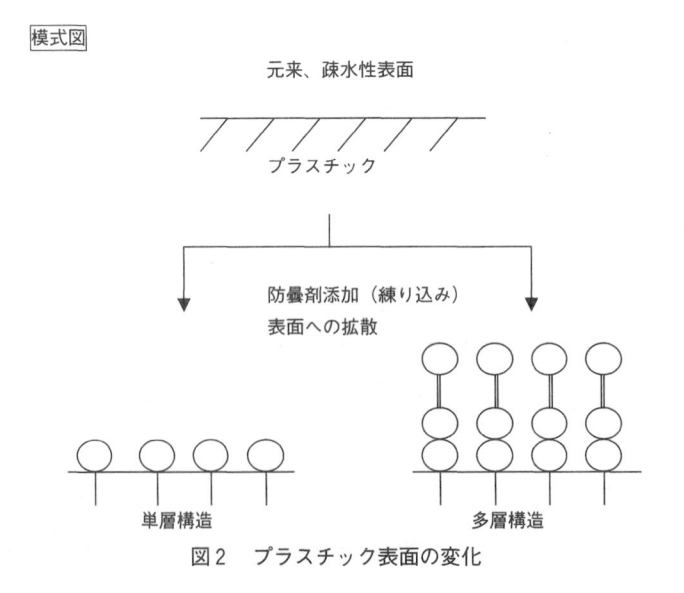

図2　プラスチック表面の変化

第3章 表面改質応用技術

を示す。

濡れが起こるときの系の仕事（$-\Delta G$）をWとすると，$W \geqq 0$ のときに濡れが起こる。しかし，濡れの現象には質的に異なる付着濡れ，浸透濡れ，拡張濡れの3種類の現象が有り[1]，図3に示した。プラスチック表面を水が濡れ広がる場合は，拡張濡れに相当する。G_S, G_L, G_{SL} に対応する界面張力 γ_S, γ_L, γ_{SL} とすると，それぞれの濡れの仕事量には以下の式が与えられる。

付着濡れ：$W = \gamma_L + \gamma_S - \gamma_{SL}$ (2)

浸透濡れ：$W = \gamma_S - \gamma_{SL}$ (3)

拡張濡れ：$W = \gamma_S - \gamma_L - \gamma_{SL}$ (4)

固相，液相，気相の三相が共存する場合，図4に示す様に接触角が定義されている。液相の表面が，固体面と交わる点で引いた接線が固相面となす角で，液体の接触角度 θ が接触角と呼ばれる。この三相が力学的に平衡状態にあるときに，式5のYoungの式が成立する。

$\gamma_S = \gamma_{SL} + \gamma_L \cos \theta$ (5)

この式を式4に代入すると，式6となる。

$W = \gamma_L (\cos \theta - 1)$ (6)

式6から，$\theta = 0°$ の場合，$W \geqq 0$ となり，拡張濡れの現象が起こることになる。しかし，実際には $\theta = 0°$ は見かけの値であり，熱力学的には拡張濡れにおこる平衡の θ を定義できない。$\cos \theta = 1$ に近付けることにより，濡れ性が向上することになる。

一方，プラスチックに対する種々の表面張力 γ を有する同族有機液体の接触角 θ とから得られ

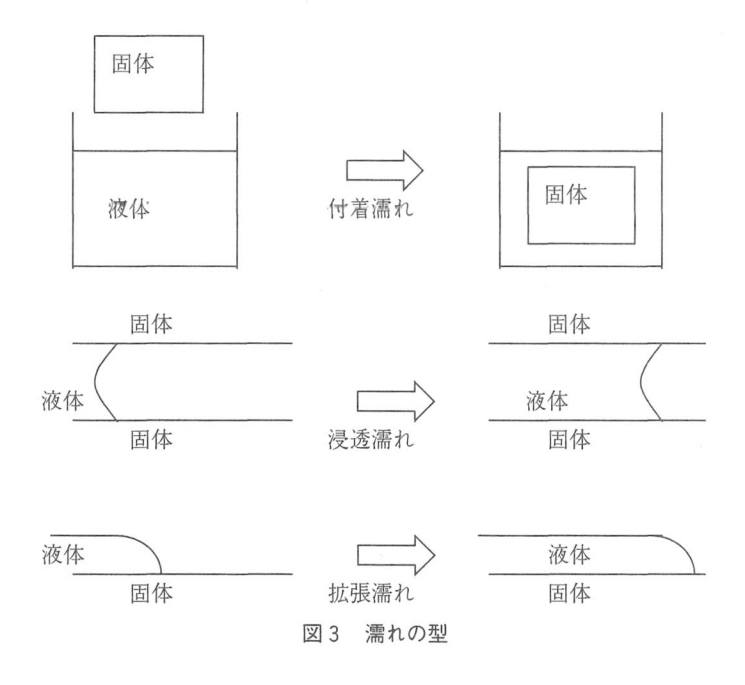

図3　濡れの型

図4 接触角

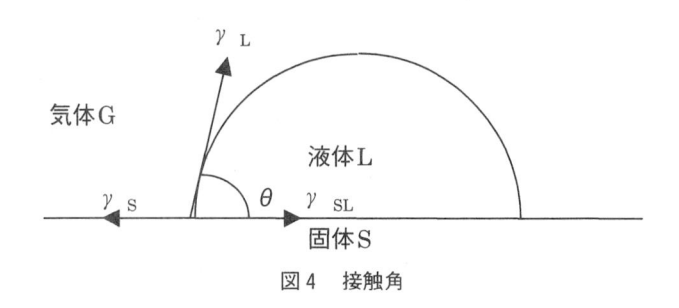

る直線（Zismanプロット）[2]と $\cos\theta = 1$ の直線が交わる点である臨界表面張力 γ_c が提案されている。液体の表面張力 γ が γ_c 以下の場合，この液体はプラスチック表面上を濡れひろがり，液体の表面張力 γ が γ_c 以上の場合，接触角を持つことになる。

プラスチック表面上の防曇性発現の場では，接触角及び γ_L を小さくすることにより，薄い水膜が形成することになる。界面活性剤を水に添加すると，液相／気相の界面張力 γ_L が低下する。また，プラスチックに防曇剤を添加すると，プラスチック表面に多層構造を形成して存在する。通常の状態では，最外層は疎水基で覆われているが，水蒸気が凝縮すると親水基を水側に向け配向するため，見かけ上プラスチック表面に高エネルギー表面を形成したことになり，γ_{SL} も低下し，接触角 θ は小さくなり濡れやすくなる。

6.5 防曇剤の構造及び性能

防曇剤として使用される界面活性剤は，使用される製品により異なる性質を要求される。主に使用される食品包装材と農業用フィルムに要求される性能を以下示す。

6.5.1 食品包装材

食品包装材には食品への添加物の安全性を考慮して，使用される配合剤はリスト化されている。ポリオレフィン等衛生協議会，塩ビ食品衛生協議会，塩化ビニリデン衛生協議会が作成したポジティブリスト（PL）に記載された界面活性剤が使用されている。

要求される性能は以下である。

① 低温防曇性に優れる：食品包装材は，食品を包装しショウケースなどの比較的低温で保管される場合が多く，防曇剤の性能も低温防曇性が要求される。
② フィルムの透明性を阻害しない：消費者が包装された内容物が確認できることが必要である。
③ フィルムの物性を損なわない
④ フィルムのベタツキを生じない

これらを満足させる防曇剤として，ポリグリセリン脂肪酸エステル，ソルビタン脂肪酸エステ

ル，グリセリン脂肪酸エステル等があり，脂肪酸種，脂肪酸鎖長，エステル化度を最適化することで，表面への移行性，防曇性，透明性，ベタツキ性のコントロールを行っている。

6.5.2 農業用フィルム

農業用フィルムに要求される性能は以下である。

① プラスチックへの相溶性が適度にある
② フィルムの透明性を阻害しない
③ 防曇性の持続性がある：農業用フィルムは長期に渡り使用されることから，防曇性の持続効果が要求される。
④ フィルム表面のベタツキ，白化がない
⑤ フィルムの物性を阻害しない

これらを満足させる防曇剤として，ソルビタン脂肪酸エステル，ポリグリセリン脂肪酸エステル，グリセリン脂肪酸エステル等があり，脂肪酸種，脂肪酸鎖長，エステル化度を最適化することで，持続防曇性，ベタツキ性等のコントロールを行っている。

防曇剤としては，一般に多価アルコール脂肪酸エステル及びポリオキシエチレン化合物が使用される。使用される多価アルコールの種類を表1に示し，多価アルコール脂肪酸エステル系防曇剤の防曇性，ブリード性，透明性への影響を示す。

これら多価アルコール脂肪酸エステル類は，脂肪酸の鎖長，エステル化度を変化させることで，疎水基と親水基のバランスを変化させることが出来，目的に応じた防曇剤処方が得られる。また，防曇剤単品で使用されることは少なく，数種類の防曇剤を併用することでバランスの取れた防曇剤が得られる。

また，脂肪酸から予測される性状及び防曇剤としての性能を表2に示す。

表1 アルコール側から見た防曇剤の一般性能

	グリセリン脂肪酸エステル	ジグリセリン脂肪酸エステル	ポリグリセリン脂肪酸エステル	ソルビタン脂肪酸エステル	プロピレングリコール脂肪酸エステル	多価アルコール脂肪酸エステルEO付加物	ポリオキシエチレンアルキルエーテル
防曇性	△	◎	○	◎	△	△	×
ブリード性	△	△	△	○	○	○	◎
透明性	○	△	△	△	○	○	◎
失透性	◎	△	△	○	◎	△	◎

評価項目： 良← ◎　○　△　× →悪

表2 脂肪酸側から見た防曇剤の一般性能

	C 8 カプリル酸	C 10 カプリン酸	C 12 ラウリン酸	C 14 ミリスチン酸	C 16 パルミチン酸	C 18 ステアリン酸	C18-1 オレイン酸
性状（室温）	液状	固体	固体	固体	固体	固体	液体
エステルの性状	液状	液状	液状	固体	固体	固体	液状
防曇性	○	○	○	△（高温○）	△（高温○）	△（高温○）	○

6.6 防曇剤の性能

一般的に使用される防曇剤の界面活性能のデータを表3，表4に示す。

界面張力低下能では，防曇剤として使用される多価アルコール脂肪酸エステルの界面活性剤能力により水―流動パラフィンの界面張力を低下させている。その中で，ソルビタン脂肪酸エステル，ジグリセリン脂肪酸エステルが極わずかな量で優れた界面張力低下能を有しており，防曇剤として多く使用されている。

表3 防曇剤のHLBと界面張力低下能

(mN/m)

界面活性剤 添加量（％）	HLB	界面張力低下能（70℃） 水／流動パラフィン		
		0.05 %	0.1 %	0.2 %
界面活性剤なし	—	42.3		
リケマール S-100 （グリセリンモノステアレート）	4.3	19.0	12.6	5.6
リケマール OL-100 E （グリセリンモノオレート）	4.3	20.8	14.9	8.2
リケマール L-250 A （ソルビタンラウレート）	7.4	7.7	6.8	2.7
ポエム O-80 V （ソルビタンオレート）	4.6	10.2	5.6	2.7
リケマール L-71-D （ジグリセリンラウレート）	7.3	6.4	3.2	3.2
リケマール O-71-DE （ジグリセリンオレート）	5.7	2.9	2.0	2.0
リケマール PO-100 （プロピレングリコールモノオレート）	3.5	34.3	32.4	27.3

第3章 表面改質応用技術

表4 防曇剤の表面張力

(mN/m)

界面活性剤	表面張力	
	40℃	70℃
リケマール OL-100E (グリセリンモノオレート)	36.1	34.7
リケマール L-250A (ソルビタンラウレート)	34.3	33.4
ポエム O-80V (ソルビタンオレート)	38.7	35.9
リケマール L-71-D (ジグリセリンラウレート)	35.3	34.3
リケマール O-71-DE (ジグリセリンオレート)	37.7	36.4
リケマール PO-100 (プロピレングリコールモノオレート)	38.5	35.4

6.7 おわりに

　界面活性剤を防曇剤として用いる方法は，実際の製品では防曇性に影響を与える要素因子が非常に多く，経験則による配合系がこれまで使用されてきた。最近では，より優れた防曇剤を見出すために，防曇剤の分子設計を行う試みや計算化学を用いた検討が行なわれている。

　また，防曇剤自身の人体への安全性や地球環境への影響も重要な性能の因子の一つとして取り上げられている。防曇剤として使用されている多価アルコール脂肪酸エステルの多くは動植物油を原料とする脂肪酸と油脂より得られるグリセリン，ポリグリセリンや糖アルコールのソルビトールから成り，環境影響や安全性には問題の無いものが多く使用されている。

文　　　献

1) 吉田時行他著,「界面活性剤ハンドブック」, p 197, 工学図書 (1987)
2) H. W. Fox, W. A. Zisman, *J. Collod Sci.*, **5**, 514 (1950); W. A. Zisman, *Ind. Eng. Chem.*, **55** (10), 18 (1963)

高分子の表面改質・解析の新展開 《普及版》　(B1018)

2007 年 2 月 6 日　初　版　第 1 刷発行
2012 年 11 月 8 日　普及版　第 1 刷発行

監　修	小川　俊夫	Printed in Japan
発行者	辻　賢司	
発行所	株式会社シーエムシー出版	
	東京都千代田区内神田 1-13-1	
	電話 03 (3293) 2061	
	大阪市中央区内平野町 1-3-12	
	電話 06 (4794) 8234	
	http://www.cmcbooks.co.jp	

〔印刷　株式会社遊文舎〕　　　　　　　　　Ⓒ T. Ogawa, 2012

落丁・乱丁本はお取替えいたします。

本書の内容の一部あるいは全部を無断で複写（コピー）することは，法律で認められた場合を除き，著作者および出版社の権利の侵害になります。

ISBN978-4-7813-0595-0　C3043　¥3800E